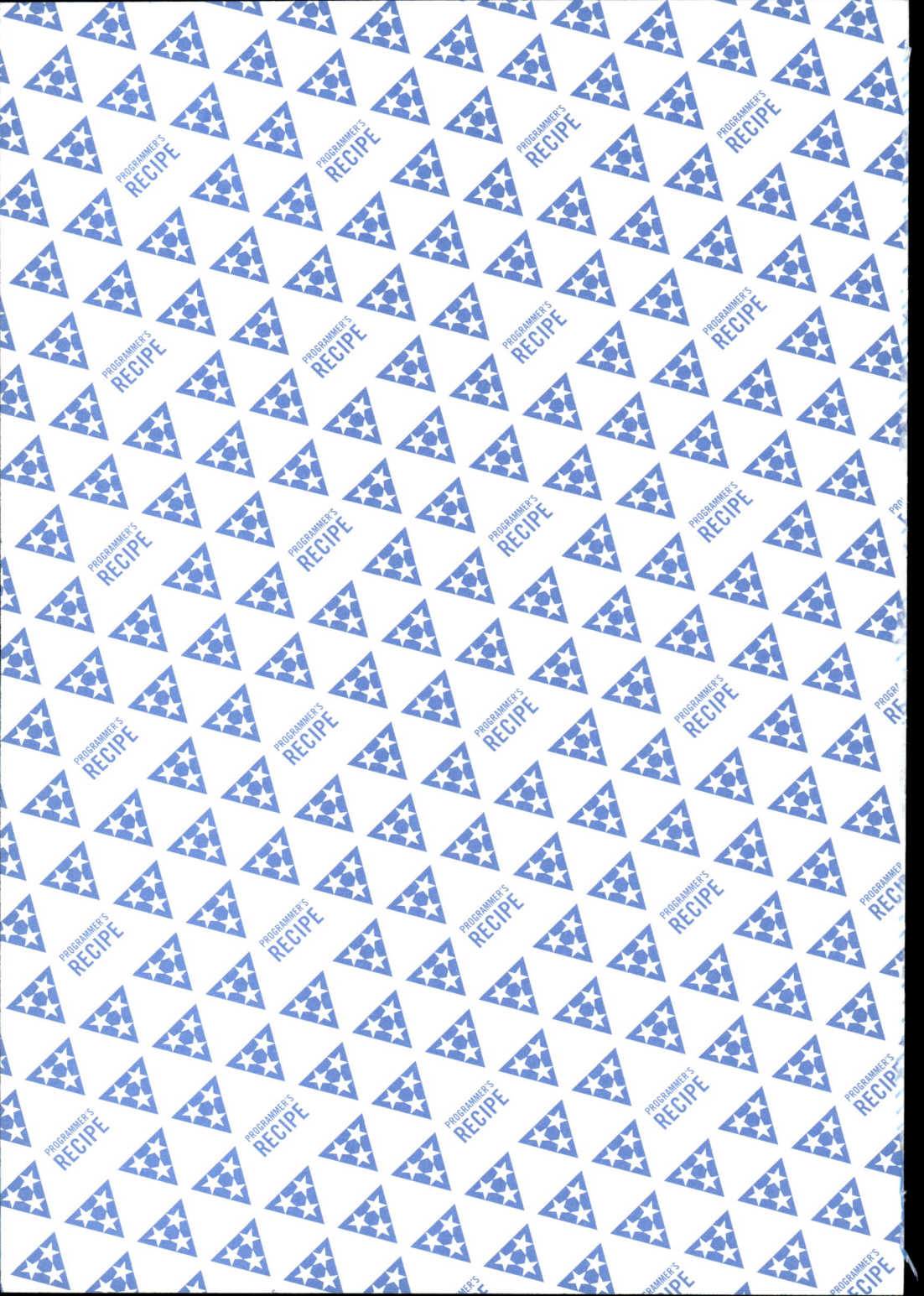

WordPress Web開発 逆引きレシピ

藤本 壱 著

WordPress 4.x / PHP 7 対応

プロが選んだ
三ツ星レシピ

SE
SHOEISHA

SAMPLE DOWNLOAD

本書内容に関するお問い合わせについて

本書に関するご質問、正誤表については、下記の Web サイトをご参照ください。

　　　正誤表　　　　　http://www.shoeisha.co.jp/book/errata/
　　　刊行物 Q&A　　　http://www.shoeisha.co.jp/book/qa/

インターネットをご利用でない場合は、FAX または郵便で、下記にお問い合わせください。

　　　〒 160-0006　東京都新宿区舟町 5
　　　（株）翔泳社 愛読者サービスセンター
　　　FAX 番号：03-5362-3818
　　　電話でのご質問は、お受けしておりません。

※本書に記載された URL 等は予告なく変更される場合があります。
※本書の出版にあたっては正確な記述につとめましたが、著者や出版社などのいずれも、本書の内容に対してなんらかの保証をするものではなく、内容やサンプルに基づくいかなる運用結果に関してもいっさいの責任を負いません。
※本書に掲載されているサンプルプログラムやスクリプト、および実行結果を記した画面イメージなどは、特定の設定に基づいた環境にて再現される一例です。
※本書に記載されている会社名、製品名はそれぞれ各社の商標および登録商標です。

はじめに

　WordPressは、ブログツールとして、またCMS（コンテンツ管理システム）として、世界中で幅広く使われています。GPLライセンスのオープンソースで配布されていて無料で自由に使える上に、テーマやプラグインが非常に多いのが、人気の理由です。WordPressを使えば、一般的によくあるようなサイトを、比較的手軽に作ることができます。

　とは言え、既存のテーマをそのままの形で使えるかというと、そうではないこともあります。既存のテーマをベースにして、カスタマイズすることが必要になる場面も少なくありません。そうなると、テーマのテンプレートを書き換えたりすることもでてきます。

　また、自分でオリジナルのテーマを作って、サイト制作のベースにしたり、一般に配布したりする場合もあるでしょう。この場合は、ゼロからテンプレートを作ることも必要になってきます。

　このように、WordPressを活用する上で、テーマを作ったりカスタマイズしたりする場面があります。その際には、WordPressの内部（特にコアの関数）についての知識が必要になってきます。そこで本書では、WordPressのテーマでよく使われる関数を中心に、逆引きのリファレンス形式で解説していきます。また、複雑な処理が必要なことについては、既存のプラグインを使う方法も紹介しています。

　WordPressにはさまざまな機能がありますが、本書ではそれらをグループに分類し、全部で15の章に分けて解説しています。

　なお、本書ではPHPについて基本的な知識があることを前提にしています。PHPがあまり得意でない方は、拙著「WordPressで学ぶPHP」シリーズ（Kindle用の電子書籍として販売中）も合わせてお読みください。

　WordPressでブログを管理したり、Webサイトを構築したりする上で、本書がお役に立てば幸いです。

2016年2月

藤本 壱

紙面の構成

本書では各章で扱うレシピを以下のように掲載しています。各レシピはカテゴリーごとに分けられ、項目から引きやすいようにキーワードを入れています。また、レシピに関連する項目は 関連 という形で入れています。本文中でも関連する項目は レシピXXX という形で参照できるようにしています。

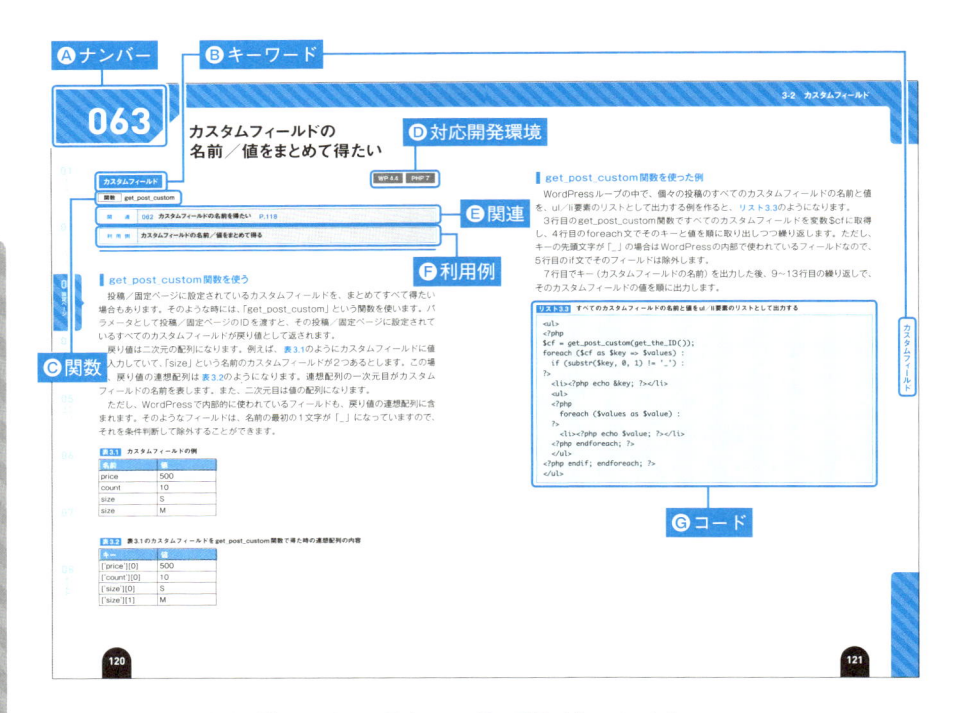

Ⓐ 目的のレシピをすぐに引けるように、見出しには通し番号が付いています。
Ⓑ レシピ内で解説する、重要なキーワード（機能や関数名など）が一目でわかります。
Ⓒ このレシピで使用する関数がわかります。
Ⓓ このレシピに対応している環境がわかります。
Ⓔ 関連するレシピとページがわかります。
Ⓕ このレシピを利用する場面の一例を紹介します。
Ⓖ サンプルや設定ファイルのコード、構文などを記載しています。

本書の表記

紙面の都合によりコードを途中で折り返す場合があります。その場合には、⏎を行末に付けて示します。

本書を読むための前提知識

本書をお読みいただくにあたって、平易な文章を心掛けましたが、初心者向けのWordPressの開発環境の構築やPHPの文法の説明などを省くため、以下のような知識を前提としています。

- WordPressによるWeb開発の経験がある方
- WordPressの開発環境は自力で準備できる方
- PHPの基本的な文法を把握されている方

動作確認環境

本書内の記述やサンプルプログラムは、次の動作環境で確認しています。

- WordPress 4.4.2
- XAMPP Version 7.0.1
- PHP 7.0.1
- Firefox 44.0.2

なお、各サンプルは、次の開発環境で作成しています。

OS	WordPress	PHP	MySQL	ブラウザ
CentOS 6.7	4.4.2	7.0.0	5.5.45	Google Chrome 48.0.2564.109 m (64-bit)

サンプルプログラムの入手先

配布サンプル（本書のサンプルプログラム）は、次のページから入手できます。

URL http://www.shoeisha.co.jp/book/download/9784798143774

CONTENTS

はじめに ・・ iii
紙面の構成 ・・ iv
本書を読むための前提知識 ・・ v
動作確認環境 ・・ v
サンプルプログラムの入手先 ・・・ vi

第1章　テーマをカスタマイズしたい ・・・・・・・・・・・・・・・・・・・・・・・・・・・・・・・・・ 001

1-1　テンプレート ・・・ 002

- 001　テーマとテンプレートを知りたい ・・・・・・・・・・・・・・・・・・・・・・・・・・・・・・・ 002
- 002　テーマを構成するテンプレートを知りたい ・・・・・・・・・・・・・・・・・・・・・・・ 005
- 003　テンプレートの優先順位（テンプレート階層）を知りたい ・・・・・・・・・・ 007
- 004　ページの種類ごとのテンプレート階層を知りたい ・・・・・・・・・・・・・・・・・ 009
- 005　style.cssテンプレートの書き方を知りたい ・・・・・・・・・・・・・・・・・・・・・・ 013
- 006　各種ページ出力用テンプレートの書き方を知りたい ・・・・・・・・・・・・・・・ 015

1-2　テンプレートの共通化 ・・・ 017

- 007　ヘッダー部分を共通化したい ・・・・・・・・・・・・・・・・・・・・・・・・・・・・・・・・・・ 017
- 008　フッター部分を共通化したい ・・・・・・・・・・・・・・・・・・・・・・・・・・・・・・・・・・ 019
- 009　サイドバー部分を共通化したい ・・・・・・・・・・・・・・・・・・・・・・・・・・・・・・・・ 020
- 010　テンプレートの種類によってヘッダー等を切り替えたい ・・・・・・・・・・・ 021
- 011　テンプレートの一部を共通化したい ・・・・・・・・・・・・・・・・・・・・・・・・・・・・ 023

1-3　特定のテンプレート ・・ 026

- 012　固定ページごとにテンプレートを選べるようにしたい ・・・・・・・・・・・・・ 026
- 013　404ページを出力したい ・・・・・・・・・・・・・・・・・・・・・・・・・・・・・・・・・・・・・ 028
- 014　特定のカテゴリアーカイブページだけ出力を変えたい ・・・・・・・・・・・・・ 029

1-4　function.phpテンプレート ・・・・・・・・・・・・・・・・・・・・・・・・・・・・・・・・・・・ 032

- 015　functions.phpについて知りたい ・・・・・・・・・・・・・・・・・・・・・・・・・・・・・・ 032
- 016　既存のテーマをベースにカスタマイズしたい（親テーマと子テーマ） ・・・・・ 034
- 017　カスタム背景を使えるようにしたい ・・・・・・・・・・・・・・・・・・・・・・・・・・・・ 037
- 018　カスタムヘッダーを使えるようにしたい ・・・・・・・・・・・・・・・・・・・・・・・・ 039
- 019　カスタムヘッダーで画像を選択できるようにしたい ・・・・・・・・・・・・・・・ 042
- 020　カスタムヘッダーの画像をstyle要素に出力したい ・・・・・・・・・・・・・・・・ 045

	021	カスタムメニューを使えるようにしたい	047
	022	投稿フォーマットを使えるようにしたい	050
	023	ページのタイトルを自動的に出力できるようにしたい	052
	024	カスタム背景等をまとめて設定したい	053

1-5 テーマ 054
	025	テーマが対応している機能を調べたい	054
	026	子テーマかどうかを調べたい	055
	027	投稿編集時の画面を公開画面になるべく近づけたい	056

1-6 国際化対応 057
| | 028 | テーマを多国語対応にしたい | 057 |

第2章 テンプレートをカスタマイズしたい 063

2-1 テンプレートタグ 064
	029	テンプレートタグを知りたい	064

2-2 出力 066
	030	ブログ全体の情報を出力したい	066
	031	サイトのトップページのアドレスを出力したい	067
	032	WordPressのアドレスを得たい	068
	033	body要素にクラスを指定したい	069
	034	テーマのディレクトリのURLを得たい／出力したい	071
	035	テーマのディレクトリのパスを得たい／出力したい	072
	036	親テーマのディレクトリのURLを得たい／出力したい	073
	037	親テーマのディレクトリのパスを得たい／出力したい	074

2-3 WordPressループ 075
	038	WordPressループを知りたい	075
	039	投稿を囲む要素にクラスを付けたい	077
	040	投稿のIDを出力したい	079
	041	投稿のタイトルを出力したい	080
	042	タイトルをエスケープして出力したい	082
	043	投稿の本文を出力したい	083
	044	投稿の抜粋を出力したい	085
	045	投稿の著者を出力したい	086
	046	投稿の日時を出力したい	087

047	個々の投稿にリンクしたい	089
048	月別等のアーカイブページにリンクしたい	090
049	投稿が属するカテゴリーを出力したい	092
050	投稿に付けたタグを出力したい	093
051	前後の投稿にリンクしたい	094
052	複数ページに分割された投稿で各ページへのリンクを出力したい	096
053	投稿一覧系ページで前後のページへのリンクを出力したい	098
054	投稿一覧系ページで各ページへのリンクを出力したい	100
055	ループの最初／最後の投稿だけ出力方法を変えたい	103
056	ループの奇数件目／偶数件目で処理を分けたい	105
057	ループを最初からやり直したい	106

2-4 カスタムメニュー … 108
058	カスタムメニューを出力したい	108

第3章 投稿や固定ページを制御したい … 111

3-1 Sticky Posts … 112
059	特定の投稿を常にトップページに表示したい	112

3-2 カスタムフィールド … 114
060	カスタムフィールドの値を出力したい	114
061	同名の複数のカスタムフィールドの値を出力したい	116
062	カスタムフィールドの名前を得たい	118
063	カスタムフィールドの名前／値をまとめて得たい	120

3-3 WP_Query … 122
064	自由に投稿を読み込んで出力したい	122
065	IDやスラッグで投稿を指定して読み込みたい	124
066	カテゴリーを指定して投稿を読み込みたい	126
067	タグを指定して投稿を読み込みたい	129
068	日時を指定して投稿を読み込みたい	131
069	ユーザーの条件を指定して投稿を読み込みたい	133
070	カスタムフィールドの条件を指定して投稿を読み込みたい	134
071	ステータスを指定して読み込みたい	137
072	並び順を指定して読み込みたい	138
073	読み込む件数と範囲を指定したい	140

- 074 Sticky Postsを除外して読み込みたい ･････････････････････････････････ 141
- 075 固定ページを読み込みたい ･･･ 142
- 076 固定ページの子ページを読み込みたい ･････････････････････････････ 143

第4章　画像やメディアを制御したい ･････････････････････････････････ 145

4-1　アイキャッチ画像 ･･･ 146
- 077 アイキャッチ画像を使いたい ･･････････････････････････････････････ 146
- 078 アイキャッチ画像のデフォルトのサイズと切り取り方を指定したい ････ 148
- 079 アイキャッチ画像を出力したい ････････････････････････････････････ 150
- 080 投稿（固定ページ）にアイキャッチ画像があるかどうかを調べたい ･･･ 152

4-2　画像の表示 ･･･ 153
- 081 画像のサイズを追加したい ･･ 153
- 082 投稿／固定ページにギャラリーを入れたい ････････････････････････ 155
- 083 ギャラリーの表示をカスタマイズしたい ････････････････････････････ 157

4-3　メディアの処理 ･･･ 159
- 084 投稿／固定ページに割り当てたメディアを得たい ･･････････････････ 159
- 085 複数のメディアをまとめて読み込みたい ････････････････････････････ 161
- 086 アイキャッチ画像を読み込んで処理したい ････････････････････････ 163
- 087 メディアのリンクを出力したい ･････････････････････････････････････ 165
- 088 メディアの詳細な情報を得たい ･･･････････････････････････････････ 166

第5章　カテゴリーやタグを制御したい ･･････････････････････････････ 169

5-1　カテゴリー ･･･ 170
- 089 投稿が属するカテゴリーを読み込みたい ･･･････････････････････････ 170
- 090 特定のカテゴリーを読み込みたい ･････････････････････････････････ 172
- 091 複数のカテゴリーをまとめて読み込みたい ････････････････････････ 173
- 092 カテゴリーの説明を出力したい ････････････････････････････････････ 175
- 093 カテゴリーアーカイブページにリンクしたい ････････････････････････ 176
- 094 トップページにカテゴリー別の投稿一覧を出力したい ････････････ 177
- 095 投稿と同じカテゴリーに属する投稿を出力したい ･･････････････････ 180

5-2　タグ ･･･ 183
- 096 投稿に付けたタグを読み込みたい ････････････････････････････････ 183
- 097 特定のタグを読み込みたい ･･･････････････････････････････････････ 185

098 複数のタグをまとめて読み込みたい ………………………………… 186
099 タグアーカイブページにリンクしたい ………………………………… 188
100 タグクラウドを出力したい ……………………………………………… 189

第6章　コメントを制御したい … 191

6-1　コメント処理 … 192

101 コメント用のテンプレートについて知りたい ………………………… 192
102 コメントフォームを出力したい ………………………………………… 193
103 コメントの一覧を出力したい …………………………………………… 195
104 コメントの数を出力したい ……………………………………………… 197
105 コメント一覧の前後のページへのリンクを出力したい ……………… 198
106 コメントが付いているかどうかを調べたい …………………………… 199
107 コメントを受け付けているかどうかを調べたい ……………………… 200
108 コメントを柔軟に読み込んで処理したい ……………………………… 201
109 wp_list_comments関数で
　　個々のコメントの出力を細かくカスタマイズしたい ………………… 203
110 コメントの内容を出力したい …………………………………………… 205
111 コメントの日付を出力したい …………………………………………… 206
112 コメントを投稿した人の名前を出力したい …………………………… 207
113 コメントのタイプを判断したい ………………………………………… 208
114 コメントを囲む要素にクラスを付けたい ……………………………… 209
115 Gravatarを出力したい …………………………………………………… 210
116 サイト全体のコメントの数を出力したい ……………………………… 211

第7章　サイドバーを制御したい … 213

7-1　検索フォーム … 214

117 検索フォームを出力したい ……………………………………………… 214

7-2　記事に関する出力 … 216

118 月別等のアーカイブページの一覧を出力したい ……………………… 216
119 最新記事のリストを出力したい ………………………………………… 219
120 カテゴリー一覧を出力したい …………………………………………… 220
121 カテゴリー一覧をドロップダウンで出力したい ……………………… 224
122 固定ページの一覧を出力したい ………………………………………… 227
123 カレンダーを出力したい ………………………………………………… 230

	124	投稿者一覧を出力したい ································· 231
7-3		ウィジェット ··· 233
	125	サイドバーでウィジェットを使えるようにしたい ·············· 233
	126	ウィジェットエリアを複数作りたい ······················· 236
	127	オリジナルのウィジェットを作りたい ····················· 238
	128	ウィジェットに設定画面を付けたい ······················· 241

第8章　条件によって出力を分けたい ························· 245

8-1		条件処理 ··· 246
	129	条件判断の考え方を知りたい ··························· 246
	130	メインページかどうかを判断したい ······················· 248
	131	フロントページかどうかを判断したい ····················· 250
	132	投稿のページかどうかを判断したい ······················· 253
	133	固定ページかどうかを判断したい ························· 255
	134	日付系アーカイブページかどうかを判断したい ··············· 256
	135	年別／月別／日別のアーカイブページのテンプレートを別にしたい ······· 257
	136	カテゴリーアーカイブページかどうかを判断したい ··········· 259
	137	カテゴリアーカイブページでカテゴリーごとに出力を分けたい ··········· 260
	138	カテゴリーAとカテゴリーBに 親子（子孫）関係があるかどうかを調べたい ················· 261
	139	投稿が属するカテゴリーで出力を分けたい ················· 263
	140	タグアーカイブページかどうかを判断したい ··············· 264
	141	投稿につけたタグで出力を分けたい ······················· 265
	142	ユーザーアーカイブページかどうかで処理を分けたい ········· 266
	143	検索結果ページかどうかで処理を分けたい ················· 267
	144	404ページかどうかで処理を分けたい ····················· 268
	145	Sticky Postsかどうかで処理を分けたい ··················· 269
	146	ページが分割されているかどうかで出力を分けたい ··········· 270
	147	投稿フォーマットごとに出力を分けたい ··················· 271
	148	パスワード保護された投稿で パスワード入力済みかどうかで処理を分けたい ············· 272

第9章　カスタム投稿タイプ／カスタム分類を使いたい ············ 273

9-1		カスタム投稿 ······································· 274
	149	カスタム投稿タイプを登録したい ························· 274

150	カスタム投稿タイプを追加する際の細かなパラメータを知りたい	277
151	カスタム投稿タイプ関係のページのテンプレート階層を知りたい	280
152	最近のカスタム投稿一覧のページを出力したい	282
153	カスタム投稿タイプのアーカイブページにリンクしたい	284
154	出力中のカスタム投稿タイプを判断したい	286
155	カスタム投稿タイプが登録されているかどうかを判断したい	288

9-2 カスタム分類 289

156	カスタム分類を登録したい	289
157	カスタム分類を追加する際の細かなパラメータを知りたい	292
158	カスタム分類のテンプレート階層を知りたい	295
159	カスタム投稿ごとのカスタム分類（ターム）を出力したい	296
160	カスタム投稿ごとのカスタム分類（ターム）を得たい	297
161	カスタム分類（ターム）ごとのアーカイブページのアドレスを出力したい	299
162	カスタム分類（ターム）の一覧を出力したい	300
163	カスタム投稿がカスタム分類（ターム）に属するかどうかを判断したい	301

9-3 カスタム投稿／分類を読み込む 302

164	カスタム投稿を柔軟に読み込みたい	302
165	カスタム分類を柔軟に読み込みたい	304

第10章 WordPressのデータを制御したい 307

10-1 PHPプログラム 308

166	一般のPHPでWordPressの機能を使いたい	308
167	プログラムで投稿（固定ページ／カスタム投稿）を作成したい	309
168	プログラムで投稿を更新したい	311
169	プログラムでカテゴリー（タグ／カスタム分類）を作成／更新する	312
170	プログラムでメディアを作成したい	314
171	プログラムで投稿等に分類を割り当てたい	318
172	プログラムでカスタムフィールドを追加したい	320
173	プログラムでカスタムフィールドを更新したい	321
174	プログラムで投稿等を削除したい	322
175	プログラムでWordPressの設定を操作したい	324

10-2 データベース 326

176	WordPressのデータベースの構造を知りたい（マルチサイトではない場合）	326

177	WordPressのデータベースの構造を知りたい（マルチサイトの場合）	329
178	データベースに直接にアクセスしたい	331
179	一般的なselect文を実行して複数の行を読み込みたい	333
180	1つの行を読み込みたい	335
181	1つの値を読み込みたい	336
182	データの挿入等を行いたい	337
183	プリペアドステートメントを使いたい	338
184	データベースアクセス時のエラーメッセージを表示したい	340

第11章 アクセスアップやソーシャルメディア対応を行いたい　341

11-1 アクセスアップ　342

185	Googleサイトマップを出力したい	342
186	更新Pingを送信したい	344

11-2 SNSとの連携　345

187	Twitterと連携したい	345
188	Facebookの「いいね」「シェア」ボタン（および他のSNS系ボタン）を設置したい	349
189	投稿したことをTwitter／Facebook／Google＋に自動送信したい	351
190	Zenbackを導入したい	354
191	OGP（Open Graph Protocol）を設置したい	357

第12章 フックを活用したい　359

12-1 フック　360

192	フックについて知りたい	360
193	アクションフックについて知りたい	361
194	フィルターフックについて知りたい	363
195	タイトルに含まれる全角英数字を半角に変換したい（フィルターフックの例）	365
196	投稿を更新した回数を保存する（アクションフックの例）	366
197	テンプレートにスタイルシートを組み込みたい	368
198	テンプレートにJavaScriptを組み込みたい	370
199	メインクエリを書き換えたい	372
200	フックを解除したい	374
201	自作のテーマやプラグインにフックを組み込みたい	375

第13章 プラグインでWordPressを強化したい · 377

13-1 プラグイン · 378

- 202 パンくずリストを出力したい · 378
- 203 ページ送りを使いやすくしたい · 380
- 204 サブナビゲーションを出力したい · 382
- 205 投稿／固定ページ内の画像をクリックした時にポップアップ表示したい · 384
- 206 投稿／固定ページにGoogleマップを入れたい · 386
- 207 ビジュアルエディタをもっと使いやすくしたい · 388
- 208 投稿にソースコードを掲載したい · 390
- 209 ページにスライダー（カルーセル）を表示したい · 391
- 210 問い合わせフォームを作りたい · 394
- 211 各ページのhead要素を最適化したい · 397
- 212 SEO対策を行いたい · 399
- 213 Googleアナリティクスと連携したい · 401
- 214 カスタム投稿タイプ／カスタム分類を管理画面で追加／編集したい · 404
- 215 カスタム投稿タイプのアーカイブを出力したい · 407
- 216 カスタムフィールド等も検索の対象にしたい · 409

13-2 プラグインの作成 · 411

- 217 プラグインの作り方を知りたい · 411

第14章 システム周りの設定等を行いたい · 413

14-1 マルチサイト機能 · 414

- 218 マルチサイト機能について知りたい · 414
- 219 サブディレクトリ型のマルチサイト機能を使えるようにしたい · 416
- 220 サブドメイン型のマルチサイト機能を使えるようにしたい · 419
- 221 サイトを追加したい · 420
- 222 任意のドメイン名でマルチサイト機能を使いたい · 422
- 223 複数サイトの最新投稿一覧を出力したい（サイトごとに出力をまとめる） · 425
- 224 複数サイトの最新投稿一覧を出力したい（複数サイトの情報を混在出力） · 427

14-2 キャッシュ · 430

- 225 ページやデータベースをキャッシュして高速化したい · 430
- 226 翻訳ファイルをキャッシュして高速化したい · 433

14-3 ログインページ 435
- **227** ログインページをカスタマイズしたい 435

14-4 セキュリティ 437
- **228** WordPressのセキュリティを高めたい 437
- **229** メディアのアップロード先を変えたい 439
- **230** テーマの品質や安全性をチェックしたい 441
- **231** WordPressの安全性をチェックしたい 444
- **232** メンテナンス中の表示を出したい 446
- **233** WordPressをHTTPS化したい 448
- **234** WordPressのサイトを静的HTML化したい 450

14-5 デバッグ 452
- **235** WordPressをデバッグモードにしたい 452

14-6 コマンド操作 454
- **236** WordPressをコマンドで操作したい 454

第15章 各種の機能を使いたい 457

15-1 エスケープ 458
- **237** 文字列をエスケープしたい 458
- **238** 文字列を属性用にエスケープしたい 459
- **239** URLの文字列をエスケープしたい 460
- **240** 文字列をJavaScript用にエスケープしたい 461
- **241** 文字列をtextarea用にエスケープしたい 462

15-2 フィルタ 463
- **242** HTMLをフィルタしたい 463

15-3 短縮URL 465
- **243** 各投稿の短縮URLを使いたい 465

15-4 API 466
- **244** HTTPで他のサーバーと通信したい（GET） 466
- **245** HTTPで他のサーバーと通信したい（POST） 468

索引 470

PROGRAMMER'S RECIPE

第 **01** 章

テーマをカスタマイズしたい

WordPressは、テーマ（およびそれに含まれる個々のテンプレート）によって、サイト内の各ページを出力します。テーマをカスタマイズすれば、サイトの表示を様々に変えることができます。第01章では、テーマのカスタマイズについて解説します。

001 テーマとテンプレートを知りたい

| HTML | スタイルシート | | WP 4.4 | PHP 7 |

| 関　連 | 002 テーマを構成するテンプレートを知りたい　P.005 |
| 利用例 | テーマやテンプレートの構造を確認する |

ページの表示を司るテーマ

　WordPressでは、管理画面で入力したコンテンツ（投稿など）を様々な形で加工して出力することができます。その際に、「テーマ」（theme）が中心的な働きをします。

　テーマは、多数の「テンプレート」（template）から構成されます。テンプレートは、日本語では「ひな形」のことです。WordPressでは、投稿などのデータをテンプレートに当てはめて、各種のページを出力するようになっています（図1.1）。

図1.1 テンプレートに投稿等のデータを当てはめてページを出力する

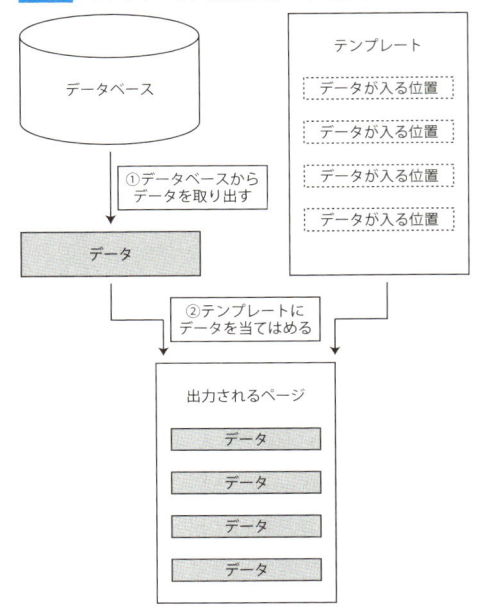

```
データベース ──①データベースから
              データを取り出す
              ↓
              データ

テンプレート
  データが入る位置
  データが入る位置
  データが入る位置
  データが入る位置

②テンプレートにデータを当てはめる
　↓
出力されるページ
  データ
  データ
  データ
  データ
```

テーマのファイル構成

　個々のテーマは、WordPressのインストール先にある「wp-content」→「themes」ディレクトリに配置します。このディレクトリの中に、テーマごとのディレクトリを作ります（図1.2）。そして、その中に以下のようなファイルを配置します。

図1.2　テーマのファイル構成

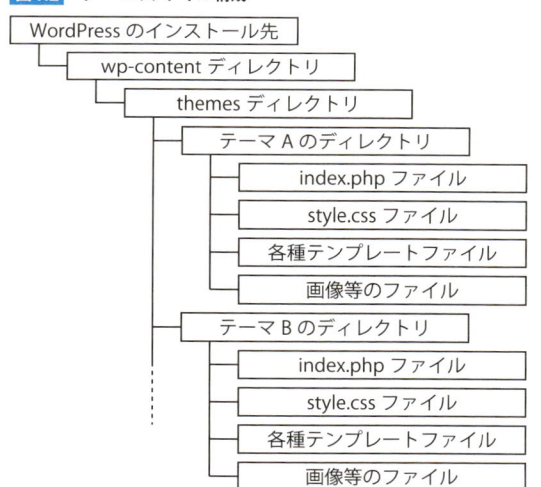

```
WordPress のインストール先
└─ wp-content ディレクトリ
   └─ themes ディレクトリ
      ├─ テーマ A のディレクトリ
      │  ├─ index.php ファイル
      │  ├─ style.css ファイル
      │  ├─ 各種テンプレートファイル
      │  └─ 画像等のファイル
      ├─ テーマ B のディレクトリ
      │  ├─ index.php ファイル
      │  ├─ style.css ファイル
      │  ├─ 各種テンプレートファイル
      │  └─ 画像等のファイル
      ⋮
```

テンプレートのファイル

　テーマの中心となるのは、テンプレートのファイルです。テンプレートは、主にHTMLとPHPで記述します。ページの外枠となる構造はHTMLで作り、そこに当てはめるデータをPHPで出力する形を取ります。

　テーマには、「index.php」というファイル名のテンプレートが必要になります。また、それ以外に複数のテンプレートを組み合わせてテーマを作ることもできます。なお、個々のテンプレートについては、レシピ002「テーマを構成するテンプレートを知りたい」で解説します。

スタイルシートのファイル

　現在のWebページは、構造をHTMLで作り、デザイン（書式等）はスタイルシート

で行うことが一般的です。WordPressでもそのような仕組みを取り、スタイルシートもテーマの一部として扱います。

テーマには、「style.css」というファイル名のスタイルシートが必要です。また、スタイルシートを複数のファイルに分けることもありますが、その場合はメインの部分をstyle.cssファイルに書き、その他の部分を別ファイルにして、テーマのディレクトリに保存します。

サムネイルのファイル

テーマで出力されるページをイメージできるように、サムネイル画像を作ってテーマのディレクトリに入れます。大きさは880×660ピクセルで、ファイル名は「screenshot.png」にします。

その他のファイル

必要に応じて、上記以外の各種のファイルをテーマに含めることもできます。例えば、HTMLと組み合わせるJavaScriptのファイルや、画像のファイル等を入れることができます。

なお、JavaScriptや画像のファイルは、テーマのディレクトリの直下ではなく、サブディレクトリに入れることも可能です。

002 テーマを構成するテンプレートを知りたい

テンプレート階層			WP 4.4　PHP 7
関　連	001　テーマとテンプレートを知りたい　P.002		
利 用 例	一部のページのみIDやスラッグで出力を分ける		

▍テンプレートのファイル名に決まりがある

　WordPressでは、1つのテーマに複数のテンプレートを入れて、ページの種類ごとに使い分けることができます。その場合、テンプレートのファイルには、一定のルールに沿った名前を付けます。

　最低限、「index.php」と「style.css」の2つのテンプレートが必要です。index.phpテンプレートだけがあるテーマでは、サイト内のすべてのページをindex.phpに基づいて出力します。また、style.cssはスタイルシートのテンプレートです。

▍各種のページを出力するテンプレート

　テーマには、表1.1のようなテンプレートを入れることもできます。また、これらのテンプレートのほかに、独自のテンプレートを入れて、複数のテンプレートで共有したりすることもできます。

　なお、個々のページの出力に使われるテンプレートは、「テンプレート階層」によって決まります。テンプレート階層については、レシピ003「テンプレートの優先順位（テンプレート階層）を知りたい」を参照してください。

表1.1 テーマに入れる主なテンプレート

テンプレートの種類	ファイル名	内容
個々のページを出力するテンプレート	home.php	サイトのトップページを出力
	front-page.php	サイトのトップページを出力
	archive.php	月毎などのアーカイブページを出力
	category.php	カテゴリー毎のアーカイブページを出力
	date.php	日付毎のアーカイブページを出力
	single.php	個々の投稿のページを出力
	page.php	個々の固定ページを出力
	author.php	作成者別のアーカイブページを出力
	tag.php	タグ毎のアーカイブページを出力
	search.php	検索結果のページを出力
	404.php	Not Foundのページを出力

表1.1次ページへ続く

表1.1の続き

テンプレートの種類	ファイル名	内容
各ページで共通な部分を出力するテンプレート	header.php	ヘッダー部分を出力
	footer.php	フッター部分を出力
	sidebar.php	サイドバー部分を出力
	searchform.php	検索フォームを出力
	comments.php	コメント一覧とコメント入力フォームを出力

一部のページのみIDやスラッグで出力を分ける

　個々の固定ページや、カテゴリーごとのアーカイブページなどで、一部のページだけ出力方法を変えたいという場合もあります。その際には、そのようなページのために専用のテンプレートを用意することができます（**表1.2**）。表の「ID」「スラッグ」「ナイスネーム」等の部分は、個々の固定ページ等のID等に置き換えます。

　例えば、テーマに「category.php」と「category-1.php」の2つのテンプレートを入れたとします。この場合、IDが1番のカテゴリーの投稿一覧ページは、「category-1.php」テンプレートに沿って出力されます。そして、それ以外のカテゴリーの投稿一覧ページは、「category.php」に沿って出力されます。

　なお、テンプレートのファイルを分けるほかに、テンプレート内で条件判断して処理を分けることもできます。詳しくは、第08章「条件によって出力を分けたい」を参照してください。

表1.2 一部のページの出力方法を分けるためのテンプレート

ページの種類	テンプレートのファイル名
固定ページ	page-ID.php、page-スラッグ.php
カテゴリー毎のアーカイブページ	category-ID.php、category-スラッグ.php
タグ毎のアーカイブページ	tag-ID.php、tag-スラッグ.php
ユーザー毎のアーカイブページ	author-ID.php、author-ナイスネーム.php

003 テンプレートの優先順位（テンプレート階層）を知りたい

テンプレート階層		WP 4.4　PHP 7
関　連	004　ページの種類ごとのテンプレート階層を知りたい　P.009	
利用例	テンプレート階層の構造を確認する	

ページの種類ごとに使われるテンプレートのパターンが決まっている

　WordPressでは、サイト内の各ページをテンプレートに基づいて出力します。ただ、ページの種類と、使われるテンプレートの対応は、状況によって変わります。複数のテンプレートの中から、優先順位の高いものが使われる仕組みになっています。この仕組みのことを、「テンプレート階層」と呼びます。

　例えば、個々の投稿のページは、テーマに「single-post.php」というテンプレートがあれば、それに基づいて出力されます。しかし、single-post.phpがないテーマでは、「single.php」というテンプレートに基づいて出力されます。single-post.phpもsingle.phpもなければ、「singular.php」というテンプレートが使われます（ただし、singular.phpはWordPress 4.3以降）。そして、ここまでのどのテンプレートもなければ「index.php」テンプレートに基づいて出力されます（図1.3）。

図1.3　投稿のページのテンプレート階層

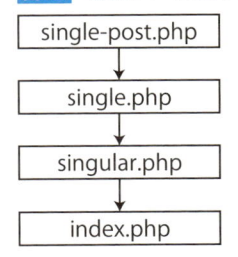

```
single-post.php
    ↓
single.php
    ↓
singular.php
    ↓
index.php
```

階層の最後の方ほどカバーする範囲が広い

　テンプレート階層にはいくつかテンプレートが登場しますが、その最後の方になるほど、カバーするページの種類が広くなります。

　例えば、前述の投稿のページのテンプレート階層の場合だと、single-post.phpは

投稿専用のテンプレートですが、singular.phpは投稿だけでなく固定ページのテンプレート階層にも含まれます。そのため、投稿と固定ページの構造がほとんど同じであれば、singular.phpで投稿と固定ページの両方を出力することもできます。

さらに、index.phpは、ページの種類に関係なく、テンプレート階層の最後のテンプレートになります。そのため、テーマにindex.phpテンプレートだけを含め、index.phpですべてのページを出力するような組み方をすることもできます。

したがって、テーマを作る上では、テンプレート階層を理解し、適切にテンプレートを分ける（または集約する）ことが重要になります。

MEMO

004 ページの種類ごとの テンプレート階層を知りたい

| カテゴリーアーカイブページ | 日付系アーカイブページ | タグアーカイブページ | WP 4.4 | PHP 7 |
| ユーザーアーカイブページ | フロントページ | | | |

| 関連 | 003 テンプレートの優先順位（テンプレート階層）を知りたい P.007 |
| 利用例 | ページごとのテンプレート階層を知る |

▌投稿のページのテンプレート階層

レシピ003 で述べたように、WordPressではテンプレート階層の仕組みがあり、ページの種類によって使われるテンプレートが異なります。

個々の投稿のページは、以下のテンプレート階層に従って出力されます。ただし、singular.phpはWordPress 4.3で新たに追加されたものです。

❶ single-post.php
❷ single.php
❸ singular.php
❹ index.php

▌固定ページのテンプレート階層

固定ページでは、個々の固定ページごとにテンプレートを選ぶ機能があります（カスタムテンプレート、レシピ012 参照）。また、固定ページのスラッグやIDに応じて、それ専用のテンプレートを用意することもできます。それらも含めて、以下のようなテンプレート階層になります。

例えば、テーマに「page-foo.php」というテンプレートがある場合、スラッグが「foo」になっている固定ページでは、そのテンプレートが使われます。また、「page-1.php」というテンプレートがある場合、IDが1番の固定ページではそのテンプレートが使われます。

❶ カスタムテンプレート

❷ page-スラッグ.php

❸ page-ID.php

❹ page.php

❺ singular.php

❻ index.php

カテゴリーアーカイブページのテンプレート階層

　カテゴリーアーカイブページのテンプレート階層は、以下のようになります。固定ページと同様に、特定のカテゴリーだけスラッグやIDで別テンプレートを用意することができます。

❶ category-スラッグ.php

❷ category-ID.php

❸ category.php

❹ archive.php

❺ index.php

日付系アーカイブページのテンプレート階層

　日付系（年別／月別／日別）アーカイブページのテンプレート階層は、以下のようになります。

❶ date.php

❷ archive.php

❸ index.php

タグアーカイブページのテンプレート階層

タグごとのアーカイブページは、以下のテンプレート階層に基づいて出力されます。特定のタグだけスラッグやIDで別テンプレートを用意することができます。

❶ tag-スラッグ.php
❷ tag-ID.php
❸ tag.php
❹ archive.php
❺ index.php

ユーザーアーカイブページのテンプレート階層

ユーザーごとのアーカイブページは、以下のテンプレート階層に基づいて出力されます。

❶ author-ナイスネーム.php
❷ author-ID.php
❸ author.php
❹ archive.php
❺ index.php

フロントページ

サイトのフロントページ（サイト全体のトップページ）は、WordPressの「設定」→「表示設定」メニューの「フロントページの表示」の設定にも関係して、使われるテンプレートが決まります（図1.4）。

まず、テーマに「front-page.php」というテンプレートがあれば、無条件にfront-page.phpが使われます。

front-page.phpテンプレートがなく、「フロントページの表示」の設定が「固定ページ」になっている場合、フロントページとして表示する固定ページに応じて、使われるテンプレートが決まります。

また、front-page.phpテンプレートがなく、「フロントページの表示」の設定が「最新の投稿」になっていれば、home.php→index.phpの順で、テンプレートが使われます。

図1.4 フロントページに使われるテンプレートが決まる際の流れ

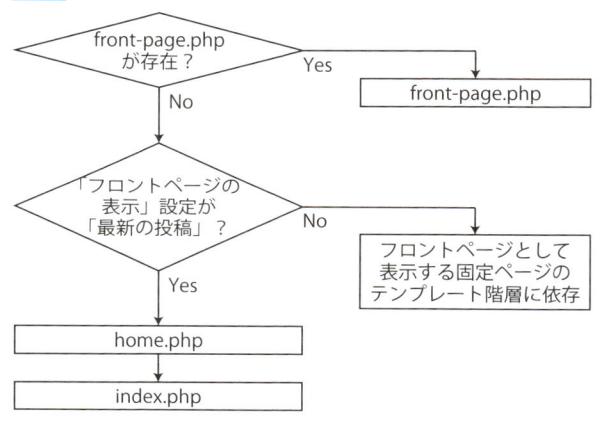

```
          front-page.php
          が存在？ ───Yes──→ front-page.php
              │
              No
              ↓
          「フロントページの
           表示」設定が ───No──→ フロントページとして
          「最新の投稿」？           表示する固定ページの
              │                  テンプレート階層に依存
              Yes
              ↓
          home.php
              ↓
          index.php
```

その他のページ

　404ページや検索結果ページにもテンプレート階層があります。それぞれ、「404.php」「search.php」のテンプレートがあればそれらが使われ、ない場合はindex.phpが使われます。

005 style.cssテンプレートの書き方を知りたい

style.css		WP 4.4	PHP 7
関　連	002　テーマを構成するテンプレートを知りたい　P.005
利 用 例	style.cssテンプレートを編集する

▌テーマの情報を書く

　WordPressのテーマでは、style.cssテンプレートが必須です。一般的なスタイルシートを書くだけでなく、テーマの情報（名前や作者など）も記述します。

　style.cssテンプレートの先頭にコメントブロックを入れ、**リスト1.1**のようにテーマの情報を記述します。WordPressのテーマ選択画面（メニューから［外観］→［テーマ］を選択）に、ここに書いた情報が表示されます。例えば、WordPress標準のTwenty Fifteenテーマでは、style.cssの先頭部分は**リスト1.1**のようになっています。

　なお、**リスト1.1**のコメントブロックには、最低限「Theme Name:」の行があれば動作します。ただ、極力すべての情報を書いておくことが望ましいです。

リスト1.1　Twenty Fifteenテーマのstyle.cssの先頭部分

```
/*
Theme Name: Twenty Fifteen
Theme URI: https://wordpress.org/themes/twentyfifteen/
Author: the WordPress team
Author URI: https://wordpress.org/
Description: Our 2015 default theme is clean, blog-focused, and designed for
clarity. (以後略)
Version: 1.4
License: GNU General Public License v2 or later
License URI: http://www.gnu.org/licenses/gpl-2.0.html
Tags: black, blue, gray, pink, purple, (以後略)
Text Domain: twentyfifteen
(以後その他のコメント)
*/
```

日本語以外の環境も考慮

　style.cssのテーマの情報の部分に、日本語を直接に書くこともできます。ただ、WordPressは全世界で使われているため、日本語ではなく、極力英語で記述する方が好ましいです。

　また、単に英語で記述するだけだと、WordPressのテーマ選択画面などにも、その英語がそのまま表示されます。ユーザーが使っている言語に合わせて、テーマの説明等の文章の言語が変わるようにしたい場合は、「言語ファイル」というファイルを用意し、その言語ファイルの「ドメイン」という情報を、style.cssの「Text Domain:」の行に記述します。

　なお、言語ファイルの作り方は、 レシピ028 を参照してください。

MEMO

006 各種ページ出力用テンプレートの書き方を知りたい

| header.php | footer.php | sidebar.php | WP 4.4 | PHP 7 |

| 関　連 | 002　テーマを構成するテンプレートを知りたい　P.005 |
| 利用例 | 出力用テンプレートを編集する |

ヘッダー／フッター／サイドバー部分を共通化することが多い

　各種のページを出力するためのテンプレートは、HTMLおよびPHPを使って書きます。

　それぞれのテンプレートには、一般的なHTMLファイルと同様に、ページの先頭のDOCTYPE宣言から、最後の</html>タグまでを書くこともできます。ただし、サイト内の各ページの構造は共通化することが多いため、共通部分は一か所にまとめて、メンテナンスしやすい形にすることが多いです。

　現在の多くのサイトでは、ページの先頭部分（ヘッダー）と末尾部分（フッター）、そして左右の細目の部分（サイドバー）を共通化することが多いです（図1.5）。

　WordPressでは、これらの共通部分を、それぞれheader.php／footer.php／sidebar.phpというテンプレートにまとめて、各ページのテンプレートに組み込むことができます（ レシピ007 ～ レシピ009 を参照）。

　header.php等を使ってヘッダー等を共通化する場合、各ページを出力するためのテンプレートの一般的な構造は、リスト1.2のようになります。

図1.5　ヘッダー／フッター／サイドバー／コンテンツに分かれたWebページ

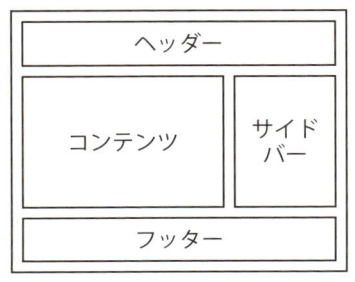

```
┌─────────────────────────┐
│         ヘッダー           │
├───────────────┬─────────┤
│               │  サイド  │
│   コンテンツ   │  バー   │
│               │         │
├───────────────┴─────────┤
│         フッター           │
└─────────────────────────┘
```

015

リスト1.2 各ページを出力するためのテンプレートの一般的な構造

```
<?php get_header(); ?>
各ページのコンテンツを出力する部分
<?php get_sidebar(); ?>
<?php get_footer(); ?>
```

コンテンツ部分にはWordPressループを入れる

　コンテンツ部分では様々なものを出力することができますが、投稿（またはそのリスト）を出力することが多いです。

　そのためには、テンプレートのコンテンツ部分に「WordPressループ」と呼ばれるPHPのコードを入れます。WordPressループは、ページの種類に応じて、適切な投稿を繰り返し出力するブロックのことを指します。

　なお、WordPressループの具体的な書き方は、レシピ038「WordPressループを知りたい」のレシピを参照してください。

MEMO

007 ヘッダー部分を共通化したい

header.php	WP 4.4	PHP 7

関数 wp_head、get_header

関　連	006 各種ページ出力用テンプレートの書き方を知りたい　P.015
利用例	ヘッダーを編集したい

header.phpテンプレートをテーマに入れる

　サイトの各ページのヘッダー部分（ページ先頭の画像やグローバルナビゲーションなど）は、共通の内容になることが多いです。

　このような共通部分を個々のテンプレートに毎回書くと、効率が良くありませんし、また保守性も低下します。そこでWordPressでは、よくある共通部分を1つのテンプレートにまとめる仕組みが用意されています。

　ヘッダー部分を共通化したい場合、テーマに「header.php」というファイル名のテンプレートを入れ、そこに共通部分を書きます。また、header.phpにはPHPのコードを書くこともできますので、ページによって異なる内容（例：ページのタイトル）を、PHPで出し分けることもできます。

　例えば、header.phpテンプレートで、HTMLのヘッダー部分（<head>〜</head>）と、body要素の先頭部分を出力したいとします。この場合、header.phpテンプレートの内容をリスト1.3のようにします。

リスト1.3 header.phpテンプレートの例

```
<!DOCTYPE html>
<html>
  <head>
    ・・・(各種の記述)・・・
  </head>
  <body>
  ・・・
```

header.phpテンプレートにwp_head関数を入れる

header.phpテンプレートには、通常はHTMLのヘッダー部分（<head>~</head>）も入れます。このHTMLのヘッダー部分の最後には、リスト1.4のようにwp_head関数を実行する行を入れます。この行によって、テーマやプラグインで必要なJavaScriptやスタイルシートなどが、HTMLのヘッダー部分に自動的に組み込まれるようになります。

リスト1.4 HTMLのヘッダー部分の最後にwp_head関数を入れる

```
<head>
  ...
  <?php wp_head(); ?>
</head>
```

各テンプレートにget_header関数を入れる

一方、個々のページを表示するテンプレートには、以下のように「get_header」という関数を入れます。その関数の位置に、ヘッダーのテンプレートの内容が組み込まれます。

```
<?php get_header(); ?>
```

スタイルシートやJavaScriptを直接に組み込まない

一般的なHTMLでは、ヘッダー部分（<head>~</head>）に、スタイルシートやJavaScriptを組み込む行を入れることが多いです。しかし、header.phpテンプレートで、これらの行を直接に書くと、プラグイン等で追加されるスタイルシートやJavaScriptと重複したり、組み込みの順序が正しくなくなったりすることがあります。

そこで、header.phpテンプレートには、スタイルシートやJavaScriptを組み込む行は書かないで、WordPressの機能を使って組み込むようにします。スタイルシートやJavaScriptを使いたい場合は、「wp_enqueue_style」や「wp_enqueue_script」のWordPressのコアの関数を使います（レシピ197「テンプレートにスタイルシートを組み込みたい」やレシピ198「テンプレートにJavaScriptを組み込みたい」を参照）。

008 フッター部分を共通化したい

footer.php		WP 4.4	PHP 7
関数	wp_footer、get_footer		
関連	006 各種ページ出力用テンプレートの書き方を知りたい　P.015		
利用例	フッターを編集する		

footer.phpテンプレートをテーマに入れる

　各ページのフッターも、ヘッダー同様に共通の内容を入れることが多いです（Copyrightなど）。そのため、フッターも共通化することができるようになっています。

　フッターは「footer.php」というファイル名のテンプレートに入れます。HTMLの最後の部分（</body>や</html>など）や、フッターに表示する内容を入れることができます。また、ヘッダー同様にPHPのコードを書くことができますので、状況によって変わるような内容を入れることもできます。

footer.phpテンプレートにwp_footer関数を入れる

　footer.phpテンプレートの</body>タグの直前には、リスト1.5のように「wp_footer」という関数も入れます。この関数によって、フッター部分にシステムやプラグインのJavaScript等が挿入されます。

リスト1.5　footer.phpテンプレートにはwp_footer関数を入れる

```
...
  <?php wp_footer(); ?>
  </body>
</html>
```

各テンプレートにget_footer関数を入れる

　一方、個々のページを表示するテンプレートには、以下のように「get_footer」という関数を入れます。その関数の位置に、フッターのテンプレートの内容が組み込まれます。

```
<?php get_footer(); ?>
```

009 サイドバー部分を共通化したい

sidebar.php		WP 4.4	PHP 7
関数	get_sidebar		
関連	006 各種ページ出力用テンプレートの書き方を知りたい　P.015		
利用例	サイドバーを編集する		

sidebar.phpテンプレートをテーマに入れる

　サイト内の各ページの左端や右端にサイドバーを配置し、関連コンテンツ等の共通の情報を表示することも多いです。そこで、サイドバーも共有化することができます。

　サイドバー用のテンプレートには、「sidebar.php」というファイル名を付けます。そして、HTMLやPHPのコードを入れて、サイドバーに表示する内容を決めます。

　なお、サイドバーの各種の項目（ウィジェット等）の表示方法については、第07章「サイドバーを制御したい」を参照してください。

各テンプレートにget_sidebar関数を入れる

　一方、個々のページを表示するテンプレートには、以下のように「get_sidebar」という関数を入れます。その関数の位置に、サイドバーのテンプレートの内容が組み込まれます。

```
<?php get_sidebar(); ?>
```

010 テンプレートの種類によってヘッダー等を切り替えたい

header.php | footer.php | sidebar.php　　WP 4.4　PHP 7

関数	get_header
関連	011　テンプレートの一部を共通化したい　P.023
利用例	複数のヘッダーを切り替えて使う

複数のヘッダー等を使い分けることも可能

　ヘッダー／フッター／サイドバーを、状況に応じて使い分けたい場合もあります。例えば、サイトのトップページだけ他のページとは異なるデザインにしたい場合、トップページ専用のヘッダー等が必要になります。

　ヘッダー等のテンプレート内で条件判断して、状況に応じて出力を分けることもできますが、ヘッダー等のテンプレートを複数用意して使い分けることもできます。

　ヘッダー／フッター／サイドバーのテンプレートのファイル名は、通常はそれぞれheader.php／footer.php／sidebar.phpです。一方、複数のヘッダー等を使い分ける場合は、header-○○○.php／footer-○○○.php／sidebar-○○○.phpのようなファイル名のテンプレートを作り、テーマのディレクトリに保存します。「○○○」の部分には任意の名前を付けることができます。

　例えば、トップページ専用のヘッダーと、その他のページのヘッダーとを分けたいとします。この場合、「header-top.php」と「header-other.php」のようなファイル名で、ヘッダーのテンプレートを2つ用意します。

get_header等の関数でテンプレート名を指定する

　ヘッダー等のテンプレートを複数用意した場合、テンプレートを組み込む関数（get_header／get_footer／get_sidebar）では、引数としてテンプレートの名前（前述の「○○○」の部分）を指定します。

　例えば、「header-top.php」というヘッダーのテンプレートを用意して、トップページに組み込めるようにしたいとします。この場合、トップページのテンプレートでヘッダーを組み込みたい箇所に、以下の文を入れます。

```php
<?php get_header('top'); ?>
```

同様に、その他のページ用のヘッダーとして「header-other.php」というテンプレートを用意した場合は、各ページのテンプレートで、ヘッダーを組み込みたい位置に「<?php get_header('other'); ?>」の文を入れます（**図1.6**）。

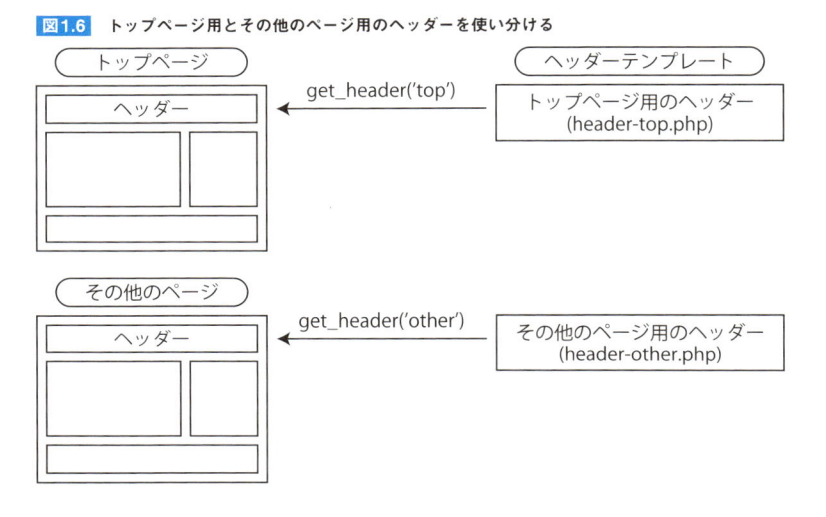

図1.6 トップページ用とその他のページ用のヘッダーを使い分ける

```
┌─トップページ─────┐          ┌─ヘッダーテンプレート─┐
│ ┌─ヘッダー────┐ │ get_header('top')  ┌─トップページ用のヘッダー─┐
│ │           │ │◀─────────│ (header-top.php)    │
│ ├──────┬───┤ │          └──────────────┘
│ │      │   │ │
│ └──────┴───┘ │
└──────────────┘

┌─その他のページ───┐
│ ┌─ヘッダー────┐ │ get_header('other')  ┌─その他のページ用のヘッダー─┐
│ │           │ │◀─────────│ (header-other.php)   │
│ ├──────┬───┤ │          └───────────────┘
│ │      │   │ │
│ └──────┴───┘ │
└──────────────┘
```

011 テンプレートの一部を共通化したい

| テンプレートパーツ | loop-main.php | loop-sub.php | WP 4.4 | PHP 7 |

| 関数 | get_template_part |

| 関連 | 010 テンプレートの種類によってヘッダー等を切り替えたい P.021 |
| 利用例 | ページ内の部分を共通化する |

テンプレートパーツに共通化できる

WordPressではヘッダー／フッター／サイドバーを共通化することができますが、ページ内のその他の部分も共通化したい場合があります。

例えば、各ページのコンテンツ部分はWordPressループで出力しますが、WordPressループの組み方や、その中で出力する内容は、似通った内容になることがよくあります。そこで、WordPressループの部分を1つのテンプレートにまとめて、各ページのテンプレートに組み込むことができます。

なお、「他のテンプレートに組み込むために、共通部分をまとめたテンプレート」のことを、「テンプレートパーツ」（template part）と呼びます。前述したように、WordPressループ部分をテンプレートパーツにすることが考えられます（図1.7）。

図1.7 WordPressループ部分をテンプレートパーツにして他のテンプレートに組み込む

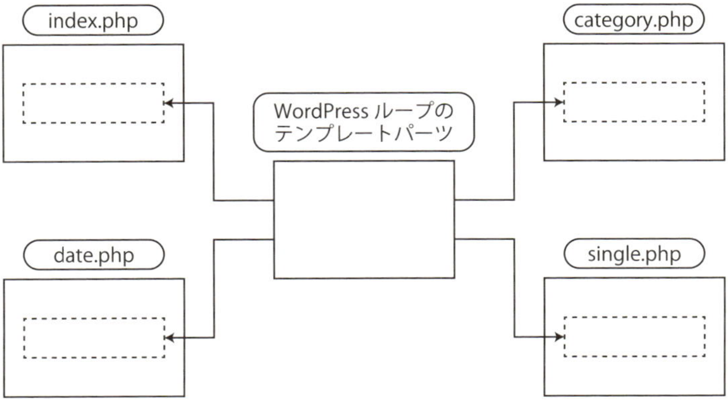

テンプレートパーツのファイルの配置

テンプレートパーツは、ヘッダー等のテンプレートと同様に、1つの独立したファイルとして扱います。「index.php」等のWordPressで予約されているファイル名でなければ、任意のファイル名を付けることができます。また、テンプレートパーツのファイルは、テーマのディレクトリに保存します。

例えば、WordPressループ部分をテンプレートパーツにする場合、その内容を「loop.php」等のファイルに保存し、テーマのディレクトリに入れます。

また、テーマのディレクトリにサブディレクトリを作り、そこにテンプレートパーツのファイルを保存することもできます。

テンプレートパーツの組み込み

あるテンプレートにテンプレートパーツを組み込むには、テンプレート内に「get_template_part」という関数の文を入れます。引数として、テンプレートパーツのファイル名（拡張子は除く）を指定します。

例えば、WordPressループをテンプレートパーツ化して、そのファイル名を「loop.php」にしたとします。そして、index.phpテンプレートに、このテンプレートパーツを組み込みたいとします。この場合、index.phpテンプレートの中で、組み込み先の位置に以下の文を入れます。

```php
<?php get_template_part('loop'); ?>
```

テーマのディレクトリにサブディレクトリを作って、そこにテンプレートパーツを入れている場合は、get_template_part関数の引数にディレクトリ名も含めたパスを書きます。

例えば、前述の例のloop.phpが、テーマのディレクトリの中の「parts」というディレクトリにあるとします。この場合、このloop.phpを組み込むには、組み込み先の位置に以下の文を入れます。

```php
<?php get_template_part('parts/loop'); ?>
```

機能的に同じテンプレートパーツを使い分ける

header.php等を複数種類作って使い分けるのと同様に、機能的に同じテンプレートパーツを複数作って、状況に応じて使い分けることができます。

このような場合、テンプレートパーツのファイル名は「スラッグ」と「名前」をハイフンでつなげたものにします。スラッグには、テンプレートパーツの機能が分かるような文字列にします。そして、名前で個々のテンプレートパーツを識別できるようにします。

例えば、WordPressループのテンプレートパーツとして、「メイン用」と「サブ用」を2つ作って、組み込み先に応じて使い分けたいとします。この場合、テンプレートパーツのファイル名は、「loop-main.php」と「loop-sub.php」のようにします。

一方、組み込み先のテンプレートでは、組み込みたい位置にget_template_part関数を入れ、引数でスラッグと名前を指定します。例えば、「loop-main.php」のテンプレートパーツを組み込みたい場合は、その位置に以下の文を入れます。

```php
<?php get_template_part('loop', 'main'); ?>
```

MEMO

012 固定ページごとにテンプレートを選べるようにしたい

固定ページ			WP 4.4　PHP 7
関　連	002	テーマを構成するテンプレートを知りたい　P.005	
利用例	固定ページのテンプレートを作る		

固定ページの内容に応じてテンプレートを変えることができる

　WordPressには「固定ページ」の機能があり、投稿として扱うには適していない個別のページを管理することができます。例えば、企業サイトを作る場合であれば、会社案内やアクセスマップ等のページが固定ページに適しています。

　固定ページはブログ的な投稿とは異なり、ページによって構造が大きく違うこともあります。そこで、固定ページのテンプレートを複数用意しておいて、固定ページごとにテンプレートを選ぶことができるようになっています。

　固定ページのテンプレートが複数ある場合、固定ページを作成する際に、「ページ属性」の「テンプレート」の欄でテンプレートを選ぶことができます（図1.8）。

図1.8　「ページ属性」の「テンプレート」欄で固定ページのテンプレートを選ぶ

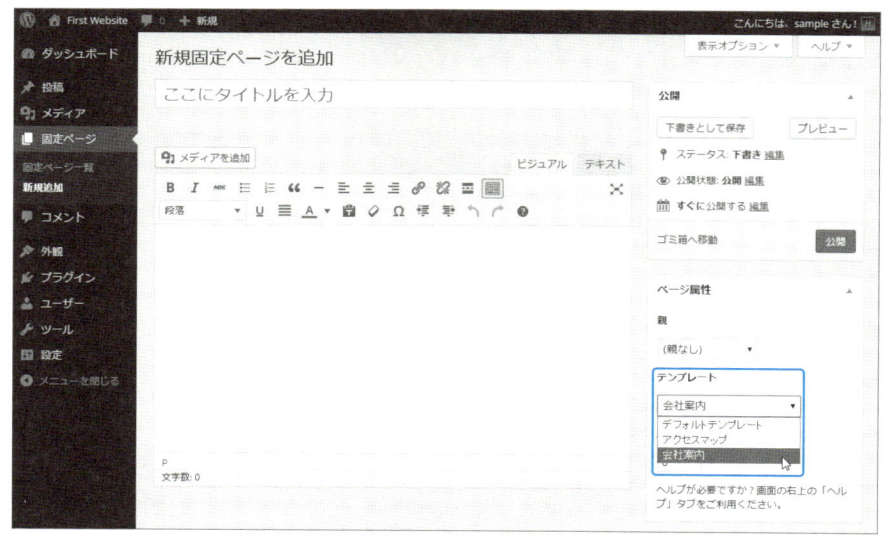

固定ページ用のテンプレートをテーマに追加する

　固定ページごとにテンプレートを選ぶことができるようにするには、それらのテンプレートのファイルをテーマのディレクトリに配置します。

　テンプレートの書き方は一般のテンプレートと同じですが、テンプレートの先頭に、リスト1.6のようにPHPのコメントを書くことが必要です。「テンプレート名」の部分に書いた文字列が、固定ページ編集画面の「テンプレート」の欄の選択肢に表示されます。

　テンプレートのファイル名の付け方は任意です（ただし、「index.php」等のWordPressで予約されているテンプレート名は除く）。

リスト1.6 固定ページ用テンプレートの先頭に書くコメント

```
<?php
/*
Template Name: テンプレート名
*/
?>
```

　例えば、会社案内用の固定ページのテンプレートを作る場合だと、リスト1.6の「Template Name」の行を以下のように書きます。また、「company.php」のようなファイル名を付けて、テーマのディレクトリに保存します。

```
Template Name: 会社案内
```

013 404ページを出力したい

| 404.php | テンプレート | | WP 4.4 | PHP 7 |

| 関連 | 002 | テーマを構成するテンプレートを知りたい | P.005 |
| 利用例 | 存在しないアドレスへのアクセスへの表示ページを作る |

404.phpテンプレートを作る

　一般的なWebサーバーでは、存在しないアドレスへのアクセスがあった時には、404（Not Found）のエラーが発生します。一方、WordPressの管理下にあるディレクトリで、存在しないアドレスへのアクセスがあった場合は、WordPressによって404ページが出力されるようになっています。

　独自の404ページを出力するには、テーマに「404.php」というファイル名のテンプレートを入れます。そして、そのテンプレートの中に、出力したい内容を書きます。WordPressの一般的なテンプレートと同様に、PHPのコードを書くこともできますし、WordPressのコアの関数を使うこともできます。

　例えば、404.phpテンプレートの内容をリスト1.7のようにしておくと、テーマのheader.php／footer.php／sidebar.phpの各テンプレートが組み込まれ、コンテンツ部分に「ページが見つかりませんでした。」と表示されます。テーマのheader.php等を利用できますので、サイト内の他のページと同じデザインの404ページにすることができます。

リスト1.7 404.phpテンプレートの例

```php
<?php get_header(); ?>
<p>ページが見つかりませんでした。</p>
<?php get_sidebar(); ?>
<?php get_footer(); ?>
```

014 特定のカテゴリーアーカイブページだけ出力を変えたい

| 特定のカテゴリー | category-スラッグ.php | ID | | WP 4.4 | PHP 7 |

| 関連 | 002 テーマを構成するテンプレートを知りたい P.005 |
| 利用例 | カテゴリー専用のテンプレートを作る |

特定のカテゴリー専用にテンプレートを作る

特定のカテゴリーのアーカイブページだけ、他とは異なる出力にしたいということは、少なくないと思います。

1つのカテゴリーアーカイブテンプレートの中で、カテゴリーを条件判断して出力を分けることもできます。ただ、カテゴリーによって出力が大きく違う場合は、条件判断で出力を分ける方法だと、テンプレートが複雑になりがちです。そこで、特定のカテゴリーのために、専用のテンプレートを用意して、それに沿った出力を行うことができます。

スラッグでテンプレートを選ぶ

テンプレートに「category-スラッグ.php」のような名前を付けると、そのスラッグを付けたカテゴリーだけ、出力を変えることができます。スラッグは、カテゴリーの編集や作成の際の「スラッグ」の欄で入力することができます（**図1.9**）。スラッグは半角英数字とハイフンで付けます。

例えば、スラッグに「movie」とつけたカテゴリーがある場合、そのカテゴリー専用のテンプレートには、「category-movie.php」というファイル名を付けます。

図1.9 「スラッグ」の欄でカテゴリーのスラッグを入力する

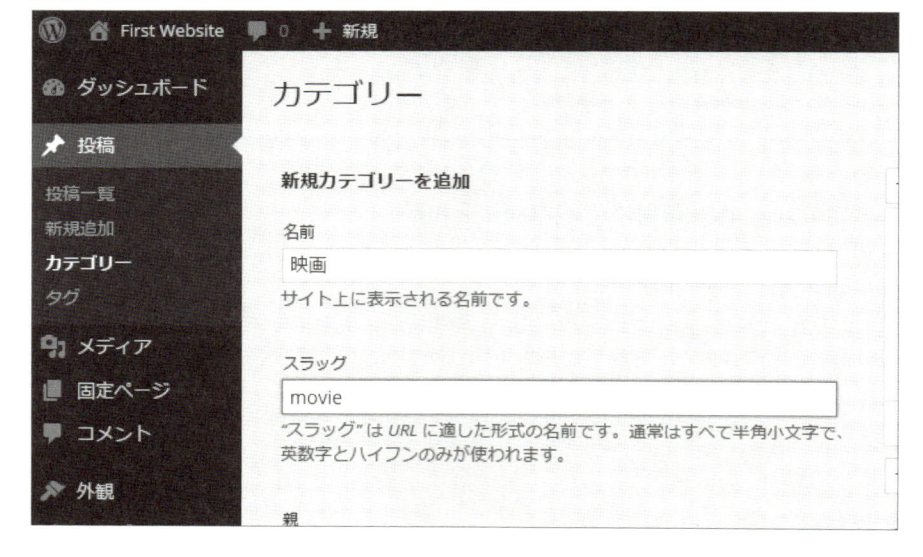

IDでテンプレートを選ぶ

　個々のカテゴリーにはID（続き番号）が付いています。特定のIDのカテゴリーのアーカイブページだけ、異なるテンプレートで出力することもできます。この場合は、テンプレートに「category-ID.php」のようなファイル名を付けます。

　例えば、IDが2番のカテゴリーだけ他と異なるテンプレートで出力したい場合は、テーマのディレクトリに「category-2.php」というファイル名のテンプレートを作ります。

　ただし、作ったテーマを別のWordPressにインストールして使う場合、インストール先のWordPressでは、そのIDのカテゴリーが存在するとは限りません。その場合、期待した表示が得られないことになります。このように、IDでテンプレートを選ぶようにする場合、環境に依存するテーマになってしまいますので、注意が必要です。

複数のカテゴリーでテンプレートを共有したい場合

　category-スラッグ.phpやcategory-ID.phpのテンプレートは、特定の1つのカテゴリーだけが対象になります。複数のカテゴリーを対象にしたい場合は、テンプレートパーツを活用します。

　例えば、スラッグが「movie」と「travel」の2つのカテゴリーで、アーカイブページを同じテンプレートで出力したいとします。この場合、以下のような手順を取ります。

❶各アーカイブページを出力するテンプレートパーツを作り、テーマのディレクトリに保存する

❷テーマのディレクトリに「category-movie.php」と「category-travel.php」のテンプレートを作る

❸❷の2つのテンプレートには、❶のテンプレートパーツを読み込む文だけを入れる。例えば、❶のテンプレートに「cat-common.php」というファイル名を付けた場合だと、❷の2つのテンプレートの内容を以下のようにする

```
<?php get_template_part('cat-common'); ?>
```

015 functions.phpについて知りたい

| functions.php | テーマ専用 | | WP 4.4 | PHP 7 |

関数　get_template_part

関連　002　テーマを構成するテンプレートを知りたい　P.005

利用例　テーマ専用のプラグインのようなテンプレートを作る

PHPのコードを入れるためのテンプレート

　WordPressのテンプレートは、PHPのプログラムそのものです。テンプレートにPHPのコードをいろいろと入れて、多機能なテーマを作ることができます。

　ただ、テンプレートにPHPのコードを大量に入れると、HTMLとPHPが混在して、読みにくいものになってしまいます。テンプレートは極力HTMLだけにして、複雑なコードは別のファイルに配置した方が良いです。

　このような用途のために、「functions.php」という特殊なテンプレートがあります。functions.phpテンプレートは、テーマの中で使うPHPのコードを入れるのに使います。テンプレートの処理が始まる前に、functions.phpのコードが実行されます。テーマの初期化の際に必要な処理や、テーマ内で使う関数などを、functions.phpテンプレートに入れることができます。

　また、functions.phpは、テーマ専用のプラグインのような動作をします。例えば、WordPressの各種のフック（第12章参照）を使って、WordPressの動作を一部カスタマイズするようなこともできます。

functions.phpテンプレートの作り方

　functions.phpテンプレートは、他の一般のテンプレートと同様に、個々のテーマのディレクトリに入れます（図1.10）。

　前述したように、functions.phpテンプレートにはPHPのコードを入れます。一般的なPHPのファイルと同様に、先頭に「<?php」の行を書き、最後に「?>」の行を書いて、その間にPHPのコードを入れていきます。

図1.10 functions.phpテンプレートをテーマのディレクトリに配置する

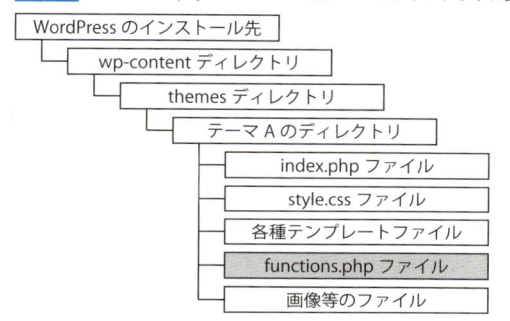

```
WordPressのインストール先
  └─ wp-contentディレクトリ
       └─ themesディレクトリ
            └─ テーマAのディレクトリ
                 ├─ index.phpファイル
                 ├─ style.cssファイル
                 ├─ 各種テンプレートファイル
                 ├─ functions.phpファイル
                 └─ 画像等のファイル
```

functions.phpを機能ごとに分割する

　複雑なテーマでは、functions.phpに非常に多くのコードを書く場合もあります。そうなると、functions.phpを修正する時に修正箇所を探しにくくなるなど、問題が出ることもあります。

　functions.phpが大きくなってきたら、中身をグループごとに分類して、複数のファイルに分割すると管理しやすいです。そして、functions.phpには、それらのファイルを読み込む処理だけを書いておきます。get_template_part関数を使えば、ファイルを読み込むことができます（レシピ011 参照）。

　また、それらのファイルは、テーマのディレクトリの中に「functions」のようなディレクトリを作って、そちらに入れておくと良いでしょう。

　例えば、functions.phpの内容を初期化部分とテンプレート用関数の部分に分けて、それぞれに「init.php」と「template.php」というファイル名を付けるとします。また、これらのファイルを、テーマのディレクトリの中の「functions」ディレクトリに保存するとします。

　この場合、functions.phpを**リスト1.8**のように書けば、init.php／template.phpを組み込むことができます。

リスト1.8 functions.phpの内容を

```php
<?php
get_template_part('functions/init');
get_template_part('functions/template');
?>
```

016 既存のテーマをベースにカスタマイズしたい（親テーマと子テーマ）

| 親テーマ | 子テーマ | index.php | functions.php | WP 4.4　PHP 7 |

| 関　連 | 002 テーマを構成するテンプレートを知りたい　P.005 |
| 利用例 | 親テーマのindex.phpテンプレートだけを子テーマに置き換える |

既存のテーマを部分的にカスタマイズする仕組み

　WordPressではテーマ（のテンプレート）に沿って、サイト内の各ページが出力されます。テーマの内容を書き換えれば、ページの出力をカスタマイズすることもできます。

　ただ、既存のテーマを使う場合、そのテーマのテンプレートを直接に書き換えてしまうと、テーマがバージョンアップした時にテンプレートを再度書き換える必要が出るなど、問題が生じることがあります。

　そこで、WordPressには「子テーマ」という仕組みが用意されています。子テーマは、あるテーマをベースにして、その一部を置き換えるテーマを作る機能です。置き換える元となるテーマを「親テーマ」と呼びます。

　例えば、あるテーマのindex.phpテンプレートだけを置き換えたいとします。この場合、そのテーマを親とした子テーマを作って、index.phpテンプレートだけを置き換えることができます。index.php以外の子テーマにないテンプレートは、親テーマのものがそのまま使われます（図1.11）。

図1.11　親テーマのindex.phpテンプレートだけを子テーマで置き換える

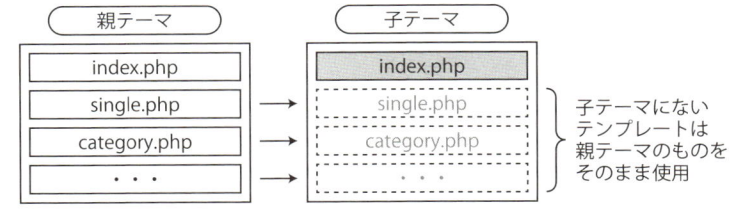

```
親テーマ              子テーマ
┌───────────┐      ┌───────────┐
│ index.php │      │ index.php │
│ single.php│  →   │ single.php│     子テーマにない
│category.php│ →   │category.php│    テンプレートは
│    ...    │  →   │    ...    │     親テーマのものを
└───────────┘      └───────────┘     そのまま使用
```

子テーマのディレクトリの作成

子テーマを作るには、まずWordPressの「wp-content」→「themes」ディレクトリの中に、子テーマ用のディレクトリを作ります。そして、その中にテンプレート等を入れます。

子テーマ用のディレクトリには、任意の名前を付けることができます。ただ、ディレクトリ名の最後を「-child」にすることが推奨されています。

例えば、WordPress付属のTwenty Fifteenテーマ（ディレクトリ名は「twentyfifteen」）を親テーマとする場合、子テーマのディレクトリ名は「twentyfifteen-child」にすると良いです。

style.cssテンプレートの作成

子テーマには、最低限style.cssテンプレートが必要です。一般のテーマと同様に、CSSのコメントの記法を使って、style.cssテンプレートの先頭にテーマの情報を記述します（レシピ005「style.cssテンプレートの書き方を知りたい」参照）。また、そのコメントの部分に「Template: 親テーマのディレクトリ」の行を入れて、親テーマを指定します（リスト1.9）。

例えば、Twenty Fifteenテーマを親とした子テーマを作って、名前を「Twenty Fifteen Child」にするとします。この場合、style.cssの先頭部分はリスト1.10のように書きます。

リスト1.9 子テーマのstyle.cssテンプレートの先頭部分の書き方

```
/*
Theme Name: テーマ名
Template: 親テーマのディレクトリ名
・・・(その他の記述)・・・
*/
```

リスト1.10 Twenty Fifteenテーマの子テーマを作る場合の、style.cssの先頭部分の例

```
/*
Theme Name: Twenty Fifteen Child
Template: twentyfifteen
・・・(その他の記述)・・・
*/
```

functions.php テンプレートの作成

子テーマは親テーマをベースにしますので、スタイルシートも親テーマのものを一部置き換える形になることが多いです。そのようにするには、子テーマにfunctions.phpテンプレートを入れ、その中にリスト1.11の部分を記述して、親テーマのスタイルシートも組み込むようにします。

なお、子テーマのstyle.cssテンプレートは、親テーマのstyle.cssの後に組み込まれます。子テーマのstyle.cssを使って、親テーマのstyle.cssを部分的に上書きすることができます。

リスト1.11 親テーマのスタイルシートを組み込むために、子テーマのfunctions.phpに追加する内容

```
add_action( 'wp_enqueue_scripts', 'theme_enqueue_styles' );
function theme_enqueue_styles() {
  wp_enqueue_style( 'parent-style', get_template_directory_uri() . '/style.css' );
}
```

その他のテンプレートの作成

style.cssとfunctions.php以外のテンプレートは、置き換えたいものだけ子テーマのディレクトリに入れます。

例えば、親テーマのindex.phpテンプレートをカスタマイズして置き換えたい場合は、子テーマにindex.phpテンプレートを作成して、親テーマのindex.phpの内容を貼り付けた後、子テーマのindex.phpテンプレートをカスタマイズします。

また、親テーマにないテンプレートを子テーマに追加することができます。例えば、親テーマに日付系アーカイブ用のテンプレート（date.php）がない時に、子テーマにdate.phpテンプレートを追加すると、日付系アーカイブはそのdate.phpを基にして出力されるようになります。

017 カスタム背景を使えるようにしたい

1-4 function.php テンプレート

| カスタム背景 | CSS | | WP 4.4 | PHP 7 |

関数	add_theme_support、add_theme_support_cb
関連	015　functions.phpについて知りたい　P.032
利用例	オリジナルの画像を背景に利用する

カスタム背景機能の概要

　Webページにはスタイルシートで背景画像をつけることができます。WordPressでは、この作業を簡単にするために、「カスタム背景」という機能が用意されています。

　カスタム背景機能は、「外観」→「背景」メニューで実行します。画像をアップロードしたり、アップロード済みの画像から選んだりして、背景を決めることができます（図1.12）。

図1.12 カスタム背景機能で背景画像を設定する

functions.phpでカスタム背景機能をオンにする

自作のテーマでカスタム背景機能を使うには、まずfunctions.phpテンプレートにそのための記述を入れることが必要です。基本的には、リスト1.12のようなコードを追加します。

2行目にあるadd_theme_support関数で、カスタム背景をオンにしています。また、カスタム背景をオンにする処理を「add_theme_support_cb」という関数にまとめ、4行目のadd_action関数で、テーマのセットアップ時にadd_theme_support_cb関数が実行されるようにしています。

なお、「add_theme_support_cb」という関数名は、他の名前に変えても構いません。その場合、リスト1.12の1行目だけでなく、4行目のadd_action関数にある「add_theme_support_cb」も書き換えます。

リスト1.12 カスタム背景機能をオンにするためにfunctions.phpに追加するコード

```
function add_theme_support_cb() {
  add_theme_support('custom-background');
}
add_action('after_setup_theme', 'add_theme_support_cb');
```

カスタム背景のデフォルト値を指定する

カスタム背景をオンにする際に、add_theme_support関数の2つ目のパラメータにリスト1.13のような連想配列を渡して、デフォルトの背景色等の情報を指定することもできます。

「default-image」の設定値にある「%1$s」は、テーマのディレクトリを表します。その他の値は、CSSのbackground-color／background-repeat／background-position-x／background-attachmentの各プロパティに指定できる値をそのまま書きます。

リスト1.13 デフォルトの背景色等を表す連想配列

```
array(
  'default-color' => '背景色',
  'default-image' => '%1$s/背景画像のパス',
  'default-repeat' => '繰り返し方法',
  'default-position-x' => '背景画像の左右の位置',
  'default-attachment' => '背景画像の配置方法',
)
```

018 カスタムヘッダーを使えるようにしたい

| カスタムヘッダー | ヘッダー画像 | | WP 4.4 | PHP 7 |

関数 header_image

関連 015 functions.phpについて知りたい P.032

利用例 ページの上端に帯状のヘッダーを入れる

カスタムヘッダー機能の概要

　Webサイトによっては、ページの上端に帯状のヘッダーを入れて、サイトのタイトルや、イメージ画像を表示することがよくあります。このようなページを作りやすくするために、WordPressには「カスタムヘッダー」という機能があります。

　カスタムヘッダー機能は、ヘッダー部分の画像を、ユーザーが選択できるようにする機能です。あらかじめヘッダー画像を用意しておくことができます。また、ユーザーに画像をアップロードしてもらうこともできます（図1.13）。

図1.13 カスタムヘッダー機能でヘッダー画像を設定する

カスタムヘッダーをオンにする

自作のテーマで最低限のカスタムヘッダー機能を使えるようにする場合、functions.phpにリスト1.14を追加します。

「ヘッダーの幅」と「ヘッダーの高さ」で、カスタムヘッダー部分の幅と高さをピクセル単位で指定します。また、「画像のパス」には、デフォルトのカスタムヘッダー画像について、テーマのディレクトリからのパスを指定します。「%s」がテーマのディレクトリを表します。例えば、幅を800ピクセル、高さを100ピクセル、デフォルト画像をテーマのディレクトリの「headers/header1.jpg」にする場合だと、リスト1.14のようにします。

また、ユーザーが画像をアップロードできるようにするには、リスト1.14の「'default-image' => ……」の行の後に、リスト1.15の行を追加します。

なお、デフォルトの画像はテーマのディレクトリにアップロードしておきます。

リスト1.14 functions.phpに追加するコードの例

```
function add_theme_support_cb() {
  $args = array(
    'width'  => 800,
    'height' => 100,
    'default-image' => '%s/headers/header1.jpg',
  );
}
add_action('after_setup_theme', 'add_theme_support_cb');
```

リスト1.15 カスタムヘッダー機能で画像のアップロードを許可する場合に追加する行

```
'uploads' => true,
```

カスタムヘッダーの出力

カスタムヘッダーの画像は、img要素を使って出力すると比較的簡単です。テンプレートの中で、カスタムヘッダーを出力したい位置に、リスト1.16のimg要素を追加します。

header_image関数はWordPressのコアの関数で、カスタムヘッダーの画像のURLを出力します。また、「get_custom_header()->height」と「get_custom_ header()->width」は、それぞれカスタムヘッダーの高さと幅を表します。これらをecho文で出力します。

また、div等の要素に**リスト1.17**のようなstyle属性を追加して、要素の背景画像として出力することもできます。

なお、カスタムヘッダーの画像を、style要素に出力することもできます。この場合の手順は、 レシピ020 「カスタムヘッダーの画像をstyle要素に出力したい」を参照してください。

リスト1.16 カスタムヘッダーの画像を出力するコード

```
<img src="<?php header_image(); ?>" height="<?php echo get_custom_header()
->height; ?>" width="<?php echo get_custom_header()->width; ?>" alt="" />
```

リスト1.17 カスタムヘッダーの画像を要素の背景として出力する

```
<div style="background-image: url(<?php header_image(); ?>);">・・・</div>
```

MEMO

019 カスタムヘッダーで画像を選択できるようにしたい

| ヘッダー画像 | カスタムヘッダー | | WP 4.4 | PHP 7 |

関数	register_default_headers
関連	015　functions.phpについて知りたい　P.032
利用例	カスタムヘッダーで画像を選択する

複数の画像から選択するようにできる

レシピ018「カスタムヘッダーを使えるようにしたい」の手順で、カスタムヘッダーを設定することができるようになります。ただ、あらかじめカスタムヘッダーの選択肢を複数用意しておいて、そこから選べるようにしたいということもあります。例えば、図1.13（TwentyThirteenテーマ）では、3種類の画像からヘッダーを選ぶことができます。

自分でテーマを作る場合も、複数の選択肢を用意して、そこから選ぶようにすることができます。

ヘッダー画像のファイルをテーマのディレクトリに配置

まず、選択肢となるヘッダー画像と、それぞれのサムネイルのファイルを、対象のテーマのディレクトリに配置しておきます。テーマのディレクトリにサブディレクトリを作って、そこに画像を配置しても構いません。

register_default_headers関数でカスタムヘッダーの画像を登録

次に、functions.phpテンプレートに、WordPressの「register_default_headers」という関数の記述を追加して、カスタムヘッダーの画像を登録します。register_default_headers関数は、add_theme_support関数の行の直後に入れます。

この関数の書き方は、リスト1.18のようになります。「画像1のID」等の部分には、個々の画像を識別するIDを半角英数字で決めて指定します。また、「画像1のパス」と「画像1のサムネイルのパス」等には、テーマのディレクトリからの各画像とサムネイルの相対パスを指定します。

リスト1.18 register_default_headers関数の書き方

```
register_default_headers(array(
  '画像1のID' => array(
    'url' => '%s/画像1のパス',
    'thumbnail_url' => '%s/画像1のサムネイルのパス'
  ),
  '画像2のID' => array(
    'url' => '%s/画像2のパス',
    'thumbnail_url' => '%s/画像2のサムネイルのパス'
  ),
  ...
));
```

register_default_headers関数の例

例えば、以下のような状況だとします。

❶ヘッダー画像として、header1.jpg／header2.jpg／header3.jpgの3つを用意する

❷ヘッダーのサイズは800×100ピクセルとする

❸デフォルトのヘッダー画像はheader1.jpgとする

❹ヘッダー画像は、テーマのディレクトリの中の「headers」ディレクトリに保存する

❺各ヘッダー画像のIDは「header1」「header2」「header3」にする

この場合、functions.phpテンプレートにadd_theme_support関数とregister_default_headers関数を**リスト1.19**のように書いて、ヘッダー画像を選べるようにします。

リスト1.19 ヘッダー画像を選べるようにする例

```
function add_theme_support_cb() {
  $args = array(
    'width'  => 800,
    'height' => 100,
    'default-image' => '%s/headers/header1.jpg',
  );
  add_theme_support('custom-header', $args);
  register_default_headers(array(
    'header1' => array(
      'url' => '%s/headers/header1.jpg',
      'thumbnail_url' => '%s/headers/header1.jpg'
    ),
    'header2' => array(
      'url' => '%s/headers/header2.jpg',
      'thumbnail_url' => '%s/headers/header2.jpg'
    ),
    'header3' => array(
      'url' => '%s/headers/header3.jpg',
      'thumbnail_url' => '%s/headers/header3.jpg'
    ),
  ));
}
add_action('after_setup_theme', 'add_theme_support_cb');
```

020 カスタムヘッダーの画像を style要素に出力したい

| style要素 | | WP 4.4 PHP 7 |

| 関数 | header_image、get_custom_header、add_theme_support |

| 関連 | 015 functions.phpについて知りたい　P.032 |

| 利用例 | style要素で要素（またはIDやクラス）の背景として出力する |

style要素にカスタムヘッダーの情報を出力する

　カスタムヘッダーの画像を要素の背景に使う場合、その要素に直接にstyle属性を付ける方法もありますが、style要素で要素（またはIDやクラス）の背景として出力することも考えられます。

　style要素はHTMLのヘッダー部分（<head>～</head>）に出力しますが、ここに直接にstyle要素を書くと、状況によっては、後から組み込まれるスタイルシートで上書きされることもあり得ます。

　そこで、WordPressのコアの機能を使って、HTMLのヘッダー部分の適切な位置にstyle要素が組み込まれるようにすることができます。

style要素を出力する関数を定義する

　まず、style要素を出力するための関数を定義し、functions.phpテンプレートに入れます。この関数の中では、WordPressコアのheader_image関数やget_custom_header関数を使って、カスタムヘッダーの情報を出力することができます（レシピ018「カスタムヘッダーを使えるようにしたい」を参照）。

　例えば、「header」というクラスのdiv要素で、background-image／width／heightの各プロパティに、カスタムヘッダーの情報を出力したいとします。この場合、リスト1.20のような関数を作り、functions.phpテンプレートに入れます。

リスト1.20　カスタムヘッダーの情報をstyle要素に出力する例

```php
function header_style() {
?>
<style type="text/css">
  div.header {
    background-image: url(<?php header_image(); ?>);
    height: <?php echo get_custom_header()->height; ?>px;
    width: <?php echo get_custom_header()->width; ?>px;
  }
</style>
<?php
}
```

add_theme_support関数にstyle要素出力関数の名前を渡す

次に、add_theme_support関数を呼び出す箇所で、そのパラメータを変えて、前述のstyle要素出力関数の名前を渡すようにします。

基本的な書き方は、リスト1.21のようになります。6行目の「style要素出力関数の名前」のところを、実際の関数名に置き換えます。例えば、カスタムヘッダーの関数名を、リスト1.20のように「header_style」にする場合だと、6行目の「style要素出力関数の名前」のところを「header_style」に置き換えます。

なお、「ヘッダーの幅」「ヘッダーの高さ」「%s/画像のパス」の例は、レシピ018のリスト1.14を参照してください。

リスト1.21　カスタムヘッダー機能をオンにするためにfunctions.phpに追加するコード

```php
function add_theme_support_cb() {
  $args = array(
    'width'    => ヘッダーの幅,
    'height'   => ヘッダーの高さ,
    'default-image' => '%s/画像のパス',
    'wp-head-callback' => 'style要素出力関数の名前',
  );
  add_theme_support('custom-header', $args);
}
add_action('after_setup_theme', 'add_theme_support_cb');
```

021 カスタムメニューを使えるようにしたい

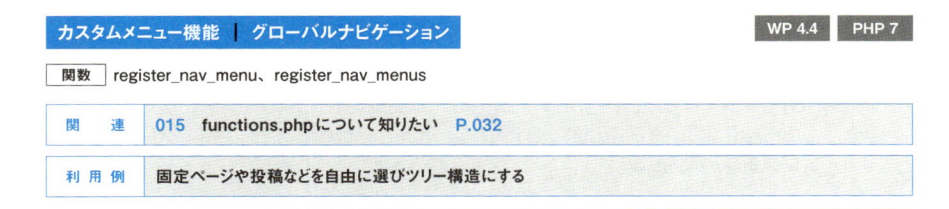

1-4 function.phpテンプレート

| カスタムメニュー機能 | グローバルナビゲーション | | WP 4.4 | PHP 7 |

関数	register_nav_menu、register_nav_menus
関連	015 functions.phpについて知りたい P.032
利用例	固定ページや投稿などを自由に選びツリー構造にする

グローバルナビゲーション等の作成に便利なカスタムメニュー

カスタムメニュー機能は、固定ページや投稿などを自由に選んで、ツリー構造にすることができる機能です。主に、グローバルナビゲーション等のメニュー的な部分を作るのに使われます（図1.14）。

図1.14 グローバルナビゲーション等の作成に便利なカスタムメニュー機能

047

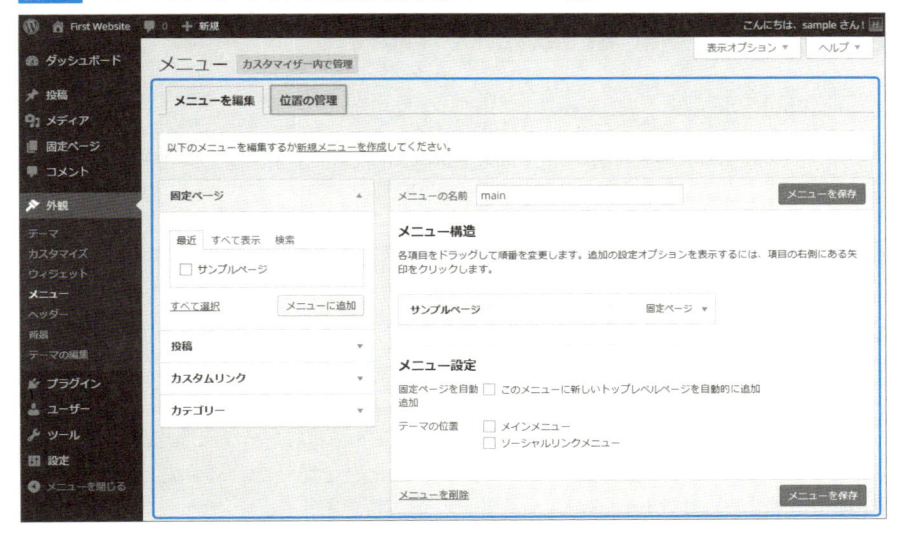

register_nav_menu関数でカスタムメニューを登録する

　カスタムメニュー機能を使えるようにするには、WordPressのコアの「register_nav_menu」または「register_nav_menus」の関数を使います。

　まず、register_nav_menu関数から紹介します。この関数は、テーマにカスタムメニューを1つ登録する働きをします。パラメータとして、「位置」と「名前」の2つを取ります。位置は、個々のカスタムメニューを配置する位置を表すもので、半角英数字でつけます。また名前は、カスタムメニューの名前を表し、日本語を使うこともできます。

　register_nav_menu関数は、add_theme_support関数と同様に、after_setup_themeアクションフックのタイミングで実行するようにします。

　例えば、位置が「main-menu」で、名前が「メインメニュー」のカスタムメニューを使えるようにしたいとします。この場合、テーマのfunctions.phpテンプレートにリスト1.22のような部分を追加します。

リスト1.22 register_nav_menu関数でカスタムメニューを登録する

```
function add_theme_support_cb() {
  register_nav_menu('main-menu', 'メインメニュー');
}
add_action('after_setup_theme', 'add_theme_support_cb');
```

register_nav_menus関数で複数のカスタムメニューを登録する

　グローバルナビゲーションのほかに、サイドバーにサブナビゲーションを表示する場合など、複数のカスタムメニューを使い分けたいこともあります。このような場合には、「register_nav_menus」という関数を使って、複数のカスタムメニューをまとめて登録することができます。

　関数のパラメータとして、カスタムメニューの位置と名前からなる連想配列を渡します。例えば、表1.3のような2つのカスタムメニューを作りたい場合だと、テーマのfunctions.phpにリスト1.23のような部分を追加します。

表1.3 追加するカスタムメニュー

識別子	名前
main-menu	メインメニュー
sub-menu	サブメニュー

リスト1.23 register_nav_menus関数で2つのカスタムメニューを登録する

```
function add_theme_support_cb() {
  register_nav_menus(array(
    'main-menu' => 'メインメニュー',
    'sub-menu' => 'サブメニュー'
  ));
}
add_action('after_setup_theme', 'add_theme_support_cb');
```

カスタムメニューの表示

公開するサイトにカスタムメニューを表示するには、WordPressの「wp_nav_menus」という関数を使います。詳しくは レシピ058 「カスタムメニューを出力したい」を参照してください。

MEMO

022 投稿フォーマットを使えるようにしたい

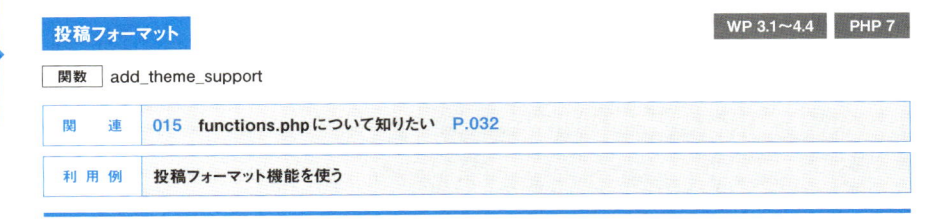

投稿フォーマット　　　　　　　　　　　　　　　　　　　WP 3.1〜4.4　PHP 7

関数	add_theme_support
関連	015　functions.php について知りたい　P.032
利用例	投稿フォーマット機能を使う

投稿フォーマット機能の概要

投稿フォーマットは、WordPress 3.1で追加された機能で、投稿を作成する際に「画像」などのフォーマットを選択することができるものです（図1.15）。テンプレート内で投稿フォーマットの種類を判断して、出力を変えるような使い方をすることができます。

本書執筆時点では、標準のほかに表1.4の9種類の投稿フォーマットが定義されています。

図1.15　投稿フォーマットの選択（右サイドバーの「フォーマット」の部分）

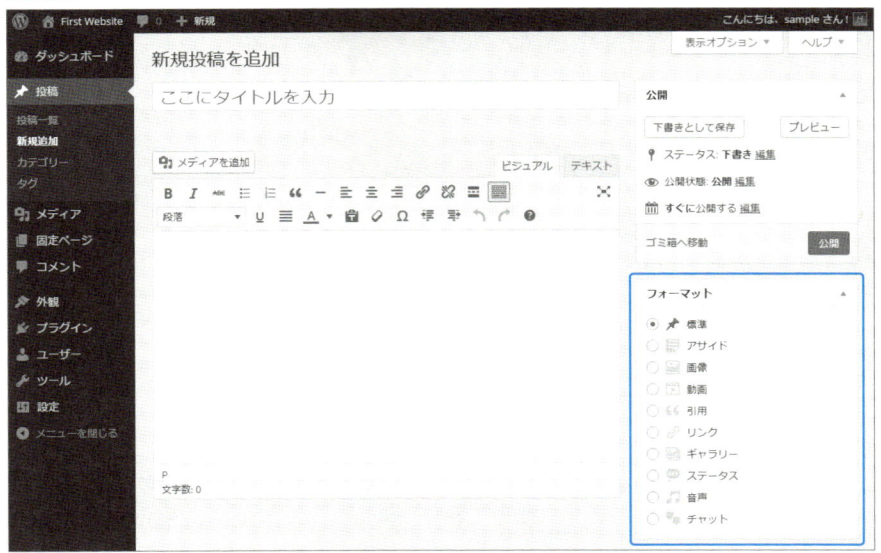

表1.4 WordPressに定義されている投稿フォーマット

英語名	日本語名	英語名	日本語名	英語名	日本語名
aside	アサイド	gallery	ギャラリー	image	画像
link	リンク	quote	引用	status	ステータス
video	動画	audio	音声	chat	チャット

投稿フォーマット機能をオンにする

投稿フォーマット機能を使えるようにするには、functions.phpテンプレートにそのための記述を追加します。

add_theme_support関数を以下のように書いて、選択できるようにする投稿フォーマットを指定します。「フォーマット1」などには、投稿フォーマットの英語名を指定します。また、add_theme_support関数は、カスタム背景と同様に、after_setup_themeアクションフックのタイミングで実行するようにします。

```
add_theme_support('post-formats', array('フォーマット1', 'フォーマット2', …, 
'フォーマットn'));
```

例えば、自分で作っているテーマを、ギャラリー／画像／動画／音声の投稿フォーマットに対応させたいとします。この場合、functions.phpテンプレートに**リスト1.24**の部分を追加します。

リスト1.24 投稿フォーマットをオンにする例

```
function add_theme_support_cb() {
  add_theme_support('post-formats', array('gallery', 'image', 'video', 
'audio'));
}
add_action('after_setup_theme', 'add_theme_support_cb');
```

投稿フォーマットによる出力の切り分け

個々の投稿の投稿フォーマットを調べて、それによって出力を分ける方法は、**レシピ147**「投稿フォーマットごとに出力を分けたい」を参照してください。

023 ページのタイトルを自動的に出力できるようにしたい

タイトルタグ機能　　　　　　　　　　　　　　　　　　　WP 4.1〜4.4　PHP 7

関数　wp_title、add_theme_support

関連	015 functions.phpについて知りたい　P.032
利用例	ページのタイトルを自動的に出力する

タイトルタグ機能の概要

WordPress 4.1で、テーマの機能として「タイトルタグ」が追加されました。この機能は、ページのタイトル（HTMLのtitle要素）を自動的に出力する機能です。

4.1より前のバージョンでは、テンプレートに「wp_title」という関数を書いて、ページのタイトルを出力していました。一方、タイトルタグ機能を有効にすれば、wp_title関数を書かずに、WordPressの機能でtitle要素を出力することができます。

タイトルタグ機能をオンにする

タイトルタグ機能を使うには、functions.phpテンプレートにそのための記述を追加します。カスタム背景等と同様に、after_setup_themeアクションフックのタイミングで以下のadd_theme_support関数を実行するようにします。

```
add_theme_support('title-tag');
```

なお、タイトルタグ機能を使い、なおかつタイトルの出力方法をカスタマイズしたい場合は、フィルターフックの仕組みを使います。フィルターフックについては第12章を参照してください。

024 カスタム背景等をまとめて設定したい

after_setup_themeアクションフック	WP 4.4　PHP 7

関数	support、register_nav_menu
関連	017　カスタム背景を使えるようにしたい　P.037
利用例	カスタム背景等をまとめて設定する

1つの関数に処理をまとめる

レシピ017 〜 レシピ023 で、カスタム背景などのテーマの機能を有効化する方法を解説してきました。これらの機能を有効化する処理は、いずれもafter_setup_themeアクションフックのタイミングで実行するようにします。

after_setup_themeアクションフックで実行する関数を1つにして、その中でadd_theme_support関数やregister_nav_menu関数などを順に実行すれば、カスタム背景等をまとめて設定することもできます。リスト1.25のような部分を、functions.phpテンプレートに入れます。

リスト1.25 カスタム背景等をまとめて設定する

```
function add_theme_support_cb() {
  add_theme_support('custom-background', ･･･);
  add_theme_support('custom-header', ･･･);
  register_default_headers(･･･);
  add_theme_support('post-formats', ･･･);
  register_nav_menus(･･･);
  add_theme_support('title-tag');
}
add_action('after_setup_theme', 'add_theme_support_cb');
```

025 テーマが対応している機能を調べたい

テーマ	カスタム背景		WP 4.4　PHP 7
関数	current_theme_supports		

関連	017 カスタム背景を使えるようにしたい　P.037 018 カスタムヘッダーを使えるようにしたい　P.039 019 カスタムヘッダーで画像を選択できるようにしたい　P.042 020 カスタムヘッダーの画像をstyle要素に出力したい　P.045 021 カスタムメニューを使えるようにしたい　P.047 022 投稿フォーマットを使えるようにしたい　P.050 023 ページのタイトルを自動的に出力できるようにしたい　P.052 024 カスタム背景等をまとめて設定したい　P.053
利用例	テーマがカスタム背景に対応していなければプラグインの設定を禁止する

current_theme_supports関数で判断

状況によっては、テーマが対応している機能を調べたいことがあります。例えば、カスタム背景に関するプラグインを作る場合、テーマがカスタム背景に対応していなければ、そのプラグインの設定を禁止する、といったことが考えられます。

テーマが対応している機能を調べるには、「current_theme_supports」という関数を使います。パラメータとして、機能に対応する文字列を、表1.5の中から1つ指定します。その機能に対応していれば、戻り値は1になります。

例えば、テーマがカスタム背景に対応しているかどうかを調べたい場合は、リスト1.26のようなコードを書きます。

表1.5 機能を表す文字列

機能	文字列
アイキャッチ画像	post-thumbnails
投稿フォーマット	post-formats
カスタムヘッダー	custom-header
カスタム背景	custom-background
カスタムメニュー	menus
フィードリンク	automatic-feed-links
エディタ用スタイルシート	editor-style
ウィジェット	widgets
HTML5サポート	html5
タイトル生成	title-tag

リスト1.26 テーマがカスタム背景に対応している場合に処理を行う

```
if (current_theme_supports('custom-background')) {
    テーマがカスタム背景に対応している場合の処理
}
```

026 子テーマかどうかを調べたい

| 親テーマ | 子テーマ | | WP 4.4 | PHP 7 |

関数 is_child_theme

| 関　連 | 016 既存のテーマをベースにカスタマイズしたい（親テーマと子テーマ） P.034 |
| 利用例 | 親テーマか子テーマかによって処理を分ける |

is_child_theme関数で判断

　WordPressではあるテーマをベースに子テーマを作ることができます（レシピ016参照）。この場合、現在処理中のテーマが親テーマか子テーマかによって、処理を分けたい場合がでてきます。

　子テーマかどうかを判断するには、「is_child_theme」という関数を使います。パラメータはありません。処理中のテーマが子テーマであれば、戻り値が1になります。

　テンプレート内にリスト1.27のように書けば、子テーマかどうかで処理を分けることができます。

リスト1.27　子テーマかどうかで処理を分ける

```
<?php if (is_child_theme()) : ?>
    子テーマの場合の処理
<?php else : ?>
    子テーマでない場合の処理
<?php endif; ?>
```

027 投稿編集時の画面を公開画面になるべく近づけたい

| ビジュアルエディタ | スタイルシート | WP 4.4 | PHP 7 |

関数 add_editor_style

| 関連 | 015 functions.phpについて知りたい P.032 |
| 利用例 | 公開したページに近い見た目にしたい |

ビジュアルエディタ用スタイルシートを作る

WordPressでは、投稿編集時の画面（ビジュアルエディタ）と、公開した個々の投稿のページとは、対応はしているものの、見た目は異なります。ただ、投稿を作る際には、なるべくなら公開したページに近い見た目にしたいところです。

そこで、投稿編集画面のビジュアルエディタにスタイルシートを適用して、公開サイトに近い見た目にすることができます。

まず、テーマのディレクトリに、「editor-style.css」という名前のファイルを作ります。そして、そのファイルにビジュアルエディタ用のスタイルを定義します。公開サイト用のスタイルシートから、必要な部分をコピーしてeditor-style.cssに貼り付け、中身を調節していくと良いでしょう。

ビジュアルエディタ用スタイルシートを有効化する

ビジュアルエディタ用スタイルシートのファイルを作ったら、次に「add_editor_style」という関数を使って、そのスタイルシートを使うようにします。

add_editor_style関数は、「admin_init」というアクションフックのタイミングで実行します。例えば、ビジュアルエディタ用スタイルシートを有効化する処理を、「add_editor_style_cb」という関数にする場合だと、functions.phpテンプレートにリスト1.28の部分を追加します。

リスト1.28 ビジュアルエディタ用スタイルシートの有効化

```
function add_editor_style_cb() {
    add_editor_style();
}
add_action('admin_init', 'add_editor_style_cb');
```

028 テーマを多国語対応にしたい

1-6 国際化対応

| 翻訳 | 辞書ファイル | Poedit | WP 4.4 | PHP 7 |

関数　_e、__、_x、_n

| 関　連 | 015　functions.phpについて知りたい　P.032 |

| 利　用　例 | 国際化に対応したい |

テーマの国際化対応の概要

　WordPressは世界中で使われています。そのため、テーマを作って配布すると、日本だけでなく海外でも使ってもらえる可能性があります。そこで、広く配布するテーマは、国際化に対応しておくべきだと言えます。
　テーマを国際化するには、大きく分けて以下のようなステップを取ります。

❶テーマ内の単語や文章を英語に変え、それらを「_e」や「__」などの関数を通して処理するようにする

❷翻訳用の辞書ファイルを作成する

❸翻訳用の辞書ファイルを読み込む処理を追加する

テーマ内の単語や文章の翻訳

　テーマの中では、様々な単語や文章を扱います。テーマを国際化対応にするには、それらの単語や文章を翻訳できるようにする必要があります。
　基本的には、テーマ内の単語や文章は、すべて英語で書くようにします。そして、翻訳用の関数を使って、各言語に翻訳するようにします。
　例えば、日本版のWordPressでは「投稿」という用語を使いますが、英語版では「Post」になっています。そこで、テーマの中で「投稿」という単語を使う場合は、その箇所を「Post」に変えて、翻訳用の関数を通して出力します。
　翻訳用の関数には、以下のようなものがあります。

_e関数

　_e関数は、翻訳した結果を出力する処理をします。パラメータとして、翻訳元の単語や文章と、「テキストドメイン」を指定します。テキストドメインとは、個々のテーマ

057

の辞書を識別する名前のことです。

例えば、「Post」という単語を翻訳して出力したいとします。また、テキストドメインを「my_theme」にするとします。この場合、テーマに以下のように書きます。

```
<?php _e('Post', 'my_theme'); ?>
```

__関数

__（アンダースコア2つ）関数は、翻訳した結果を戻り値として返す関数です。翻訳後の文字列を使って何らかの処理をしたい時に使います。特に、PHPのsprintf関数と組み合わせて翻訳語の文章の一部を置き換える際によく使います。

例えば、「〇〇 post(s)」という単語を、「〇〇件の投稿」に置き換えて出力したいとします（〇〇は実際の件数）。この場合、「〇〇」の部分を「%d」で表し、PHPのsprintf関数を使って、件数に置き換えるようにします。

テキストドメインを「my_theme」にするとします。また、件数が変数$countに入っているとします。この場合、上記の処理は以下のように書くことができます。

まず、__関数で「%d post(s)」の文字列を、各言語の対応する文字列に置き換えます。そして、PHPのsprintf関数を使って、%dの部分を変数$countの値に置き換えます。

```
<?php echo sprintf(__('%d post(s)', 'my_theme'), $count); ?>
```

_x関数

同じ単語でも、文脈によって翻訳の仕方が異なる場合があります。例えば、「Post」という単語を翻訳すると、名詞の「投稿」になったり、動詞の「投稿する」になったりします。

このような場合、「_x」という関数で、文脈も指定して翻訳するようにします。_x関数はパラメータを3つ取り、1つ目が翻訳元の単語や文章、2つ目が文脈、そして3つ目がテキストドメインです。また、戻り値は翻訳後の文字列になります。

例えば、「Post」という単語を、「add new post」という文脈で翻訳して出力する場合だと、以下のようにします。

```
<?php echo _x('Post', 'add new post', 'my_theme'); ?>
```

_n関数

　言語によっては、単数形と複数形という概念がある場合があります。例えば英語の場合、複数形では、単語の後に「s」などをつけます。

　このため、数が関係する翻訳を行う場合は、単数形と複数形を区別する必要が出てきます。この場合には、「_n」という関数を使います。

　_n関数は4つのパラメータを取ります。また、戻り値は翻訳した結果になります。パラメータの1つ目と2つ目は、それぞれ単数形と複数形の場合の翻訳元です。3つ目には、出力する数値を指定します。そして、4つ目にはテキストドメインを指定します。

　例えば、英語環境では、投稿の数を以下のように出力したいとします。

❶1件の場合 → 「1 post」

❷2件以上の場合 → 「○ posts」（○は実際の件数）

　投稿の件数が、変数$countに入っているとします。また、テキストドメインを「my_domain」にするとします。この場合、テーマに以下のような文を入れます。

　「_n」関数で、投稿の件数が単数か複数かに応じて、「%d post」「%d posts」のいずれかを翻訳します。そして、その翻訳結果をsprintf関数に渡して、「%d」の部分を変数$countの値に置き換えます。

```
<?php echo sprintf(_n('%d post', '%d posts', $count, 'my_theme'), $count); ?>
```

辞書ファイルの作成

　次に、翻訳に使う辞書ファイルを作成します。この作業は、「Poedit」というツールで行います。基本的な使い方は以下の通りです。

Poeditのインストール

　Poeditのサイト（https://poedit.net/）から、インストーラをダウンロードします。そして、ご自分のパソコンにインストールします。

　なお、Poeditには無料版と有料版（19.99ドル）があります。無料版でもWordPress用の辞書ファイルを作ることはできますが、文脈（_x関数）には対応していません。_x関数も翻訳する必要がある場合は、有料版を使います。

テーマのファイルをダウンロード

Poeditでは、プログラム等のソースコードを解析して、そこから翻訳元の単語等を抜き出すようになっています。そこで、WordPressのインストール先から、翻訳したいテーマのディレクトリを丸ごとダウンロードし、ご自分のパソコンに保存します。

ダウンロードが終わったら、そのフォルダの中に「languages」というフォルダを作ります。後で辞書ファイルを作りますが、それはこの「languages」フォルダに保存します。

新規カタログの作成と設定

Poeditを起動したら、メニューから「ファイル」→「新規カタログ」を選んで、翻訳元の情報をまとめたファイル（カタログ）を作成します。言語を選ぶダイアログボックスが開きますので、「日本語」を選びます。

ファイルを作成したら、先ほど作成した「languages」フォルダにいったん保存します。

カタログの設定

次に、メニューから［カタログ］→［設定］を選び、各タブで以下の設定を行います。

❶「翻訳の設定」タブ
「プロジェクト名とバージョン」の欄に、テーマの名前を入力する

❷「ソースの検索パス」タブ
「パス」欄の下にある「＋」のボタンをクリックし、「フォルダを追加」のボタンをクリックする。フォルダ選択画面が開くので、先ほどテーマをダウンロードしたディレクトリを選ぶ

❸「ソース中のキーワード」タブ
入力欄の上に5つのボタンが並んでいるので、左から2番目のボタンをクリックして項目を追加し、「_e」と入力する。同様の手順で、「__」「_x」「_n」を追加する（図1.16）

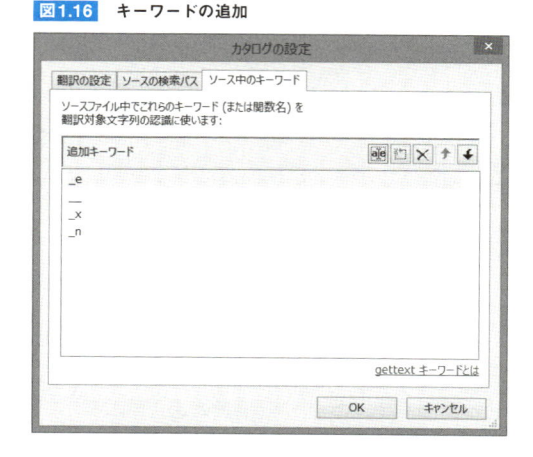

図1.16 キーワードの追加

翻訳元の抽出

　カタログの設定が終わったら、メニューから［カタログ］→［ソースから更新］を選びます。これで、テーマ内の各ソースファイルから、翻訳元となる単語や文章が抜き出されます。

翻訳の入力

　Poeditのウィンドウに、見つかった翻訳元が一覧表示されます。各行をクリックすると、ウィンドウ中ほどの「ソーステキスト」の欄にその翻訳元が表示されますので、「翻訳」の欄に翻訳先の日本語を入力します（図1.17）。

図1.17　翻訳の入力

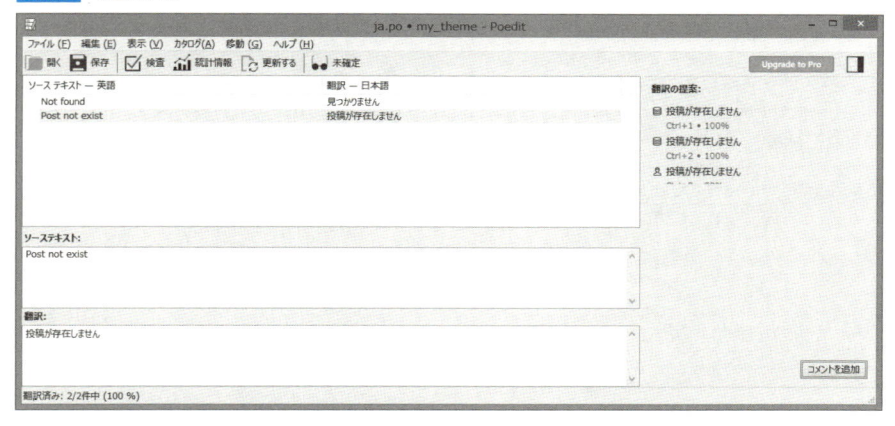

ファイルの保存とアップロード

　翻訳の入力が終わったら、メニューから［ファイル］→［保存］を選んで、辞書ファイルを保存します。そして、辞書ファイルのフォルダ（languages）を、サーバーのそのテーマのディレクトリにアップロードします。

辞書ファイルの読み込み

　最後に、辞書ファイルを読み込む処理を、functions.phpテンプレートに追加します。
　辞書ファイルの読み込みは、「load_theme_textdomain」という関数で行います。パラメータは2つあり、1つ目にテキストドメイン名を指定します。そして、2つ目に

は以下を指定し、テーマのディレクトリ内にある「languages」ディレクトリから辞書ファイルを読み込むようにします。

```
get_template_directory() . '/languages'
```

　また、この関数は、after_setup_themeアクションフックのタイミングで実行します。カスタム背景等と同じタイミングなので（ レシピ017 を参照）、カスタム背景等の追加を行う関数に、load_theme_textdomain関数も追加すると良いです（**リスト1.29**）。

リスト1.29　カスタム背景等の追加と同じタイミングで**load_theme_textdomain**関数を実行する

```
function add_theme_support_cb() {
  add_theme_support(・・・);
  ・・・
  load_theme_textdomain('テキストドメイン名', get_template_directory() .
'/languages');
}
add_action('after_setup_theme', 'add_theme_support_cb');
```

MEMO

PROGRAMMER'S RECIPE

第 02 章

テンプレートを カスタマイズしたい

WordPressでは、個々のページはテンプレートに沿って出力されます。テンプレートをカスタマイズすることで、様々な出力を得ることができます。第02章では、各種テンプレートのカスタマイズを行う中で基本的な部分を解説します。

029 テンプレートタグを知りたい

| HTML | CMS | テンプレート | テンプレートタグ | WP 4.4 | PHP 7 |

| 関連 | — |
| 利用例 | テンプレートタグでデータを出力する |

各種の情報を出力するテンプレートタグ

WordPressをはじめとして、CMS（コンテンツ管理システム）では、HTMLの骨組にデータを流し込んで出力する、という仕組みを取っています。このような仕組みのことを、一般にテンプレートと呼びます（template、日本語では「ひな形」のこと）。

テンプレートの中には、投稿等のデータを出力するための記述を入れます。そういったものを総称して、「テンプレートタグ」（template tag）と呼びます。CMSによっては、テンプレートタグが独自言語になっているものもあります。一方、WordPressでは、PHPの関数をそのままテンプレートタグとして使うようになっています。

主なテンプレートタグとして、表2.1のようなものがあります。

表2.1 主なテンプレートタグ

分類	テンプレートタグ	出力する値
一般	bloginfo	ブログの各種情報
	body_class	ページに付けるクラス
	wp_get_archives	アーカイブのリスト
	get_calendar	カレンダー
投稿／固定ページ	the_ID	ID
	the_title	タイトル
	the_content	本文
	the_date	更新日時
	post_class	投稿に付けるクラス
	next_post_link	次の投稿のアドレス
	previous_post_link	前の投稿のアドレス
アイキャッチ画像	the_post_thumbnail	アイキャッチ画像
カテゴリー／タグ	the_category	投稿のカテゴリー
	the_tags	投稿のタグ
	category_description	カテゴリーの説明
	tag_description	タグの説明

表2.1 次ページへ続く

表2.1の続き

分類	テンプレートタグ	出力する値
リンク	the_permalink	投稿のパーマリンク
	home_url	サイトのアドレス
	site_url	WordPressのアドレス
	get_search_link	検索のアドレス
投稿者	the_author	投稿者名
	wp_list_authors	投稿者の一覧
	the_author_link	投稿者のサイトのアドレス
コメント	comment_ID	ID
	comment_text	本文
	comment_author	作成者
	comment_time	投稿日時

テンプレートタグの部分だけ「<?php」と「?>」で囲む

　PHPでは、HTMLとPHPのコードを混在させることができ、「<?php」と「?>」で囲んだ部分がPHPのプログラムとして認識されます。ただ、HTMLとPHPがあまりに混在していると、読みにくいコードになってしまいます。

　WordPressのテンプレートは、性質上HTMLとPHPが混在しやすいです。しかし、PHPに詳しくない人にもテンプレートをカスタマイズしやすくするために、PHP色をなるべく抑えて、HTMLらしく見えるような書き方をすることが望ましいです。

　そこで、テンプレートは極力HTMLを中心にして書き、テンプレートタグでデータを出力するところだけを、「<?php」と「?>」で囲むようにします。

030 ブログ全体の情報を出力したい

| Codex | ブログ情報 | パラメータ | | WP 4.4 | PHP 7 |

関数　bloginfo、get_bloginfo

関　連　029　テンプレートタグを知りたい　P.064

利用例　ブログ全体に関係する情報を出力する

bloginfo関数で各種の情報を出力

ブログの名前やキャッチフレーズなど、ブログ全体に関係する情報を出力したい場面は多いです。WordPressでは、これらの情報を「bloginfo」という関数で出力します。関数に渡すパラメータによって、出力する情報を指定します。主なパラメータとして、表2.2のようなものがあります。

例えば、ブログの名前をh1要素で囲んで出力するには、テンプレートに以下のように書きます。

表2.2 bloginfo関数のパラメータと出力する情報の関係（主なもの）

パラメータ	出力する情報
name	サイトのタイトル
description	キャッチフレーズ
charset	文字コード
version	WordPressのバージョン番号
html_type	ページのContent-type
language	WordPressの言語
atom_url	Atom FeedのURL
rdf_url	RDF/RSS 1.0 feedのURL
rss_url	RSS 0.92 feedのURL
rss2_url	RSS 2.0 feedのURL

```
<h1><?php bloginfo('name'); ?></h1>
```

なお、表2.2以外にもいくつかパラメータがあります。詳しくは、WordPress Codexの以下のページを参照してください。

http://wpdocs.osdn.jp/%E3%83%86%E3%83%B3%E3%83%97%E3%83%AC%E3%83%BC%E3%83%88%E3%82%BF%E3%82%B0/bloginfo

get_bloginfo関数で各種の情報を取得

ブログの情報を直接に出力せずに、値だけを得たい場合もあります。このような場合は、bloginfo関数の代わりに、「get_bloginfo」という関数を使います。パラメータの指定方法は、bloginfo関数と同じです。

例えば、ブログのキャッチフレーズを得て、変数$cpに代入する場合だと、以下のように書きます。

```
$cp = get_bloginfo('description');
```

031 サイトのトップページのアドレスを出力したい

| サイトアドレス | トップページ | | WP 4.4 | PHP 7 |

| 関数 | home_url |

| 関連 | 029 テンプレートタグを知りたい P.064 |
| 利用例 | サイトのトップページへのリンクを出力する |

home_url関数を使う

サイト内の各ページの先頭などに、トップページに移動するリンクを設置することが多いです。このアドレスは、「home_url」という関数で得ることができます。なお、home_urlで得られるアドレスは、WordPressの「設定」→「一般」メニューの「サイトアドレス」に指定したアドレスになります。

戻り値がアドレスになり、直接には出力されませんので、出力する場合はecho文と組み合わせます。例えば、トップページへのリンクを出力するには、以下のように書きます。

```
<a href="<?php echo home_url(); ?>">トップページ</a>
```

サイト内にある特定のページのアドレスを出力する

home_url関数にパラメータを渡すと、サイト内にある特定のページのアドレスを得ることができます。サイトのトップページを「/」で表し、その後のアドレスを付けた値を指定します。

例えば、「http://サイトのアドレス/foo/bar/baz.html」のアドレスを出力したい場合、以下のように書きます。

```
<?php echo home_url('/foo/bar/baz.html'); ?>
```

032 WordPressのアドレスを得たい

アドレス		WP 4.4　PHP 7
関数	site_url	
関連	029　テンプレートタグを知りたい　P.064	
利用例	特定のアドレスを出力する	

site_url関数で得られる

サイトのトップページのアドレスではなく、WordPressがインストールされている場所のアドレスを得たい場合もあります（WordPressの「設定」→「一般」メニューの「WordPressアドレス」）。

この場合は、「site_url」という関数を使います。home_url関数と同様に、関数の戻り値がアドレスになり、直接には出力されません。アドレスを出力したい場合はecho文で出力します。

また、パラメータとして「/」から始まる文字列を渡すと、その文字列がアドレスの後に付加されます。

例えば、「http://WordPressのインストール先のアドレス/foo/bar/baz.html」のアドレスを出力したい場合、以下のように書きます。

```
<?php echo site_url('/foo/bar/baz.html'); ?>
```

033 body要素にクラスを指定したい

| HTML | body要素 | class属性 | スタイルシート | WP 4.4 | PHP 7 |

関数 | body_class

関連 | 029 テンプレートタグを知りたい P.064

利用例 | body要素にクラスを定義する

body_class関数を使う

　WordPressでは、ページの種類に応じて、HTMLのbody要素にclass属性を付けることができます。デフォルトテーマ（TwentyFifteen）などではこの仕組みを利用していますので、自分でテーマを作る際にも、この仕組みを導入することをお勧めします。

　クラスの出力は「body_class」という関数で行います。テンプレートの中で、<body>タグを出力する部分を以下のように書くと、class属性が出力されます。

```
<body <?php body_class(); ?>>
```

body_class関数で出力されるクラス名

　body_classで出力されるクラス名は、ページの種類によって異なります。基本的には表2.3のようなクラス名が出力されます。

　「(ID)」等のカッコで囲んだ部分は、実際の投稿のID等に置き換わります。例えば、IDが1番の投稿のページでは、「single postid-1」というクラス名が出力されます。

　スタイルシートのテンプレートの中でこれらのクラスを使えば、ページの種類によってデザインを変えることができます。例えば、スタイルシートのテンプレートにリスト2.1を入れれば、投稿のページ用のクラスを定義することができます。

表2.3　body_classで出力されるクラス名

ページの種類	出力されるクラス名
フロントページに最新の投稿の一覧を出力する場合	home blog
フロントページに固定ページを指定した場合	home page page-id-(ID)
投稿のページ	single single-post postid-(ID)
固定ページ	page page-id-(ID)
カテゴリーアーカイブページ	archive category category-(スラッグ) category-(ID)
タグアーカイブページ	archive tag tag-(スラッグ) tag-(ID)
日付系アーカイブページ	archive date
著者アーカイブページ	archive author author-(ナイスネーム) author-(ID)
検索結果ページ(結果ありの場合)	search search-results
検索結果ページ(結果なしの場合)	search search-no-results
404ページ	error404

リスト2.1　投稿のページ用のクラス

```
body.single-post {
  ...
}
```

034 テーマのディレクトリのURLを得たい／出力したい

| img要素 | ディレクトリ | | WP 4.4 | PHP 7 |

関数	get_stylesheet_directory_uri
関連	029 テンプレートタグを知りたい P.064
利用例	ディレクトリ内の要素を出力する

get_stylesheet_directory_uri関数でテーマのディレクトリのURLを出力する

テンプレートの中で、テーマのディレクトリにある画像等を参照することがあります。その際に、テーマのディレクトリのURLが必要になることがあります。この値は、「get_stylesheet_directory_uri」という関数で得ることができます。

この関数にはパラメータはありません。また、関数の戻り値がURLになります（URLの最後には「/」は付加されません）。直接には出力されませんので、出力する際にはecho文等を使います。

例えば、テーマのディレクトリの中に「images」というディレクトリがあり、その中に「sample.jpg」という画像ファイルがあるとします。テンプレートの中で、この画像をimg要素で出力したい場合は、テンプレートに以下のように書きます。

```
<img src="<?php echo get_stylesheet_directory_uri(); ?>/images/sample.jpg" />
```

035 テーマのディレクトリの パスを得たい／出力したい

| PHP | ディレクトリ | パス | | WP 4.4 | PHP 7 |

関数 get_stylesheet_directory

| 関　連 | 029 テンプレートタグを知りたい　P.064 |
| 利用例 | ディレクトリ内にあるPHPのプログラムを操作する |

get_stylesheet_directory関数でテーマのディレクトリのパスを得る

　テーマのディレクトリにあるファイルを、PHPのプログラムで操作することも考えられます。このような場合、テーマのURLではなく、サーバー上でのパスを使います。

　テーマのディレクトリのパスは、「get_stylesheet_directory」という関数で得ることができます。戻り値がテーマのディレクトリのパスを表します。パスの最後には「/」は付加されません。

　例えば、テーマのディレクトリにある「sample.txt」というファイルを開いて、何らかの処理をしたいとします。この場合、リスト2.2のようなプログラムを書きます。

リスト2.2 テーマのディレクトリにある「sample.txt」というファイルを開く

```php
$fname = get_stylesheet_directory() . '/sample.txt';
$fp = fopen($fname, 'r');
・・・（ファイルに対する処理）・・・
```

036 親テーマのディレクトリの URLを得たい／出力したい

ディレクトリ | 親テーマ | 子テーマ　　　　　　　　　　　　　　WP 4.4　PHP 7

| 関数 | get_template_directory_uri |

| 関連 | 016　既存のテーマをベースにカスタマイズしたい（親テーマと子テーマ）　P.034 |
| | 029　テンプレートタグを知りたい　P.064 |

| 利用例 | 親テーマの要素を参照する |

get_template_directory_uri関数で得られる

　あるテーマの子テーマを作る際に、親テーマのディレクトリにある画像等を参照したい場面もあります。子テーマの中でget_stylesheet_directory_uri関数（レシピ034参照）を使うと、子テーマのディレクトリのURLが得られ、親テーマのディレクトリのURLにはなりません。

　親テーマのディレクトリのURLは、「get_template_directory_uri」という関数で得ることができます。この関数にはパラメータはなく、戻り値が親テーマのディレクトリのURLになります（URLの最後に「/」は付加されません）。直接には出力されませんので、出力したい場合はecho文等を組み合わせます。

　例えば、親テーマのディレクトリにある「sample.jpg」という画像をimg要素で出力したい場合、テンプレートに以下のように書きます。

```
<img src="<?php echo get_template_directory_uri(); ?>/sample.jpg" />
```

037 親テーマのディレクトリの パスを得たい／出力したい

| 親テーマ | ディレクトリ | パス | PHP | | WP 4.4 | PHP 7 |

関数 get_template_directory

| 関連 | 016 既存のテーマをベースにカスタマイズしたい（親テーマと子テーマ） P.034 |
| | 029 テンプレートタグを知りたい P.064 |

| 利用例 | 親テーマのディレクトリにあるプログラムを処理する |

get_template_directory関数で得られる

親テーマのURLはget_template_directory_uri関数で得られますが（レシピ036参照）、親テーマのサーバー上でのパスが必要になる場合もあります。これは「get_template_directory」という関数で得ることができます。

この関数にはパラメータはなく、戻り値が親テーマのディレクトリのパスになります。パスの最後には「/」は付加されません。

例えば、親テーマのディレクトリにある「sample.txt」というファイルを開いて、何らかの処理をしたいとします。この場合、リスト2.3のようなプログラムを書きます。

リスト2.3 テーマのディレクトリにある「sample.txt」というファイルを開く

```php
$fname = get_template_directory() . '/sample.txt';
$fp = fopen($fname, 'r');
・・・(ファイルに対する処理)・・・
```

038 WordPressループを知りたい

| while文 | テンプレートタグ | ループ | | WP 4.4 | PHP 7 |

| 関数 | have_posts |

| 関　連 | 029 テンプレートタグを知りたい　P.064 |
| 利用例 | WordPressループを利用し、投稿を出力する |

投稿等を出力するPHPのコード

　テンプレートでは様々な情報を出力しますが、中でも投稿の情報（タイトルや本文など）を出力することが、もっとも重要です。また、トップページやアーカイブページでは、1つのページで複数の投稿を続けて出力こともも多いです。

　WordPressでは、このような「投稿を出力する処理」を、「WordPressループ」という繰り返し処理の中で行います。WordPressでは、個々のページに応じて、出力すべき投稿が適切に用意されます。そして、WordPressループの中で、投稿に関係するテンプレートタグを組み合わせて、個々の投稿の情報を出力していきます。

WordPressループの形

　WordPressループの一般的な形は、リスト2.4のようになります。

　1行目のif文は、WordPressの「have_posts」という関数を使って、このページで出力すべき投稿があるかどうかを判断しています。そして、投稿がある間は繰り返しを行い（1行目のwhile文）、個々の投稿を順に出力していきます。

　また、アクセスされたページによっては、出力すべき投稿がないこともあります。例えば、「趣味」というカテゴリーを作ったものの、まだこのカテゴリーに投稿していない状況で、このカテゴリーのアーカイブページにアクセスしたとします。すると、まだ出力すべき投稿はない状態です。

　このような場合には、WordPressループ先頭のhave_posts関数の条件が成立せず、「条件に合う投稿がない場合に出力する部分」の部分を出力します。

リスト2.4 WordPressループの一般的な形

```php
<?php if ( have_posts() ) : while ( have_posts() ) : the_post(); ?>
  個々の投稿を出力する部分
<?php endwhile; else : ?>
  条件に合う投稿がない場合に出力する部分
<?php endif; ?>
```

WordPressループの例

ごく簡単なWordPressループの例として、投稿のタイトルと本文を出力する処理を書くと、**リスト2.5**のようになります。「the_title」と「the_content」が、それぞれタイトル／本文を表すテンプレートタグです（それぞれ レシピ041 と レシピ043 を参照）。

リスト2.5 WordPressループの例

```php
<?php if ( have_posts() ) : while ( have_posts() ) : the_post(); ?>
  <h2><?php the_title(); ?></h2>
  <?php the_content(); ?>
<?php endwhile; else : ?>
  <p>投稿がありません。</p>
<?php endif; ?>
```

039 投稿を囲む要素にクラスを付けたい

ループ | class属性　　　　　　　　　　　　　　　　　WP 4.4　PHP 7

関数　post_class

関連	038 WordPressループを知りたい　P.075
利用例	WordPressループでクラスを出力する

post_class関数でクラスを付ける

　WordPressループ内で個々の投稿を出力する際に、それぞれの投稿をdiv等の要素で囲んで出力することが多いです。この時に、投稿を囲む要素にclass属性をつけて、クラスを付けるようにします。WordPressには「post_class」という関数があり、状況に応じて適切なクラス名を出力することができます。

　例えば、WordPressループで、個々の投稿をdiv要素で囲む場合だと、リスト2.6のようにpost_class関数を使います。なお、post_class関数では、クラス名だけでなく、その前後の「class="」と「"」も出力されます。

リスト2.6　post_class関数で個々の投稿を囲むdiv要素にクラスを付ける

```
<?php if ( have_posts() ) : while ( have_posts() ) : the_post(); ?>
  <div <?php post_class(); ?>>
    ・・・(個々の投稿を出力する処理)・・・
  </div>
<?php endwhile; else : ?>
  ・・・(出力すべき投稿がなかった時の処理)・・・
<?php endif; ?>
```

post_class関数で出力されるクラス名

　post_class関数では、「post」「post-(ID)」「type-post」「format-(投稿フォーマット)」「hentry」などのクラス名が出力されます。「(ID)」の部分は、実際の投稿のIDになります。また、「(投稿フォーマット)」は、選択された投稿フォーマットを表す英語名に置き換わります。さらに、投稿の状態によって、表2.4のようなクラス名も出力されます。

スタイルシートのテンプレートでこれらのクラスを定義しておくことで、ページの種類に応じて、投稿のデザインを変えることができます。

表2.4 投稿の状態によって出力されるクラス名

状態	出力されるクラス名
カテゴリーに属している	category-(投稿が属するカテゴリーのスラッグ)
タグがついている	tag-(投稿につけたタグのスラッグ)
先頭に固定表示する設定になっている	sticky
アイキャッチ画像が設定されている	has-post-thumbnail
パスワードで保護されている	post-password-required

MEMO

040 投稿のIDを出力したい

| ループ | class属性 | | WP 4.4 | PHP 7 |

関数 the_ID、get_the_ID

| 関　連 | 038 WordPressループを知りたい P.075 |
| 利用例 | WordPressループで特定の投稿を出力する |

the_ID関数で出力

　WordPressループの中では、「the_ID」という関数で、個々の投稿のIDを出力することができます。IDはブログ内で固有の値なので、個々の投稿を識別するのに使うことができます。

　この関数にはパラメータはなく、投稿のIDが直接に出力されます。例えば、WordPressループの中で以下のように書くと、div要素に「post-(ID)」のようなIDを付けることができます。

```
<div id="post-<?php the_ID(); ?>">
```

get_the_ID関数でIDを得る

　投稿のIDを直接に出力せずに、値として得たい場合は、「get_the_ID」という関数を使います。この関数もパラメータはなく、戻り値が投稿のIDになります。

　例えば、WordPressループの中で以下の文を実行すると、変数$pidに投稿のIDを代入することができます。

```
$pid = get_the_ID();
```

041 投稿のタイトルを出力したい

| ループ | タイトル | 空文字列 |　　　　　　　　　　　　　　　　　WP 4.4 | PHP 7

関数　the_title

| 関　連 | 038　WordPressループを知りたい　P.075 |
| 利用例 | WordPressループで投稿のタイトルを出力する |

the_title関数で出力

WordPressループの中で個々の投稿のタイトルを出力するには、「the_title」という関数を使います。

パラメータなしでthe_title関数を実行すると、投稿のタイトルがそのまま出力されます。例えば、WordPressループの中で以下のように書くと、投稿のタイトルが出力されます。

```
<?php the_title(); ?>
```

タイトルの前後の文字列も出力する

また、パラメータとして、タイトルの前／後に出力する文字列を指定することもできます。この場合、タイトルが空文字列である場合には、前／後の文字列は出力されません。

例えば、タイトルをh2要素で囲んで出力するのに以下のように書いた場合、タイトルが空文字列だと、空のh2要素（<h2></h2>）が出力されます。

```
<h2><?php the_title(); ?></h2>
```

一方、以下のようにしてh2タグをパラメータとして指定すれば、タイトルが空文字列の時には、h2要素を含めて何も出力されなくなります。つまり、空要素を出力するのを防ぐことができます。

```
<?php the_title('<h2>', '</h2>'); ?>
```

タイトルを得る

　タイトルを直接に出力せずに、値として得たい場合は、the_title関数の3つ目のパラメータとして、「false」を渡します。この場合、戻り値がタイトルになります。また、1つ目／2つ目のパラメータに何らかの文字列を渡せば、タイトルが空文字でなければ、タイトルをそれらの文字列で囲んだ値が戻り値になります。

　例えば、WordPressループの中で以下の文を実行すると、タイトルをh2要素で囲んだ文字列が、変数$tに代入されます。ただし、タイトルが空文字列である場合には、$tにも空文字列が代入されます。

```
$t = the_title('<h2>', '</h2>', false);
```

MEMO

042 タイトルをエスケープして出力したい

ループ | エスケープ | タイトル　　　　　　　　　　　　　　　　WP 4.4　PHP 7

関数 the_title_attribute

| 関　連 | 038　WordPressループを知りたい　P.075 |

| 利用例 | 投稿ページへのリンクを出力する際にタイトルをエスケープする |

エスケープが必要な場面

例えば、a要素で個々の投稿ページへのリンクを出力する際に、以下のようにtitle要素に投稿のタイトルを入れたいとします。

```
<a href="投稿のページのアドレス" title="投稿のタイトル">投稿のタイトル</a>
```

この時、投稿のタイトルにHTMLが含まれていたり、「"」の文字が含まれていたりすると、title属性として正しくない値になり、ページの表示が乱れたりすることが起こり得ます。

そこで、title等の属性にタイトルを出力する場合、タイトルをエスケープして出力することが必要になります。

the_title_attribute関数で出力

投稿のタイトルをエスケープして出力するには、「the_title_attribute」という関数を使います。この関数は、パラメータとして連想配列を取ります。この連想配列には、表2.5の要素を入れます。

表2.5 the_title_attribute関数のパラメータの連想配列の内容

キー	値	初期値
before	タイトルの前に出力する文字列	なし
after	タイトルの後に出力する文字列	なし
echo	タイトルを出力するならtrue 値として得るならfalse	true
post	投稿のIDまたはオブジェクト 指定しなければ現在出力中の投稿	なし

例えば、投稿のタイトルをリンク（a要素）にし、そのtitle属性に「投稿○○へのリンク」と出力したいとします（○○はタイトル）。この場合、a要素を以下のように出力します。

```
<a href="<?php the_permalink(); ?>" title="<?php the_title_attribute(array('before' => '投稿', 'after' => 'へのリンク')); ?>"><?php the_title(); ?></a>
```

2-3 WordPressループ

043 投稿の本文を出力したい

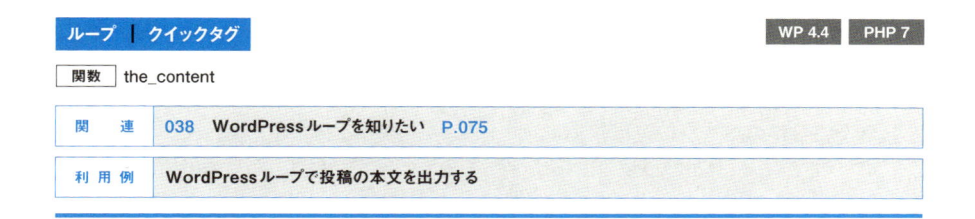

| ループ | クイックタグ | WP 4.4 | PHP 7 |

関数　the_content

| 関　連 | 038　WordPressループを知りたい　P.075 |
| 利用例 | WordPressループで投稿の本文を出力する |

the_content関数で出力

WordPressループ内で個々の投稿の本文を出力するには、「the_content」という関数を使います。

例えば、投稿の本文をdiv要素で囲んで出力したい場合は、テンプレートのWordPressループ内に以下のような行を入れます。

```
<div><?php the_content(); ?></div>
```

「さらに」のリンクのカスタマイズ

本文中に「<!--more-->」のクイックタグを入れて、本文を最初の部分と続きに分けることができます（図2.1）。

図2.1　<!--more-->クイックタグを入れた投稿

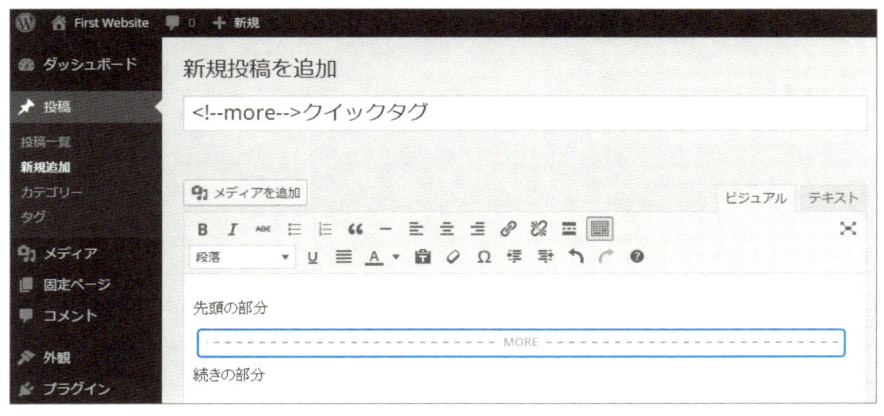

083

この場合、投稿一覧のページ（フロントページやアーカイブ系ページ）では、the_contentタグでは本文の最初の部分（<!--more-->より前の部分）が出力され、その後に「(さらに…)」というリンクが出力されます。そして、そのリンクをクリックすると、個々の投稿のページに遷移します。

この「(さらに…)」というリンクの文字列を変えたい場合は、the_content関数の1つ目のパラメータで、出力する文字列を指定します。

例えば、続きがある投稿では、本文の最初の部分の後に「続きはこちら」と表示したいとします。この場合、the_content関数を以下のように書きます。

```
the_content('続きはこちら');
```

また、このパラメータにはHTMLを渡すこともできます。例えば、以下のようにすると、「続きはこちら」の文字を含むspan要素を出力し、「read-more」のクラスを付けることができます。

```
the_content('<span class="read-more">続きはこちら</span>');
```

MEMO

044 投稿の抜粋を出力したい

| ループ | | WP 4.4 | PHP 7 |

| 関数 | the_excerpt |

| 関　連 | 038　WordPressループを知りたい　P.075 |
| 利用例 | WordPressループで投稿の本文を抜粋して出力する |

the_excerpt関数で出力

　WordPressループの中で、個々の投稿の文章の抜粋を出力することもできます。それには、「the_excerpt」という関数を使い、テンプレートに以下のように書きます。
　この関数にはパラメータはありません。また、抜粋の文章はp要素で囲まれます。

```
<?php the_excerpt(); ?>
```

　投稿に抜粋を入力してあれば、その内容が出力されます。抜粋を入力してない場合は、投稿の先頭部分が出力されます。

MEMO

045 投稿の著者を出力したい

| the_author | テンプレートタグ | 著者 | | WP 4.4 | PHP 7 |

| 関数 | the_author_posts_link |

| 関　連 | 038 WordPressループを知りたい　P.075 |

| 利用例 | 投稿したページに著者名を付ける |

the_authorタグで出力

複数人でブログに投稿している場合、個々の投稿に著者名も表示したい場合があります。WordPressループの中で、「the_author」というテンプレートタグを使うと、著者名を出力することができます。この関数にはパラメータはありません。

例えば、WordPressループ内に以下のような部分を入れると、「著者：○○」のように出力することができます。

```
<p>著者：<?php the_author(); ?></p>
```

the_author_posts_link関数でリンク付きにして出力

著者名をクリックした時に、その著者の投稿一覧のアーカイブページに移動できるようにしたい場合もあります。この場合は、「the_author_posts_link」という関数を使います。この関数にはパラメータはありません。

例えば、WordPressループ内に以下のような部分を入れると、「著者：○○」のように出力し、かつ著者名の部分をアーカイブページへのリンクにすることができます。

```
<p>著者：<?php the_author_posts_link(); ?></p>
```

046 投稿の日時を出力したい

| the_date | the_time | ループ | 日付 | WP 4.4   PHP 7

関数	get_the_time
関連	038 WordPressループを知りたい　P.075
利用例	投稿に日付を出力する

the_dateタグで出力

WordPressをブログ的に使う場合、個々の投稿を書いた日時を出力することが多いです。投稿の日時は「the_date」というテンプレートタグで出力することができます。パラメータは表2.6の4つあり、いずれも省略可能です。

表2.6　the_date関数のパラメータ

パラメータ名	内容
$format	日時の出力形式。 利用できる書式文字は以下のページを参照。 https://wpdocs.osdn.jp/Formatting_Date_and_Time
$before	日時の前に出力する文字列
$after	日時の後に出力する文字列
$echo	falseを指定すると、値を出力せずに、戻り値として返す

例えば、以下のようにパラメータを何も指定せずに書くと、投稿の日時がデフォルトの書式（管理画面で設定した書式）で出力されます。

```
日時：<?php the_date(); ?>
```

また、以下のように書くと、投稿の日付を「○○年○○月○○日」の形で出力し、かつ日付の前後をdateタグで囲みます。

```
日時：<?php the_date('Y年m月d日', '<date>', '</date>'); ?>
```

なお、ループ内で複数の投稿を順に出力する場合、同じ日の投稿が連続していれば、その最初の投稿の時だけ日時が出力され、2件目以降では日時は出力されません。

the_timeタグで出力

the_dateタグと似た動作をするテンプレートタグとして、「the_time」というものもあります。こちらでは、同じ日付の投稿が連続した場合でも、それぞれの投稿で日付が出力されます。また、パラメータは1つだけで、書式指定文字列を渡すことができます。

例えば、以下のように書くと、投稿の日付を「○○年○○月○○日」の形で出力することができます。

```
日時：<?php the_time('Y年m月d日'); ?>
```

なお、日付を出力せずに値として得たい場合は、the_timeタグの代わりに「get_the_time」という関数を使います。関数の戻り値が日付文字列になります。

MEMO

047 個々の投稿にリンクしたい

ループ | リンク　　　　　　　　　　　　　　　WP 4.4　PHP 7

関数　get_permalink

| 関連 | 038 | WordPressループを知りたい | P.075 |

| 利用例 | 投稿のタイトルからリンクを出力する |

the_permalinkタグで出力

投稿を出力する際に、投稿のタイトルをリンクにして、そこから個々の投稿のページにリンクすることが多いです。

WordPressループ内で個々の投稿のページのアドレスを出力するには、「the_permalink」という関数を使います。この関数にはパラメータはなく、実行すると投稿のアドレスが出力されます。

例えば、以下のように書くと、投稿のタイトルを出力し、その部分をその投稿のページにリンクすることができます。

```
<a href="<?php the_permalink(); ?>"><?php the_title(); ?></a>
```

get_permalink関数で取得

投稿のアドレスを直接に出力せずに、値として得たい場合は、「get_permalink」という関数を使います。関数の戻り値が投稿のアドレスになります。WordPressループ内で使う場合は、パラメータを指定せずに、以下のように書きます。

```
$permalink = get_permalink();
```

048 月別等のアーカイブページにリンクしたい

| ループ | アーカイブ | | WP 4.4 | PHP 7 |

関数 | get_month_link

関連 | 038 | WordPressループを知りたい | P.075

利用例 | 投稿を月別にアーカイブする

get_month_linkタグ等で出力

投稿の日時を出力する際に、その日時に対応する月別アーカイブページ等にリンクしたい場合もあります。このような場合には、表2.7のテンプレートタグを使い、アーカイブページのアドレスを得ます。

表2.7 get_month_link

アーカイブの種類	関数とパラメータ
年別	get_year_link($year)
月別	get_month_link($year, $month)
日別	get_day_link($year, $month, $day)

パラメータで、アーカイブの年月日を指定します。これらのパラメータに空文字列を渡すと、現在の年月日が使われます。

また、これらの関数では結果が戻り値として返され、直接には出力されません。出力したい場合は、戻り値をecho文等で出力します。

例えば、テンプレートに以下のように書くと、現在の年のアーカイブページへのリンクを出力することができます。

```
<a href="<?php echo get_year_link(''); ?>">リンクにする文字列</a>
```

個々の投稿のアーカイブページにリンクする

WordPressループの中で、個々の投稿の月別等のアーカイブページにリンクしたいとします。この場合、get_the_date関数で個々の投稿の年／月／日を得て、それをget_month_link等のパラメータに渡すようにします。

例えば、投稿の日付をクリックした時に、その投稿を含む月別アーカイブページにリンクしたいとします。この場合、WordPressループ内にリスト2.7のように書きます。

2行目と3行目で、投稿を書いた日の年と月を得て、変数$year／$monthに代入します。そして、5行目のget_month_link関数に$yearと$monthを渡して、月別アーカイブページのアドレスを得ます。

リスト2.7 投稿の日付を、その投稿を含む月別アーカイブページにリンクさせる

```
<?php
  $year = get_the_date('Y');
  $month = get_the_date('m');
?>
<a href="<?php echo get_month_link($year, $month); ?>"><?php echo get_the_
time('Y年m月d日'); ?></a>
```

049 投稿が属するカテゴリーを出力したい

| ループ | カテゴリー | | WP 4.4 | PHP 7 |

関数　the_category

関連	038　WordPressループを知りたい　P.075
利用例	属するカテゴリーの投稿一覧を出力する

the_category関数で出力

　ループ内の個々の投稿で、それが属するカテゴリーの一覧を出力したい場合は多いです。このようなことを行うには、「the_category」というテンプレートタグを使います。個々のカテゴリー名が出力され、その部分がカテゴリーアーカイブページへのリンクになります。

　the_category関数には、パラメータは3つあります。1つ目のパラメータでは、個々のカテゴリーを区切る文字列を指定します。2つ目のパラメータには、**表2.8**のいずれかの文字列を指定します。また、3つ目のパラメータには投稿のIDを指定することができますが、通常は指定しません（指定しなければ、ループで処理中の投稿が使われます）。

表2.8 the_category関数の2つ目のパラメータに渡す文字列とその動作

文字列	動作
省略	投稿が直接に属するカテゴリーのみ出力
single	投稿が直接に属するカテゴリーに加え、その先祖カテゴリーも出力し、それぞれのカテゴリーをリンクにする
multiple	投稿が直接に属するカテゴリーに加え、その先祖カテゴリーも出力するが、先祖から末端のカテゴリーまでの流れ全体をリンクにする

　例えば、WordPressループ内に以下の行を入れると、投稿が直接に属するカテゴリーを、コンマで区切って出力することができます。

```
<p>カテゴリー <?php the_category(', '); ?></p>
```

050 投稿に付けたタグを出力したい

タグ | リスト　　　　　　　　　　　　　　　　　　　　　　　WP 4.4　PHP 7

関数　the_tags

関連　038　WordPressループを知りたい　P.075

利用例　投稿に付けたタグからリストを出力する

the_tags関数で出力

　投稿にタグを付けることもあり、それらのリストを出力したいこともあります。それには、「the_tags」というテンプレートタグを使います。個々のタグは、そのタグのアーカイブページへのリンクになります。

　パラメータは3つあります。1つ目は、リストの前に出力する文字列を指定します。2つ目は個々のタグを区切る文字です。そして、3つ目はリストの後に出力する文字列を指定します。

　基本的には、the_tags関数は以下のようにパラメータなしで実行し、その前後をp要素で囲むようにします。このようにすると、リストの前には「タグ:」の文字列が出力され、個々のタグの間はコンマで区切られます。

```
<p><?php the_tags(); ?></p>
```

051 前後の投稿にリンクしたい

リンク   WP 4.4   PHP 7

関数	previous_post_link、next_post_link
関連	038 WordPressループを知りたい P.075
利用例	前後の投稿へのリンクを出力する

previous_post_link／next_post_link関数で出力

WordPressをブログとして使う場合、個々の投稿のページに、日付順で前後の投稿へのリンクを出力することが多いです。これらのリンクは、「previous_post_link」と「next_post_link」というテンプレートタグを使って出力することができます。

パラメータは全部で5つあります。各パラメータの内容は、表2.9のようになります。

表2.9 previous_post_link／next_post_link関数のパラメータ

	内容	既定値
1つ目	リンクの文字列の形式。 文字列中に「%link」という部分を入れると、それが2つ目のパラメータで指定する文字列に置き換わる	« %link （prev_post_link関数） %link » （next_post_link関数）
2つ目	リンクにする文字列。 文字列中に「%title」という部分を入れると、前後の投稿のタイトルに置き換わる。 また、「%date」という部分を入れると、前後の投稿の日時に置き換わる	%title
3つ目	true を指定すると、同じカテゴリー（またはカスタム分類）内での前後の投稿にリンクする。 ただし、投稿が2つ以上のカテゴリーに属している場合、それらのどのカテゴリー内で前後にリンクさせるかを指定することはできない	false
4つ目	特定のカテゴリー（またはカスタム分類）の投稿を除外したい場合は、そのIDを指定する。 複数のIDをコンマで区切った文字列にすることも可能	空文字列
5つ目	分類名（3つ目のパラメータをtrueにする場合のみ有効）	category

基本的な書き方

previous_post_link／next_post_link関数のパラメータをすべて省略すれば、前後の投稿のタイトルが出力され、リンクになります。これらの関数の前後を適切にマークアップして、リンクを出力します。

例えば、**リスト2.8**のようにして、前後の投稿へのリンクをul／li要素のリストとして出力することが考えられます。

リスト2.8 previous_post_link／next_post_link関数の基本的な例

```
<ul>
  <li class="prev"><?php previous_post_link(); ?></li>
  <li class="next"><?php next_post_link(); ?></li>
</ul>
```

出力をカスタマイズする

例えば、以下のように出力したいとします。

❶リンク先の文字を「前の投稿（タイトル）」「次の投稿（タイトル）」にする
❷同一カテゴリー内での前後の投稿にリンクする

リンク部分のマークアップを**リスト2.8**と同じにする場合、**リスト2.9**のようなコードをテンプレートに入れます。

リスト2.9 previous_post_link／next_post_link関数の出力をカスタマイズする例

```
<ul>
  <li><?php previous_post_link('&laquo; %link', '前の投稿(%title)', true); ↵
?></li>
  <li><?php next_post_link('%link &raquo;', '次の投稿(%title)', true); ?></li>
</ul>
```

052 複数ページに分割された投稿で各ページへのリンクを出力したい

| nextpage | 投稿の分割 | リンク | クイックタグ | 連想配列 | WP 4.4 | PHP 7 |

関数　wp_link_pages

| 関連 | 038 | WordPressループを知りたい | P.075 |
| 利用例 | 1つの投稿を複数のページに分割する |||

wp_link_pages関数で出力

WordPressでは、投稿の中に「<!--nextpage-->」というクイックタグを入れることで、1つの投稿を複数のページに分割することができます。この場合、分割後の各ページへのリンクを出力するには、「wp_link_pages」という関数を使います。

パラメータを使わずに以下のように実行すると、「ページ 1 2 3」のような形で、分割後の各ページ番号が出力され、各ページにリンクします。また、この部分はp要素で囲まれます。

```php
<?php wp_link_pages(); ?>
```

出力をカスタマイズする

wp_link_pages関数にパラメータを渡して、出力をカスタマイズすることもできます。パラメータは、表2.10の要素を持つ連想配列にします。

表2.10　wp_link_pages関数のパラメータに渡す連想配列の内容

キー	内容	既定値
before	リンク一覧の前に出力する内容	<p>ページ:
after	リンク一覧の後に出力する内容	</p>
link_before	各ページへのリンクの前に出力する内容	空文字列
link_after	各ページへのリンクの後に出力する内容	空文字列
next_or_number	「number」を指定すると、各ページへのリンクのリストを出力。「next」を指定すると、前後のページへのリンクを出力	number
nextpagelink	next_or_numberに「next」を指定した場合の、次のページへのリンクとして出力する文字列	次のページへ

表2.10次ページへ続く

表2.10の続き

キー	内容	既定値
previouspagelink	next_or_numberに「next」を指定した場合の、前のページへのリンクとして出力する文字列	前のページへ
pagelink	next_or_numberに「number」を指定した場合の、各ページへのリンクとして出力する文字列。 文字列中に「%」を入れると、ページ番号に置換される	%
echo	1を指定すると結果を出力。 0を指定すると結果を文字列として返す	1

例えば、リンク一覧を以下のように出力したいとします。

❶一覧の前後を<div class="page-list">と</div>で囲む

❷ページ番号を「p1」「p2」のように出力する

❸ページ番号の前後を<span class="page-number">と</span>で囲む

❹ページ番号の間を「/」で区切る

この場合、テンプレートにリスト2.10のような部分を入れます。

リスト2.10 wp_link_pages関数のカスタマイズの例

```
<?php wp_link_pages(array(
  'before' => '<div class="page-list">',
  'after' => '</div>',
  'link_before' => '<span class="page-number">',
  'link_after' => '</span>',
  'pagelink' => 'p%',
)); ?>
```

053 投稿一覧系ページで前後の ページへのリンクを出力したい

| リンク | 投稿の分割 | 連想配列 | ナビゲーション | WP 4.4 | PHP 7 |

| 関数 | previous_posts_link、next_posts_link、the_posts_navigation |

| 関　連 | 029　テンプレートタグを知りたい　P.064
054　投稿一覧系ページで各ページへのリンクを出力したい　P.100 |

| 利 用 例 | 分割後の前後のページのリンクを出力する |

previous_posts_link／next_posts_link関数を使う

　メインページやアーカイブページなど、投稿の一覧を出力するページで、投稿を一定件数ずつで分割することができます。この場合、分割後の前後のページへのリンクを出力することが必要になります。これらのリンクは、「previous_posts_link」と「next_posts_link」という関数で出力することができます。

　パラメータを指定せずに実行すれば、それぞれ「<< 前ページへ」「次ページへ >>」の文字を出力し、前後のページにリンクします。また、パラメータとして、リンクにする文字列を指定することもできます。

　例えば、リスト2.11のようにすると、「< 前」と「次 >」の文字を前後のページへのリンクにし、ul／li要素でマークアップすることができます。

　なお、これらの関数はWordPressループの外に入れて、投稿一覧の後に出力するようにします。

リスト2.11　previous_posts_link／next_posts_link関数で前後のページへのリンクを出力する例

```
<ul>
  <li><?php previous_posts_link('&lt; 前'); ?></li>
  <li><?php next_posts_link('次 &gt;'); ?></li>
</ul>
```

the_posts_navigation関数を使う

WordPress 4.1で、previous_posts_link／next_posts_link関数を組み合わせて簡易化した「the_posts_navigation」という関数が追加されました。こちらを使う方法もあります。パラメータとして、表2.11の要素を持つ連想配列を指定します。

表2.11 the_posts_pagination関数のパラメータの連想配列の内容

キー	内容	既定値
prev_text	前のページへのリンクにする文字列	過去の投稿
next_text	次のページへのリンクにする文字列	新しい投稿
screen_reader_text	タイトルにする文字列	投稿ナビゲーション

例えば、以下のようにすると、「前」「次」の文字が出力され、前後のページにリンクします。また、タイトルには「ナビゲーション」と出力されます。

```
<?php the_posts_navigation(array('prev_text' => '前', 'next_text' => '次',
'screen_reader_text' => 'ナビゲーション')); ?>
```

MEMO

054 投稿一覧系ページで各ページへのリンクを出力したい

| リンク | 投稿の分割 | 連想配列 | WP 4.4　PHP 7 |

関数　paginate_links、the_posts_pagination

関連	029　テンプレートタグを知りたい　P.064
	053　投稿一覧系ページで前後のページへのリンクを出力したい　P.098

| 利用例 | 分割した投稿ページのすべてのリンクを出力する |

paginate_links関数を使う

投稿一覧系のページを一定件数ごとに分割する場合、前後のページへのリンク（レシピ053 参照）ではなく、各ページへのリンクをすべて出力したい場合もあります。このような場合は、「paginate_links」という関数を使います。

この関数はリンクのリストを戻り値として返し、直接には出力しません。出力する場合は、以下のようにecho文と組み合わせて使います。

```
<?php echo paginate_links(…); ?>
```

パラメータなしでこの関数を実行すると、「<<前へ　１　２　３　次へ>>」のような形で、前後のページへのリンクと、分割後の各ページへのリンクを出力することができます。ただし、分割後のページ数が非常に多い場合は、デフォルトでは「<<前へ　１ … ８　９　10 11 12 … 100 次へ>>」のように、途中のページへのリンクが省略されます。

パラメータで出力をカスタマイズする

paginate_links関数のパラメータとして、表2.12のような要素を持つ連想配列を指定して、出力をカスタマイズすることができます。

表2.12 paginate_links関数のパラメータとして渡す連想配列の内容（主な要素のみ）

キー	内容	既定値
type	戻り値の形式を以下の文字列で指定。 plain（リンクの文字列を改行で区切る）／list（ul／li要素を使ったリスト）／array（リンクの配列）	plain
show_all	trueを指定すると、すべてのページへのリンクを出力	false
end_size	show_allをfalseにする場合に、リストの先頭と最後に出力するリンクの数	1
mid_size	show_allをfalseにする場合に、現在のページの前後に出力するリンクの数	2
prev_next	falseを指定すると、「前へ」「次へ」のリンクを出力しない	true
prev_text	「前へ」のリンクとして出力する文字列	« 前へ
next_text	「次へ」のリンクとして出力する文字列	次へ »
before_page_number	ページ番号の前に出力する文字列	空文字列
after_page_number	ページ番号の後に出力する文字列	空文字列

例えば、各ページのリンクを以下のように出力したいとします。

❶ページ番号のリストをul／li要素で出力する

❷前後のページへのリンクの文字列を「< 前」「次 >」にする

❸リストの先頭と最後に2ページの番号を出力する

❹現在のページの前後3ページの番号を出力する

❺ページ番号を「[」と「]」で囲む

この場合、テンプレートに**リスト2.12**のような部分を入れます。

リスト2.12 paginate_links関数のカスタマイズの例

```
<?php echo paginate_links(array(
  'type' => 'list',
  'end_size' => 2,
  'mid_size' => 3,
  'prev_text' => '&lt; 前',
  'next_text' => '次 &gt;',
  'before_page_number' => '[',
  'after_page_number' => ']'
)); ?>
```

the_posts_pagination関数を使う

WordPress 4.1で、paginate_links関数を若干簡略化した「the_posts_pagination」という関数が追加されました。パラメータとして、表2.13のような要素を持つ連想配列を渡します。

表2.13 the_posts_pagination関数のパラメータとして渡す連想配列の内容

キー	内容	既定値
mid_size	show_allをfalseにする場合に、現在のページの前後に出力するリンクの数	1
prev_text	「前へ」のリンクとして出力する文字列	前へ
next_text	「次へ」のリンクとして出力する文字列	次へ
screen_reader_text	タイトルとして出力する文字列	投稿ナビゲーション

例えば、各ページのリンクを以下のように出力したいとします。

❶前後のページへのリンクの文字列を「< 前」「次 >」にする

❷現在のページの前後3ページの番号を出力する

❸タイトルのテキストを「ナビゲーション」にする

この場合、テンプレートにリスト2.13のような部分を入れます。

リスト2.13 the_posts_pagination関数のカスタマイズの例

```
<?php the_posts_pagination(array(
  'mid_size' => 3,
  'prev_text' => '&lt; 前',
  'next_text' => '次 &gt;',
  'screen_reader_text' => 'ナビゲーション'
)); ?>
```

055 ループの最初／最後の投稿だけ出力方法を変えたい

| wp_query | current_post | post_count | ループ | メンバー変数 | WP 4.4 PHP 7 |

関連	038 WordPressループを知りたい P.075
利用例	最初と最後の投稿の出力方法を変える

$wp_query->current_post／$wp_query->post_countを使って判断

　WordPressループで投稿を順に出力する際に、ループの最初の投稿（または最後の投稿）だけ、何か特別な処理をしたいこともあります。

　例えば、ループの先頭の投稿ではタイトルと抜粋を出力し、それ以外の投稿ではタイトルのみ出力する、といった例が考えられます。

　WordPressループは、「$wp_query」というオブジェクトによって出力されます（詳しくはレシピ064を参照）。このオブジェクトの「current_post」と「post_count」というメンバー変数を使うことで、現在出力中の投稿がループの最初／最後であることを判断することができます。

　current_postは、現在出力中の投稿がループの何番目かを表します。ただし、最初の投稿を0番目として数えます。また、post_countは、ループで出力する投稿の数を表します。

　これらを使って、WordPressループの最初／最後の投稿だけ何か処理できるようにする場合、その基本的なループのコードはリスト2.14のようになります。

　3行目のif文は、current_postの値が0かどうかを判断して、ループの最初の投稿だけ処理をするためのものです。

　また、7行目のif文は、current_postの値がpost_countより1小さいかどうかで、最後の投稿を判断しています。current_postは0からカウントするので、ループの最後の投稿では、ループ内の投稿数（post_count）より1小さな値になります。そこで、current_postをpost_count - 1と比較します。

リスト2.14 ループの最初／最後の投稿だけ処理を行う

```
<?php if ( have_posts() ) : while ( have_posts() ) : the_post(); ?>
  ...
  <?php if ($wp_query->current_post == 0) : ?>
    最初の投稿の時の処理
  <?php endif; ?>
  ...
  <?php if ($wp_query->current_post == $wp_query->post_count - 1) : ?>
    最後の投稿の時の処理
  <?php endif; ?>
  ...
<?php endwhile; else : ?>
  条件に合う投稿がない場合に出力する部分
<?php endif; ?>
```

事例

ループの最初／最後の投稿を判断する例として、以下のような処理を考えてみます。

❶**最初の投稿では、タイトルと抜粋を出力**

❷**2件目以降の投稿では、タイトルのみ出力**

❸**投稿と投稿の間に<hr />タグを出力**

この処理を書くと、**リスト2.15**のようになります。2行目でタイトルを出力した後、3～5行目で最初の投稿の時だけ抜粋を出力します。また、6～8行目で、最後の投稿以外の時は<hr />タグを出力します。

リスト2.15 ループの最初／最後の投稿だけ処理を行う例

```
<?php if ( have_posts() ) : while ( have_posts() ) : the_post(); ?>
  <?php the_title('<h2>','</h2>'); ?>
  <?php if ($wp_query->current_post == 0) : ?>
    <div><?php the_excerpt(); ?></div>
  <?php endif; ?>
  <?php if ($wp_query->current_post != $wp_query->post_count - 1) : ?>
    <hr />
  <?php endif; ?>
<?php endwhile; endif; ?>
```

056 ループの奇数件目／偶数件目で処理を分けたい

| wp_query | current_post | ループ | 条件判断 | WP 4.4 | PHP 7 |

関　連	038　WordPressループを知りたい　P.075
利用例	条件によって処理を分ける

▍$wp_query->current_postを2で割った余りで条件判断

　WordPressループで投稿を出力する際に、奇数件目と偶数件目で処理を分けたいという場合もあります。

　このような場合には、前節で紹介した「$wp_query->current_post」を使います。この値は0から始まり、ループが1回進むごとに0、1、2…と1ずつ増えますので、値を2で割った余りは0と1が交互に繰り返します。余りが0なら奇数件目、1なら偶数件目なので、「余りが0かどうか」で条件判断して処理を分けます（リスト2.16）。

リスト2.16 ループの奇数件目／偶数件目で処理を分ける

```php
<?php if ( have_posts() ) : while ( have_posts() ) : the_post(); ?>
...
  <?php if ($wp_query->current_post % 2 == 0) : ?>
    奇数件目の処理
  <?php else : ?>
    偶数件目の処理
  <?php endif; ?>
...
<?php endwhile; else : ?>
  条件に合う投稿がない場合に出力する部分
<?php endif; ?>
```

057 ループを最初からやり直したい

| ループ | 条件判断 | | WP 4.4 | PHP 7 |

| 関数 | rewind_posts、in_category |

| 関連 | 038 WordPressループを知りたい　P.075 |

| 利用例 | ループを再度実行し、特定の処理を行う |

rewind_posts関数を使う

　WordPressループを1回行った後で、同じループをもう1回行いたいということもあります。

　例えば、WordPressループの出力対象の投稿のうち、特定のカテゴリーに属する投稿だけを先に出力し、それ以外の投稿を後で出力したいとします。この場合、まずWordPressループを1回実行して特定のカテゴリーに属する投稿を出力し、その後にWordPressループをもう1回実行して残りの投稿を出力すれば良いです。

　このように、WordPressループが終わった後で、同じループをもう一度行いたい場合は、「rewind_posts」という関数を使います。rewind_posts関数にはパラメータはなく、単に実行するだけです。その後にWordPressループを実行すれば、1回目のループと同じ投稿を再度処理することができます。

特定のカテゴリーの投稿だけを先に出力する

　rewind_posts関数を使う例として、特定のカテゴリーの投稿を先に出力し、その後に残りの投稿を出力する、という例を紹介します。このコードはリスト2.17のようになります。

リスト2.17　特定のカテゴリーに属する投稿を先に出力する

```
<?php if ( have_posts() ) : while ( have_posts() ) : the_post(); ?>
  <?php if (in_category(カテゴリー)) : ?>
    特定のカテゴリーに属する投稿を出力する処理
  <?php endif; ?>
<?php endwhile; endif; ?>
<?php rewind_posts(); ?>
<?php if ( have_posts() ) : while ( have_posts() ) : the_post(); ?>
  <?php if (!in_category(カテゴリー)) : ?>
    残りの投稿を出力する処理
  <?php endif; ?>
<?php endwhile; endif; ?>
```

実際に使う場合は、リストの2行目と9行目の「カテゴリー」の部分を、カテゴリー名／スラッグ／IDのいずれかに置き換えます。例えば、「about」というスラッグのカテゴリーの投稿を先に出力したい場合だと、2行目を以下のように書きます。また、9行目の「カテゴリー」の箇所も「'about'」に置き換えます。

```
<?php if (in_category('about')) : ?>
```

　リスト2.17の前半は、特定のカテゴリーに属する投稿を出力する処理です。in_category関数（ レシピ139 参照）を使って、投稿が特定のカテゴリーに属しているかどうかを判断しています。

　前半の処理が終わったら、7行目でrewind_posts関数を実行して、WordPressループを巻き戻します。そして、後半でWordPressループを再度実行し、特定のカテゴリーに属さない（＝残りの）投稿を順に出力します。

MEMO

058 カスタムメニューを出力したい

| カスタムメニュー機能 | 外観 | 連想配列 | WP 4.4 | PHP 7 |

関数	wp_nav_menu
関連	029 テンプレートタグを知りたい P.064
利用例	カスタムメニューを各ページに出力する

wp_nav_menu関数で出力

カスタムメニュー（ レシピ021 参照）をサイトの各ページに出力するには、テンプレートに「wp_nav_menu」という関数を入れます。

パラメータとして連想配列を渡し、メニューの表示方法等を指定します。最低限の表示で良ければ、以下のように、メニューの名前（「外観」→「メニュー」のページで、「メニュー名」の欄に入力したもの）を指定します。この場合、メニューはul／liのリストで出力され、メニュー全体がdiv要素で囲まれます。

```
<?php wp_nav_menu(array('menu' => メニュー名)); ?>
```

例えば、「メニュー1」という名前のメニューを作った場合、それを出力するには、テンプレートの中でメニューを出力したい位置に、以下のようなコードを入れます。

```
<?php wp_nav_menu(array('menu' => 'メニュー1')); ?>
```

パラメータで出力をカスタマイズする

パラメータの連想配列に表2.14のような要素を指定して、メニューの出力方法をカスタマイズすることができます。

表2.14 wp_nav_menu関数のパラメータの連想配列で指定できる値（主なもの）

キー	内容	既定値
theme_location	メニューの位置の名前。 位置名はregister_nav_menu関数で登録しておく。 この要素を指定する場合は、「menu」の要素は指定しない	なし
container	メニューを囲むコンテナの要素名を「div」か「nav」の文字列で指定。 falseを指定するとメニューを囲まない	div
container_class	コンテナの要素に付けるクラス名	menu-スラッグ-container
container_id	コンテナの要素に付けるID	なし
menu_class	メニューのul要素に付けるクラス名	menu
menu_id	メニューのul要素に付けるID	スラッグ

事例

例えば、以下のようにメニューを出力したいとします。

❶「main-menu」という場所に対応するメニューを出力

❷メニューをnav要素で囲む

❸nav要素に「main-menu-wrap」というクラスを付ける

❹nav要素のIDを「main-menu-wrap」にする

❺メニューのul要素に「main-menu」というクラスを付ける

❻メニューのul要素のIDを「main-menu」にする

この場合、テンプレート内でメニューを出力したい位置に、リスト2.18のようなコードを入れます。

リスト2.18 wp_nav_menu関数の例

```php
<?php
wp_nav_menu(array(
    'theme_location' => 'main-menu',
    'container' => 'nav',
    'container_class' => 'main-menu-wrap',
    'container_id' => 'main-menu-wrap',
    'menu_class' => 'main-menu',
    'menu_id' => 'main-menu'
));
?>
```

MEMO

PROGRAMMER'S RECIPE

第 03 章

投稿や固定ページを制御したい

WordPressでは、サイトのコンテンツは主に投稿と固定ページとして作成します。そのため、コンテンツを自在に出力するには、投稿や固定ページの読み込み方や出力の方法を工夫します。第03章では、このような時に使う関数等を解説します。

059 特定の投稿を常にトップページに表示したい

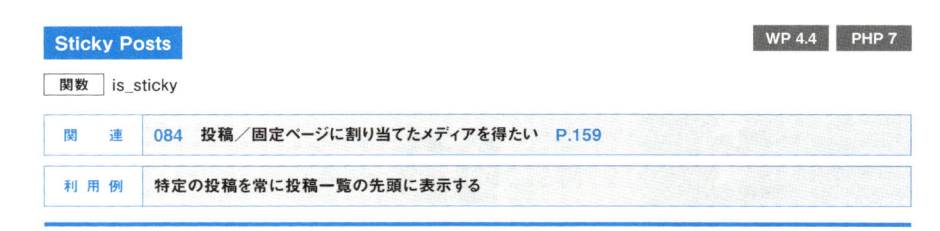

Sticky Posts　　　　　　　　　　　　　　　　　　　　　　WP 4.4　PHP 7

関数	is_sticky

関連	084 投稿／固定ページに割り当てたメディアを得たい　P.159

利用例	特定の投稿を常に投稿一覧の先頭に表示する

「Sticky Posts」という機能を利用する

　サイトによっては、特定の情報を常に投稿一覧の先頭に表示したいことがあります。そのような情報をテンプレートに直接書く方法も考えられますが、HTMLの知識がない方にWordPressを使ってもらう場合は、運用が難しくなってしまいます。

　そこで、特定の投稿を、常に先頭に表示するという運用方法をとることができます。WordPressには「Sticky Posts」という機能があり、その設定をオンにした投稿は、投稿一覧の先頭に出力されます。

　ある投稿をSticky Postsにするには、投稿を編集する際に、「公開」部分の「公開状態」のところで、「この投稿を先頭に固定表示」のチェックボックスをオンにします（図3.1）。

　なお、複数の投稿で「この投稿を先頭に固定表示」のチェックボックスをオンにして、Sticky Postsに設定することができます。その場合、通常は日付の新しいSticky Postsから順に出力されます。

図3.1　「この投稿を先頭に固定表示」のチェックボックスをオンにする

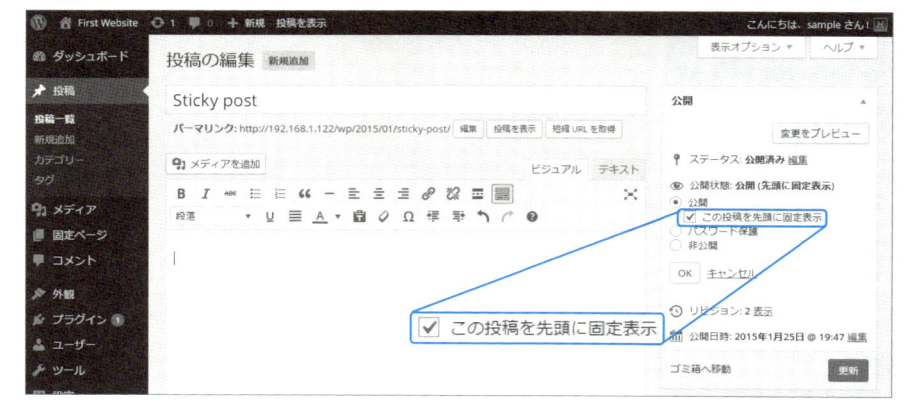

Sticky Postsと他の投稿の書式等を変える

　Sticky Postsは、WordPressループの中で、他の投稿と同じように出力されます。ただ、場合によっては、Sticky Postsと一般の投稿とで、書式を変えたい場合もあります。

　そのような時には、WordPressループの中で「is_sticky」という関数を使って、出力中の投稿がSticky Postsかどうかを判断することもできます。この詳細については、レシピ145 の「Sticky Postsかどうかを判断したい」を参照してください。

MEMO

060 カスタムフィールドの値を出力したい

カスタムフィールド		WP 4.4	PHP 7

関数	get_post_meta

関　連	061　同名の複数のカスタムフィールドの値を出力したい　P.116
利用例	カスタムフィールドに入力した値をテンプレートで出力する

投稿／固定ページの項目を増やすカスタムフィールド

　WordPressは、もともとはブログを作るためのツールです。ただ、現在ではCMS（コンテンツ管理システム）として使う場面が多くなっています。

　投稿はタイトルや本文などの項目から構成されますが、CMSとして使う場合、項目をもっと増やしたいことも多いです。そのような時のために、WordPressには「カスタムフィールド」という機能が用意されています。カスタムフィールドで任意の項目を追加して、値を入力することができます（図3.2）。

　なお、投稿や固定ページでカスタムフィールドを使うには、それらを作成するページの「表示オプション」の部分で、「カスタムフィールド」のチェックをオンにします。

図3.2　カスタムフィールドで任意の項目を追加する

カスタムフィールドの値を出力する

　カスタムフィールドに入力した値を、テンプレートで出力することができます。そのための関数がいくつかありますが、基本的には「get_post_meta」という関数を使います。

　get_post_meta関数は、カスタムフィールドの名前を指定して、その項目に入力した値を得る働きをします。値は直接には出力されないので、出力したい場合はecho文などを使います。

　パラメータを3つ取り、1つ目が投稿のID、2つ目がカスタムフィールドの名前になります。また、3つ目はtrueかfalseのどちらかの値を指定しますが、ここではtrueを使う場合を取り上げます。falseを指定する場合の使い方は、次のレシピで解説します。

　例えば、IDが1番の投稿に、「price」という名前のカスタムフィールドを作り、値を入力したとします。この値を出力するには、テンプレート内で値を出力したい位置に、以下のようにget_post_meta関数を書きます。

```
<?php echo get_post_meta(1, 'price', true); ?>
```

WordPressループ内でget_post_meta関数を使う

　WordPressループの中でget_post_meta関数を使う場合、1つ目のパラメータとしてget_the_ID関数を指定して、個々の投稿のIDを渡すようにします。

　例えば、個々の投稿に、「price」という名前のカスタムフィールドを追加しているとします。この場合、WordPressループ内で各投稿のpriceカスタムフィールドの値を出力するには、WordPressループ内に以下の部分を入れます。

```
<?php echo get_post_meta(get_the_ID(), 'price', true); ?>
```

061 同名の複数のカスタムフィールドの値を出力したい

カスタムフィールド		WP 4.4	PHP 7

関数	get_post_meta、get_the_ID
関連	060 カスタムフィールドの値を出力したい　P.114
利用例	複数のカスタムフィールドの値を出力する

同名のカスタムフィールドを複数回追加できる

WordPressのカスタムフィールド機能では、1つの投稿／固定ページに対して、同じ名前のカスタムフィールドを複数回追加することができます。例えば、「size」という名前のカスタムフィールドを3回追加し、それぞれに「S」「M」「L」の値を保存することができます。

get_post_meta関数の3つ目のパラメータにfalseを渡す

同じ名前のカスタムフィールドを複数回追加している時に、そのすべての値を得て出力することができます。この時もget_post_meta関数を使いますが（レシピ060参照）、3つ目のパラメータとして「false」を渡します。

例えば、IDが1番の投稿に、「size」という名前のカスタムフィールドを複数回追加しているとします。この場合、それらの値をすべて得て変数$sizesに代入するには、以下のように書きます。

```
$sizes = get_post_meta(1, 'size', false);
```

また、WordPressループ内で、個々の投稿のカスタムフィールドの値を順に読み込んでいく場合は、上の例の1番目のパラメータをget_the_ID関数に置き換えて、個々の投稿のIDを指定するようにします（レシピ060参照）。

カスタムフィールドの値を順に出力する

get_post_meta関数の3つ目のパラメータをfalseにした場合、この関数の戻り値は、個々のカスタムフィールドの値を要素に持つ配列になります。配列として値を得た後、PHPのfor文を使って、配列の個々の要素を出力する、という流れになります。

例えば、個々の投稿に、「size」という名前のカスタムフィールドを複数回追加しているとします。ここで、WordPressループの中で、個々の投稿のsizeカスタムフィールドの値をul／li要素のリストとして出力するには、WordPressループの中に**リスト3.1**のような部分を入れます。

リスト3.1 sizesカスタムフィールドに入力されたすべての値をul／liのリストとして出力する

```php
<ul>
<?php
  $sizes = get_post_meta(get_the_ID(), 'size', false);
  foreach ($sizes as $size) :
?>
  <li><?php echo $size; ?></li>
<?php endforeach; ?>
</ul>
```

MEMO

062 カスタムフィールドの名前を得たい

カスタムフィールド		WP 4.4　PHP 7

関数	get_post_custom_keys

関　連	063　カスタムフィールドの名前／値をまとめて得たい　P.120
利用例	個々の投稿／カスタムフィールドの名前を得る

get_post_custom_keys関数を使う

　WordPressでは、投稿／固定ページごとに、異なる名前のカスタムフィールドを作ることができます。そこで、個々の投稿／カスタムフィールドを出力する際に、カスタムフィールドの名前をまず調べて、それを基に個々のカスタムフィールドの値を読み込む、といった処理をする場合があります。

　投稿／固定ページに設定されているカスタムフィールドの名前を得るには、「get_post_custom_keys」という関数を使います。パラメータとして、投稿／固定ページのIDを渡します。また、戻り値は、カスタムフィールドの名前が入った配列になります。

　ただし、戻り値の配列には、WordPressが内部的に利用しているフィールドも含まれます。そのようなフィールドは、名前の先頭がアンダースコア（_）になっています。したがって、戻り値の配列から、値の先頭がアンダースコアの要素を除外すれば、ユーザーが定義したカスタムフィールドの名前だけを得ることができます。

WordPressループ内で各投稿のカスタムフィールド名を出力する

　get_post_custom_keys関数の例として、WordPressループ内で、各投稿に存在するカスタムフィールドの名前をul／li要素のリストで出力する例を紹介します。

　そのプログラムは、リスト3.2のようになります。3行目のget_post_custom_keys関数でカスタムフィールドの名前を得て、配列変数$keysに代入します。そして、4行目のforeach文で、配列の要素を順に取り出して変数$keyに代入しつつ、繰り返しを行います。

　5行目は、WordPressのシステムが利用しているフィールドを除外する処理です。フィールド名（変数$key）の先頭1文字が「_」かどうかを判断しています。そして、その条件に該当しない場合は、フィールドの名前をli要素に出力します（7行目）。

リスト3.2 カスタムフィールドの名前をul／liのリストとして出力する

```
<ul>
<?php
  $keys = get_post_custom_keys(get_the_ID());
  foreach ($keys as $key) :
    if (substr($key, 0, 1) != '_') :
?>
  <li><?php echo$key; ?></li>
<?php endif; endforeach; ?>
</ul>
```

MEMO

063 カスタムフィールドの名前／値をまとめて得たい

カスタムフィールド		WP 4.4　PHP 7
関数	get_post_custom	

関　連	062	カスタムフィールドの名前を得たい　P.118
利用例		カスタムフィールドの名前／値をまとめて得る

get_post_custom関数を使う

　投稿／固定ページに設定されているカスタムフィールドを、まとめてすべて得たい場合もあります。そのような時には、「get_post_custom」という関数を使います。パラメータとして投稿／固定ページのIDを渡すと、その投稿／固定ページに設定されているすべてのカスタムフィールドが戻り値として返されます。

　戻り値は二次元の配列になります。例えば、表3.1のようにカスタムフィールドに値を入力していて、「size」という名前のカスタムフィールドが2つあるとします。この場合、戻り値の連想配列は表3.2のようになります。連想配列の一次元目がカスタムフィールドの名前を表します。また、二次元目は値の配列になります。

　ただし、WordPressで内部的に使われているフィールドも、戻り値の連想配列に含まれます。そのようなフィールドは、名前の最初の1文字が「_」になっていますので、それを条件判断して除外することができます。

表3.1　カスタムフィールドの例

名前	値
price	500
count	10
size	S
size	M

表3.2　表3.1のカスタムフィールドをget_post_custom関数で得た時の連想配列の内容

キー	値
['price'][0]	500
['count'][0]	10
['size'][0]	S
['size'][1]	M

get_post_custom関数を使った例

WordPressループの中で、個々の投稿のすべてのカスタムフィールドの名前と値を、ul／li要素のリストとして出力する例を作ると、リスト3.3のようになります。

3行目のget_post_custom関数ですべてのカスタムフィールドを変数$cfに取得し、4行目のforeach文でそのキーと値を順に取り出しつつ繰り返します。ただし、キーの先頭文字が「_」の場合はWordPressの内部で使われているフィールドなので、5行目のif文でそのフィールドは除外します。

7行目でキー（カスタムフィールドの名前）を出力した後、9～13行目の繰り返しで、そのカスタムフィールドの値を順に出力します。

リスト3.3 すべてのカスタムフィールドの名前と値をul／li要素のリストとして出力する

```
<ul>
<?php
$cf = get_post_custom(get_the_ID());
foreach ($cf as $key => $values) :
  if (substr($key, 0, 1) != '_') :
?>
  <li><?php echo &key; ?></li>
  <ul>
  <?php
    foreach ($values as $value) :
  ?>
    <li><?php echo $value; ?></li>
  <?php endforeach; ?>
  </ul>
<?php endif; endforeach; ?>
</ul>
```

064 自由に投稿を読み込んで出力したい

| WP_Query | サブループ | クエリ | メインクエリ | サブクエリ | WP 4.4 | PHP 7 |

| 関数 | wp_reset_postdata |

| 関連 | 038 WordPressループを知りたい P.075 |

| 利用例 | WP_Queryを使って様々な投稿等を読み込んで処理する |

WP_Queryの基本

WordPressでは、出力する個々のページに応じて、適切な投稿（または固定ページ）がセットされ、WordPressループで出力することができます。しかし、セットされていない投稿や固定ページを読み込んで出力したい、ということもあります。

このような場合には、「WP_Query」を使って投稿等を読み込み、本来のWordPressループとは別のループを作って、必要な投稿等を出力することができます。

WP_QueryはWordPressのコアにあるクラスの1つで、様々な条件を指定して、投稿などを読み込む処理をします。

なお、データベースに対する問い合わせのことを、「クエリ」（query）と呼びます。ページの種類に応じて、適切な投稿等を読み込むためにWordPress内部で実行されるクエリのことを、「メインクエリ」と呼びます。一方、独自にWP_Queryクラスを使って行うクエリを、「サブクエリ」と呼びます。

また、メインクエリで読み込んだ投稿等を順に出力するためのWordPressループを、「メインループ」と呼びます。一方、サブクエリで読み込んだ投稿を出力するループを、「サブループ」と呼びます。

WP_Queryオブジェクトの作成

WP_Queryクラスを使って様々な投稿等を読み込んで処理するには、まずWP_Queryクラスのオブジェクトを作成します。これは以下のように書きます。

```
$変数名 = new WP_Query(パラメータ);
```

3-3 WP_Query

「パラメータ」には、読み込みたい投稿等の条件を指定するための連想配列を渡します。指定できる条件は多数ありますので、その中で特に重要なものをいくつか取り上げて、この後のレシピで順に解説していきます。

なお、WP_Queryオブジェクトでの処理が終わったら、「wp_reset_postdata」という関数を実行して、メインクエリの状態に戻します。

サブループの組み方

サブループはメインループと同じように組むことができます。また、サブループの中では、メインループと同じように、the_title等のテンプレートタグの関数を使うことができます。ただし、ループの外枠となるhave_posts等の関数は、WP_Queryクラスのメソッドとして実行します。

サブループの一般的な流れは、リスト3.4のようになります。2行目の文で、WP_Queryクラスのオブジェクトを作成して「my_query」という変数に代入しています。次に、3／5／7／8／11行目の各文で、サブループを組んでいます。そして、最後の12行目でwp_reset_postdata関数を実行して、メインループの状態に戻します。

リスト3.4 サブループの一般的な組み方

```
<?php
$my_query = new WP_Query(パラメータ);
if ($my_query->have_posts()) :
?>
   <? while ($wp_query->have_posts()) : $wp_query->the_post(); ?>
      投稿の情報を出力する処理
   <?php endwhile; ?>
<?php else: ?>
   条件に合う投稿がなかった時の処理
<?php
endif;
wp_reset_postdata();
?>
```

065 IDやスラッグで投稿を指定して読み込みたい

| WP_Query | post__not_in | post__in | Sticky Posts | WP 4.4 | PHP 7 |

関　連	064　自由に投稿を読み込んで出力したい　P.122
利用例	WP_Queryを使って投稿のIDを指定して処理する

■ IDを指定して1件の投稿を読み込む

　WP_Queryクラスのオブジェクトを作成する際に、様々な条件を指定して、読み込む投稿を決めることができます。まず、投稿のIDを指定して、1件だけ読み込む方法を紹介します。

　この場合は、パラメータの連想配列に、「p」という要素を入れて、投稿のIDを指定します。例えば、IDが1番の投稿を読み込みたい場合は、WP_Queryオブジェクトを以下のように作成します。

```
$変数 = new WP_Query(array('p' => 1));
```

■ IDを指定して複数の投稿を読み込む

　IDを指定して投稿を読み込む際に、1件だけでなく、複数件をまとめて読み込みたい場合もあります。この時は、パラメータの連想配列に「post__in」という要素を入れて、読み込みたい投稿のIDを配列で渡します。なお、「post」と「in」の間はアンダースコア2つです。

　例えば、IDが1番と2番の投稿を読み込みたい場合は、WP_Queryオブジェクトを以下のように作成します。

```
$変数 = new WP_Query(array('post__in' => array(1, 2)));
```

　なお、この方法で投稿を読み込むと、指定したIDの投稿だけでなく、Sticky Postsも読み込まれます。Sticky Postsを除外する方法は、レシピ074 を参照してください。

IDで投稿を除外して読み込む

　特定のIDの投稿を読み込むのとは逆に、特定のIDの投稿を除外して読み込むこともできます。この場合は、パラメータの連想配列に「post__not_in」と言う要素を入れて、除外する投稿のIDを指定します。なお、「post」と「not」の間はアンダースコア2つで、「not」と「in」の間はアンダースコア1つです。

　例えば、IDが1番と2番の投稿を除外して読み込みたい場合は、WP_Queryオブジェクトを以下のように作成します。

```
$変数 = new WP_Query(array('post__not_in' => array(1, 2)));
```

スラッグを指定して投稿を読み込む

　IDではなく、スラッグを指定して投稿を読み込むこともできます。この場合は、パラメータの連想配列に「name」という要素を入れ、読み込みたい投稿のスラッグを指定します。

　例えば、スラッグに「foo」を付けた投稿を読み込みたい場合は、以下のようにします。

```
$変数 = new WP_Query(array('name' => 'foo'));
```

066 カテゴリーを指定して投稿を読み込みたい

| WP_Query | カテゴリーのID | スラッグ | WP 4.4 | PHP 7 |

| 関　連 | 064 自由に投稿を読み込んで出力したい P.122 |
| 利用例 | WP_Queryを使ってカテゴリーを指定して処理する |

カテゴリーのIDを指定する

カテゴリーの条件を付けて投稿を読み込む方法も多数あります。

特定のIDのカテゴリーと、その子孫のカテゴリーに属する投稿を読み込みたい場合、WP_Queryクラスのオブジェクトを作成する際に、パラメータの連想配列に「cat」という要素を入れて、カテゴリーのIDを指定します。

例えば、IDが1番のカテゴリーと、その子孫のカテゴリーに属する投稿を読み込みたい場合は、WP_Queryオブジェクトを以下のように作成します。

```
$変数 = new WP_Query(array('cat' => 1));
```

複数のカテゴリーのIDをコンマで区切って指定することもできます。例えば、IDが1番か2番のカテゴリー（およびその子孫カテゴリー）に属する投稿を読み込む場合は、WP_Queryオブジェクトを以下のように作成します。

```
$変数 = new WP_Query(array('cat' => '1,2'));
```

なお、指定したカテゴリーの投稿のみ読み込みたい（子孫カテゴリーの投稿は読み込まない）場合は、後述の「category__in」を使います。

カテゴリーのスラッグを指定する

カテゴリーをIDではなくスラッグで指定することもできます。この場合は、パラメータの連想配列に「category_name」という要素を入れ、カテゴリーのスラッグを指定します。複数のカテゴリーを指定したい場合は、スラッグをコンマで区切ります。

例えば、スラッグが「foo」か「bar」のカテゴリーに属する投稿を読み込む場合は、WP_Queryオブジェクトを以下のように作成します。

```
$変数 = new WP_Query(array('category_name' => 'foo,bar'));
```

なお、指定したカテゴリーに子孫カテゴリーがある場合は、それらのカテゴリーに属する投稿も読み込まれます。

子孫カテゴリーの投稿は読み込まない

特定のカテゴリーに属する投稿を読み込み、その子孫カテゴリーの投稿は読み込まないようにしたい場合は、パラメータの連想配列に「category__in」という要素を入れ、カテゴリーのIDの配列を指定します。なお、「category」と「in」の間はアンダースコア2つです。

例えば、IDが1番か2番のカテゴリーに属する投稿を読み込む場合は、WP_Queryオブジェクトを以下のように作成します。

```
$変数 = new WP_Query(array('category__in' => array(1,2)));
```

複数のカテゴリーに属する投稿を読み込む

WordPressでは、1つの投稿を複数のカテゴリーに所属させることができます。そこで、複数のカテゴリーを指定して、それらすべてのカテゴリーに属する投稿だけを読み込むこともできます。

IDでカテゴリーを指定する場合は、パラメータの連想配列に「category__and」という要素を入れ、カテゴリーのIDの配列を指定します。なお、「category」と「and」の間はアンダースコア2つです。

例えば、IDが1番と2番の2つのカテゴリーに属する投稿を読み込む場合は、WP_Queryオブジェクトを以下のように作成します。

```
$変数 = new WP_Query(array('category__and' => array(1,2)));
```

また、スラッグを複数指定して、それらすべてのカテゴリーに属する投稿を読み込みたい場合は、前述の「category_name」を使い、スラッグを「+」で区切って並べます。

例えば、スラッグが「foo」と「bar」の2つのカテゴリーに属する投稿を読み込む場

合は、WP_Queryオブジェクトを以下のように作成します。

```
$変数 = new WP_Query(array('category_name' => 'foo+bar'));
```

なお、「category__and」で複数のカテゴリーを指定する場合は、それらのカテゴリーに直接に属する投稿のみ読み込まれます。一方、「category_name」の場合は、それらのカテゴリーだけでなく、その子孫カテゴリーも検索対象になります。

例えば、前述の「foo+bar」の場合、「fooカテゴリーかその子孫カテゴリー」と「barカテゴリーかその子孫カテゴリー」の両方に属する投稿が読み込まれます。

特定カテゴリーの投稿を除外して読み込む

特定のカテゴリーの投稿を除外して、それ以外の投稿を読み込むこともできます。

指定したカテゴリーと、その子孫カテゴリーの投稿を除外する場合は、前述の「cat」のパラメータで、カテゴリーのIDにマイナスをつけて指定します。

例えば、IDが1番か2番のカテゴリー(およびその子孫カテゴリー)に属する投稿を除外して読み込む場合は、WP_Queryオブジェクトを以下のように作成します。

```
$変数 = new WP_Query(array('cat' => '-1,-2'));
```

また、指定したカテゴリーの投稿を除外し、その子孫カテゴリーの投稿は除外しない場合は、パラメータの連想配列に「category__not_in」という要素を入れて、除外するカテゴリーのIDの配列を指定します。なお、「category」と「not」の間はアンダースコア2つで、「not」と「in」の間はアンダースコア1つです。

例えば、IDが1番か2番のカテゴリーに属する投稿を除外して読み込む場合は、WP_Queryオブジェクトを以下のように作成します。

```
$変数 = new WP_Query(array('category__not_in' => array(1,2)));
```

067 タグを指定して投稿を読み込みたい

| WP_Query | タグ | スラッグ | | WP 4.4 | PHP 7 |

関　連	064　自由に投稿を読み込んで出力したい　P.122
利用例	WP_Queryを使ってタグを指定して処理する

タグのIDを指定する

　WordPressでは、個々の投稿に「タグ」を付けて分類することができます。そして、WP_Queryクラスでは、投稿をタグで絞り込んで読み込むこともできます。

　IDでタグを指定して投稿を読み込む場合は、WP_Queryクラスのオブジェクトを作成する際に、パラメータの連想配列に「tag_id」という要素を入れて、タグのIDを指定します。

　例えば、IDが1番のタグを付けた投稿を読み込みたい場合は、WP_Queryオブジェクトを以下のように作成します。

```
$変数 = new WP_Query(array('tag_id' => 1));
```

　また、複数のタグを指定したい場合は、パラメータの連想配列に「tag__in」という要素を入れて、タグのIDの配列を指定します。なお、「tag」と「in」の間はアンダースコア2つです。

　例えば、IDが1番か2番のどちらかのタグを付けた投稿を読み込みたい場合は、WP_Queryオブジェクトを以下のように作成します。

```
$変数 = new WP_Query(array('tag__in' => array(1,2)));
```

タグのスラッグを指定する

　IDではなく、スラッグでタグを指定することもできます。この場合は、パラメータの連想配列に「tag」という要素を入れて、タグのスラッグを指定します。複数のタグのどれかが付いている投稿を読み込みたい場合は、それらのタグをコンマで区切って並べます。

　例えば、スラッグが「foo」か「bar」のどちらかのタグを付けた投稿を読み込むに

は、WP_Queryオブジェクトを以下のように作成します。

```
$変数 = new WP_Query(array('tag' => 'foo,bar'));
```

また、「tag_slug__in」というパラメータを使って、以下のようにスラッグを配列で指定することもできます。なお、「tag」と「slug」の間はアンダースコア1つで、「slug」と「in」の間はアンダースコア2つです。

```
$変数 = new WP_Query(array('tag_slug__in' => array('foo', 'bar')));
```

複数のタグが付いている投稿を読み込む

1つの投稿に対して、複数のタグをつけることができます。そこで、WP_Queryで投稿を読み込む際に、複数のタグを指定して、それらすべてが付いているものを読み込むことができます。

タグのIDで指定する場合は、パラメータの連想配列に「tag__and」という要素を入れて、タグのIDの配列を指定します。なお、「tag」と「and」の間はアンダースコア2つです。

例えば、IDが1番と2番の2つのタグを付けた投稿を読み込みたい場合は、WP_Queryオブジェクトを以下のように作成します。

```
$変数 = new WP_Query(array('tag__and' => array(6,7)));
```

また、スラッグで指定する場合は、以下のどちらかの方法を使います。

❶「tag」パラメータを入れて、スラッグを「+」で区切って並べる
❷「tag_slug__and」パラメータを入れて、スラッグの配列を指定する

例えば、「foo」と「bar」の2つのタグが付いた投稿を読み込むには、以下のどちらかの書き方をします。

```
$変数 = new WP_Query(array('tag' => 'foo+bar'));
```

```
$変数 = new WP_Query(array('tag_slug__and' => array('foo', 'bar')));
```

068 日時を指定して投稿を読み込みたい

| WP_Query | date_query | 日時 | 連想配列 | WP 4.4 | PHP 7 |

| 関連 | 064 自由に投稿を読み込んで出力したい　P.122 |
| 利用例 | WP_Queryを使って日時を指定して処理する |

年月日等を指定して読み込む

WordPressはもともとはブログツールなので、投稿や固定ページには日時の情報があります。そこで、その日時を使って、読み込む投稿を指定することもできます。

特定の年や月などの投稿を読み込むには、WP_Queryクラスのオブジェクトを作成する際に、パラメータの連想配列に表3.3のような要素を入れます。

表3.3 年などを表す要素

要素名	内容	指定する値
year	年	4桁の年
monthnum	月	1〜12
w	週番号	0〜53
day	日	1〜31
hour	時	0〜23
minute	分	0〜59
second	秒	0〜59
m	年と月	年4桁＋月2桁（例：201601）

例えば、2016年の投稿だけを読み込みたい場合は、WP_Queryオブジェクトを以下のように作成します。

```
$変数 = new WP_Query(array('year' => 2016));
```

期間を指定して読み込む

WordPress 3.7以降では、パラメータの連想配列に「date_query」という要素を入れることができるようになりました。date_queryを使うと、特定の日時だけでなく、期間を指定してその間の投稿を読み込むこともできます。

ある日時より後の投稿を読み込む場合、リスト3.5のような書き方をすることができ

ます。また、10行目の「>=」を「<=」に変えると、ある日時より前の投稿を読み込むこともできます。さらに、リスト3.6のように書けば、特定の期間の投稿を読み込むこともできます。

リスト3.5 ある日時より後の投稿を読み込む

```
$args = array(
  'date_query' => array(
    array(
      'year' => 年,
      'month' => 月,
      'day' => 日,
      'hour' => 時,
      'minute' => 分,
      'second' => 秒,
      'compare' => '>='
    )
  ),
);
$my_query = new WP_Query($args);
```

リスト3.6 特定の期間の投稿を読み込む

```
$args = array(
  'date_query' => array(
    array(
      'year' => 開始日時の年,
      'month' => 開始日時の月,
      …
      'compare' => '>='
    )
    array(
      'year' => 終了日時の年,
      'month' => 終了日時の月,
      …
      'compare' => '<='
    )
  ),
);
$my_query = new WP_Query($args);
```

069 ユーザーの条件を指定して投稿を読み込みたい

| WP_Query | ユーザーID | author | 連想配列 | WP 4.4 | PHP 7 |

関　連	064　自由に投稿を読み込んで出力したい　P.122
利用例	WP_Queryを使ってユーザーのIDを指定して処理する

ユーザーのIDで検索

　WordPressは複数のユーザーで投稿することができます。そのため、ユーザーで投稿を検索したい場面もあります。

　ある1人のユーザーの投稿を検索する場合は、WP_Queryオブジェクト作成時のパラメータの連想配列に、「author」という要素を入れて、ユーザーのIDを指定します。

　例えば、IDが1番のユーザーの投稿だけを読み込みたい場合は、WP_Queryオブジェクトを以下のように作成します。

```
$変数 = new WP_Query(array('author' => 1));
```

その他の検索方法

　上記の他に、WP_Query作成時のパラメータの連想配列に表3.4のような要素を入れれば、ユーザーを特定して投稿を読み込むことができます。

表3.4　ユーザーを特定して読み込む場合のパラメータの指定方法

書き方	内容
'author_name' => '名前'	ユーザーの名前（nicename）で検索
'author__in' => array(ID1, ID2, …)	複数のユーザーのIDを指定して検索
'author__not_in' => array(ID1, ID2, …)	複数のユーザーのIDを指定し、そのユーザーを除外して検索

133

070 カスタムフィールドの条件を指定して投稿を読み込みたい

| WP_Query | meta_key | meta_value | カスタムフィールド | | WP 4.4 | PHP 7 |

関　連	064　自由に投稿を読み込んで出力したい　P.122
利用例	WP_Queryを使ってカスタムフィールドの値を指定して処理する

▍「カスタムフィールドの値が〇〇」の条件を指定

　カスタムフィールドの条件を指定して、投稿を読み込むこともできます。まず、最も単純な条件として、「カスタムフィールドの値が〇〇」という条件を取り上げます。この場合は、WP_Queryのパラメータの連想配列に、「meta_key」と「meta_value」という要素を入れます。meta_key／meta_valueが、それぞれカスタムフィールドの値と名前を表します。

　例えば、「color」というカスタムフィールドの値が「red」の投稿を読み込みたい場合だと、以下のように書きます。

```
$変数 = new WP_Query(array('meta_key' => 'color', 'meta_value' => 'red'));
```

▍比較演算子を使って条件を指定

　「カスタムフィールドの値が〇〇以上」など、比較演算子を使って条件を指定することもできます。この場合、WP_Queryのパラメータの連想配列に、「meta_key」「meta_value」に加えて「meta_compare」という要素も追加し、表3.5の比較演算子を指定します。また、値の型が文字以外の場合は、「meta_type」という要素も指定して、値の型を表3.6から指定します。

　なお、「IN」「NOT IN」「BETWEEN」「NOT BETWEEN」の演算子では、meta_valueに配列を渡して複数の値を指定します。

表3.5 meta_compareに渡す比較演算子

比較演算子	内容
=	〇〇に等しい
!=	〇〇ではない
>	〇〇より大きい
<	〇〇より小さい

表3.5次ページへ続く

3-3 WP_Query

表3.5の続き

比較演算子	内容
>=	○○以上
<=	○○以下
LIKE	○○を含む
NOT LIKE	○○を含まない
BETWEEN	○○と□□の間
NOT BETWEEN	○○と□□の間ではない
IN	値のリストの中でどれかに等しい
NOT IN	値のリストの中のどれとも等しくない
NOT EXISTS	フィールドが存在しない
REGEXP（またはRLIKE）	正規表現にマッチ
NOT REGEXP	正規表現にマッチしない

表3.6 値の型を表す文字列

文字列	型
NUMERIC（またはSIGNED）	符号つき数値
DATE	日付
DATETIME	日付と時刻
TIME	時刻
UNSIGNED	符号なし数値
DECIMAL	10進数
BINARY	バイナリ

表3.7 比較演算子を使う場合の連想配列の例

例	連想配列の要素
「color」フィールドの値が「red」以外	'meta_key' => 'color', 'meta_value' => 'red', 'meta_compare' => '!='
「price」フィールドの値が300以上	'meta_key' => 'price', 'meta_type' => 'NUMERIC', 'meta_value' => 300, 'meta_compare' => '>='
「color」フィールドの値が「red」か「blue」	'meta_key' => 'color', 'meta_value' => array('red', 'blue'), 'meta_compare' => 'IN'
「price」フィールドの値が300と500の間	'meta_key' => 'price', 'meta_type' => 'NUMERIC', 'meta_value' => array(300, 500), 'meta_compare' => 'BETWEEN'
「color」フィールドの値が「red」を含む	'meta_key' => 'color', 'meta_value' => 'red', 'meta_compare' => 'LIKE'

複数の条件を組み合わせる

2つ以上の複数の条件を組み合わせることもできます。この場合、WP_Queryのパラメータの連想配列に「meta_query」という要素を入れ、その値として個々の条件を表す配列と、条件の結合方法（ANDかOR）を指定します（リスト3.7）。

条件を表す配列は、「key」「value」「type」「compare」の要素を組み合わせて記述します。これらの各要素は、条件が1つの時の「meta_key」等と同じ働きをします。

また、ANDとORを組み合わせる場合は、条件を表す配列を入れ子にします。

リスト3.7　複数の条件を指定する場合の書き方

```
$変数 = new WP_Query(array(
  'meta_query' => array(
    'relation' => 結合方法
    array => (条件1),
    array => (条件2),
  )
));
```

例えば、「priceカスタムフィールドの値が1000から2000の間で、かつcolorカスタムフィールドの値が『red』か『blue』を含む」という条件で投稿を読み込みたいとします。また、WP_Queryオブジェクトを変数$my_queryに代入するとします。この場合、リスト3.8のように書きます。

リスト3.8　複雑な条件を指定する例

```
$my_query = new WP_Query(array(
  'meta_query' => array(
    'relation' => 'AND',
    array('key' => 'price', 'value' => array(1000, 2000), 'type' => 'NUMERIC', 'compare' => 'BETWEEN'),
    array(
      'relation' => 'OR',
      array('key' => 'color', 'value' => 'red', 'compare' => 'LIKE'),
      array('key' => 'color', 'value' => 'blue', 'compare' => 'LIKE')
    )
  )
));
```

071 ステータスを指定して読み込みたい

| WP_Query | post_status | draft | | WP 4.4 PHP 7 |

関連	064 自由に投稿を読み込んで出力したい P.122
利用例	WP_Queryを使って投稿の状態を指定して処理する

▍連想配列に「post_status」を指定

投稿には「公開済み」や「下書き」といった状態がありますが、それらを指定して投稿を読み込みたい場合もあります。この時は、WP_Queryに渡す連想配列で、「post_status」というキーの要素を入れて、**表3.8**の値を指定します。

表3.8 post_statusに指定する値

値	ステータス
publish	公開済み
pending	レビュー待ち
draft	下書き
auto-draft	新規作成直後で本文がない投稿
future	公開日時が指定されている投稿
private	非公開
inherit	リビジョン
trash	ゴミ箱に入っている投稿
any	「trash」と「auto-draft」を除くすべてのステータス

例えば、下書きの投稿だけを読み込みたい場合は、以下のようにpost_statusに「draft」を指定します。

```
$変数 = new WP_Query(array('post_status' => 'draft'));
```

なお、複数のステータスを指定したい場合は、配列にして渡します。例えば、下書きの投稿と、公開日時が指定されている投稿を読み込みたい場合は、以下のようにします。

```
$変数 = new WP_Query(array('post_status' => array('draft', 'future')));
```

072 並び順を指定して読み込みたい

| WP_Query | meta_value | meta_value_num | orderby | order | WP 4.4 | PHP 7 |

関　　連	064　自由に投稿を読み込んで出力したい　P.122
利 用 例	WP_Queryを使って投稿の並び順を指定する

orderbyとorderを指定

　投稿をタイトルの昇順に並べ替えて読み込むなど、並び順を指定したい場合もあります。その時は、WP_Queryのパラメータの連想配列に「orderby」と「order」の2つの値を入れます。

　orderbyには、並び順を決めるフィールドの名前を表3.9から指定します。複数の値をスペースで区切って指定することもできます。この場合、1つ目に指定したフィールドの値が同じになっている投稿は、2つ目のフィールドの値で並べ替えられます。

　「meta_value」か「meta_value_num」を指定する場合は、「meta_key」の要素で並べ替えに使うフィールドも指定する必要があります。

　また、orderでは昇順（ASC）か降順（DESC）のどちらかを指定します。なお、orderbyに2つ以上のフィールドを指定した場合、それらすべてのフィールドの値を昇順（または降順）で並べ替えます。フィールドごとに昇順／降順を指定することはできません。

表3.9　orderbyに指定する値（主なもの）

値	フィールド
ID	ID
title	タイトル
date	公開日時
modified	更新日時
name	スラッグ
rand	ランダム
meta_value	カスタムフィールドの値（辞書順）
meta_value_num	カスタムフィールドの値（数値順）

例えば、投稿を日付の古い順に並べ替えて読み込みたい場合は、以下のようにします。

```
$変数 = new WP_Query(array('orderby' => 'date', 'order' => 'ASC'));
```

また、「price」というカスタムフィールドの値の大きい順に並べ替えて読み込みたい場合は、以下のようにします。

```
$変数 = new WP_Query(array('meta_key' => 'price', 'orderby' => 'meta_value_num', 'order' => 'DESC'));
```

MEMO

073 読み込む件数と範囲を指定したい

| WP_Query | posts_per_page | offset | WP 4.4 PHP 7

関　連	064　自由に投稿を読み込んで出力したい　P.122
利用例	WP_Queryを使って読み込む件数を指定して処理する

posts_per_pageで読み込む件数を指定

投稿を読み込む際に、その件数を指定したいこともあります。この場合は、WP_Queryのパラメータの連想配列に「posts_per_page」の要素を入れて件数を指定します。なお、すべての投稿を読み込みたい場合は、posts_per_pageに「-1」を指定します。

例えば、投稿を50件読み込みたい場合は、以下のようにします。

```
$変数 = new WP_Query(array('posts_per_page' => 50));
```

一部の投稿を読み込みたい

投稿が多数ある時に、その先頭から何件かをスキップして、その続きから読み込むこともできます。この場合は、WP_Queryのパラメータの連想配列に「offset」の要素を入れて、スキップする件数を指定します。

例えば、最初の10件の投稿をスキップしてその次から読み込みたい場合は、以下のようにします。

```
$変数 = new WP_Query(array('offset' => 10));
```

074 Sticky Postsを除外して読み込みたい

| WP_Query | Sticky Posts | | WP 4.4 | PHP 7 |

| 関連 | 059 特定の投稿を常にトップページに表示したい　P.112
064 自由に投稿を読み込んで出力したい　P.122 |
| 利用例 | WP_Queryを使ってSticky Postsを読み込まずに処理する |

ignore_sticky_postsを指定

Sticky Posts（レシピ059 参照）を設定している場合、WP_Queryで投稿を読み込むと、Sticky Postsも一緒に読み込まれることがあります。

例えば、以下のようにして「color」カスタムフィールドの値で条件を指定した場合、Sticky Postsにした投稿があれば、カスタムフィールドの条件に合っていなくても読み込まれます。

```
$変数 = new WP_Query(array('meta_key' => 'color', 'meta_value' => 'red'));
```

Sticky Postsを読み込まないようにしたい場合は、WP_Queryオブジェクトを作成する際に、以下のように「ignore_sticky_posts」というパラメータも指定します。

```
$変数 = new WP_Query(array(…, 'ignore_sticky_posts' => 1));
```

075 固定ページを読み込みたい

| WP_Query | 固定ページ | | WP 4.4　PHP 7 |

関　連	076　固定ページの子ページを読み込みたい　P.143
利用例	WP_Queryを使って固定ページを読み込む

WP_Queryにpost_typeを指定

　WordPressでは、投稿と固定ページはデータベース上では同じテーブルに保存されています。そのため、WP_Queryを使って固定ページを読み込むこともできます。この場合、パラメータの連想配列に「post_type」という要素を入れ、値として「page」を指定します。また、ここまでのレシピで解説してきた各種のパラメータも入れることができます。

　例えば、IDが1番か2番の固定ページを読み込むには、以下のように書きます。

```
$my_query = new WP_Query(array('post_type' => 'page', 'post__in' => array(1, 2)));
```

MEMO

076 固定ページの子ページを読み込みたい

| WP_Query | 固定ページ | | WP 4.4　PHP 7 |

| 関　連 | 075　固定ページを読み込みたい　P.142 |
| 利用例 | WP_Queryを使って固定ページの子もまとめて読み込む |

post_parentで親ページのIDを指定

　WordPressでは、固定ページに親子関係を持たせることができます。WP_Queryで固定ページを読み込む際に、ある固定ページの子をまとめて読み込みたい場合もあります。この場合は、WP_Queryのパラメータの連想配列に「post_parent」という要素を入れ、親ページのIDを指定します。親ページのIDとして「0」を指定すれば、最上位の階層の固定ページを読み込むこともできます。

　例えば、IDが1番の固定ページの子を読み込みたい場合は、以下のようにします。

```
$変数 = new WP_Query(array('post_type' => 'page', 'post_parent' => 1));
```

　なお、post_parentを指定してページを読み込んだ場合、その固定ページの直下の子ページだけが読み込まれます。それより下の階層の固定ページは読み込まれません。

親ページのIDを複数指定

　親の固定ページを複数指定したい場合は、WP_Queryのパラメータの連想配列に「post_parent__in」という要素を入れ、親のIDを配列で指定します。なお、「parent」と「in」の間はアンダースコア2つです。

　例えば、IDが1番か2番の固定ページの子を読み込みたい場合は、以下のようにします。

```
$変数 = new WP_Query(array('post_type' => 'page', 'post_parent__in' => 
array(1, 2)));
```

　また、「post_parent__not_in」という要素を入れれば、「親のIDが○○ではない」という固定ページを読み込むこともできます。

MEMO

PROGRAMMER'S RECIPE

第 04 章

画像やメディアを制御したい

WordPressでは、画像などのファイルを「メディア」として管理することができます。メディアを投稿に貼り付けたり、ギャラリーとして表示したりする機能があります。第04章では、メディアの制御に関する項目を取り上げます。

077 アイキャッチ画像を使いたい

| アイキャッチ画像 | functions.php | WP 4.4 | PHP 7 |

| 関数 | 関数：add_theme_support |

関　連	078 アイキャッチ画像のデフォルトのサイズと切り取り方を指定したい　P.148
	079 アイキャッチ画像を出力したい　P.150
	080 投稿（固定ページ）にアイキャッチ画像があるかどうかを調べたい　P.152

| 利用例 | アイキャッチ画像機能をオンにする |

アイキャッチ画像の概要

情報系サイトなどで、個々の記事の先頭に、その記事のイメージを表すような画像を付けることがよくあります。WordPressでもこのようなことを行うことができ、日本のWordPressでは「アイキャッチ」という機能名が付けられています（英語版では「Post Thumbnail」）。

アイキャッチ画像機能をオンにする

アイキャッチ画像機能をオンにするには、カスタム背景等と同様に、after_setup_themeフックに対する処理の中でadd_theme_support関数（レシピ017 を参照）を実行します。具体的には、functions.phpテンプレートにリスト4.1のような記述を追加します。

リスト4.1 アイキャッチ画像機能をオンにするためにfunctions.phpテンプレートに追加する記述

```
function add_theme_support_cb() {
  add_theme_support('post-thumbnails');
}
add_action('after_setup_theme', 'add_theme_support_cb');
```

アイキャッチ画像機能をオンにすると、投稿や固定ページの編集画面に「アイキャッチ画像」の項目が追加されます。「アイキャッチ画像を設定」のリンクをクリックして、画像をアップロードすることができます（図4.1）。

4-1 アイキャッチ画像

図4.1 投稿や固定ページにアイキャッチ画像を割り当てる

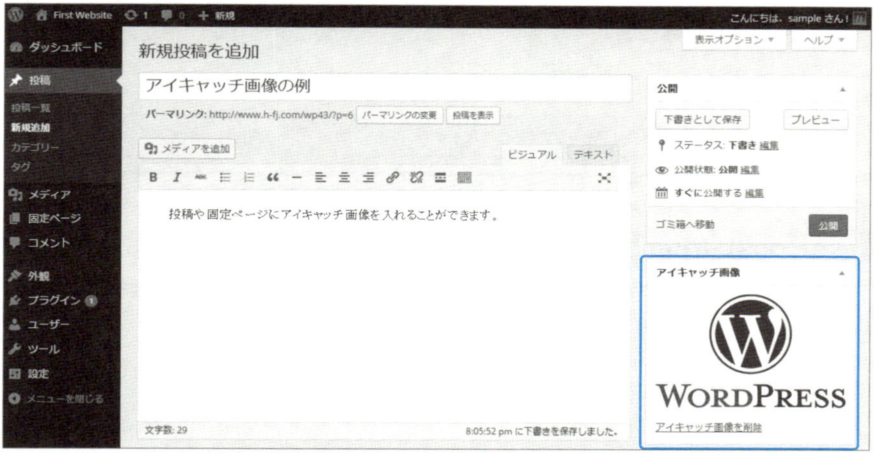

MEMO

078 アイキャッチ画像のデフォルトのサイズと切り取り方を指定したい

| アイキャッチ画像 | サイズ | | WP 4.4 | PHP 7 |

関数 set_post_thumbnail_size

関連 077 アイキャッチ画像を使いたい P.146

利用例 アイキャッチ画像のデフォルトサイズを指定する

set_post_thumbnail_size関数でサイズを指定する

アイキャッチ画像は、一定のサイズにして出力することが多いです。そこで、「set_post_thumbnail_size」という関数を使って、アイキャッチ画像のデフォルトサイズを指定することができます。

この関数には3つのパラメータがあり、最初の2つでデフォルトの幅と高さを指定します。add_theme_support関数でアイキャッチ画像を有効にした後（レシピ077参照）、set_post_thumbnail_size関数を実行します（リスト4.2）。

リスト4.2 add_theme_support関数でアイキャッチ画像を有効にした後でset_post_thumbnail_size関数を実行する

```
function add_theme_support_cb() {
  add_theme_support('post-thumbnails');
  set_post_thumbnail_size(幅, 高さ);
}
add_action('after_setup_theme', 'add_theme_support_cb');
```

アイキャッチ画像の切り取り方も指定する

大きな画像だと、set_post_thumbnail_size関数で指定したサイズを超えることもあります。この場合、画像の一部を切り取ってアイキャッチ画像にすることができます。

この設定は、set_post_thumbnail_size関数の3つ目のパラメータで行います。表4.1の値を指定することができます。また、値としてarrayを指定する場合、横位置には「left」「center」「right」のいずれかを指定し、縦位置には「top」「middle」「bottom」のいずれかを指定します。

表4.1 set_post_thumbnail_size関数の3つ目のパラメータに指定する値

値	作られるアイキャッチ画像
false	縦横を同じ比率で縮小し、指定したサイズに収まるようにする
true	画像の上下または左右を切り取って、指定したサイズと同じ縦横比になるようにした上で、縮小する
array('横位置','縦位置')	指定した位置を基点にして画像を切り取って、指定したサイズと同じ縦横比になるようにした上で、縮小する

　例えば、サムネイル画像のサイズを200×150ピクセルにし、かつ画像の左上を基点にして切り取るようにしたいとします。この場合、set_post_thumbnail_size関数を以下のように実行します。

```
set_post_thumbnail_size(200, 150, array('left', 'top'));
```

既存の画像を使う場合の注意

　アイキャッチ画像が作成されるのは、画像をアップロードした時です。そのため、set_post_thumbnail_size関数でアイキャッチ画像のサイズや切り取り方を変えても、すでにメディアライブラリにある画像をアイキャッチ画像に指定した場合は、そのサイズや切り取り方は変わりません。この点には注意が必要です。

079 アイキャッチ画像を出力したい

| アイキャッチ画像 | WordPressループ | | WP 4.4 PHP 7 |

関数 the_post_thumbnail、get_the_post_thumbnail

関連 077 アイキャッチ画像を使いたい　P.146

利用例 アイキャッチ画像を出力する

the_post_thumbnail関数で出力

アイキャッチ画像を出力するには、テンプレートに「the_post_thumbnail」という関数を書きます。この関数はWordPressループ内で使用します。

1つ目のパラメータで、アイキャッチ画像のサイズを指定します。表4.2の値を指定することができます。また、2つ目のパラメータでは、アイキャッチ画像のimg要素の属性に出力する値を指定します。表4.3のキーを持つ連想配列を指定します。

両方のパラメータを省略した場合、1つ目のパラメータには「post-thumbnail」を指定したことになります。また、2つ目のパラメータには、表4.3のデフォルト値が使われます。

表4.2　アイキャッチ画像のサイズの指定方法

値	サイズ
post-thumbnail	set_post_thumbnail_size関数で指定したデフォルトのサイズ
文字列	add_image_size関数（ レシピ081 参照）で登録した文字列に対応するサイズ
array(幅, 高さ)	指定の幅／高さ

表4.3　2つ目のパラメータに指定する連想配列

キー	値	デフォルト値
src	src属性に出力する値	アイキャッチ画像のアドレス
class	class属性に出力する値	「attachment-XXX」の文字列（XXXは1つ目のパラメータに指定した文字列）
alt	alt属性に出力する値	アイキャッチ画像の「代替テキスト」に指定した値
title	title属性に出力する値	なし

例えば、パラメータを指定せずに以下のように実行すれば、アイキャッチ画像がデフォルトのサイズで出力されます。

```
the_post_thumbnail();
```

また、アイキャッチ画像を100×75ピクセルで出力したいとします。また、alt属性には、投稿のタイトルを出力したいとします。この場合、WordPressループ内で、アイキャッチ画像を出力する位置に以下のように書きます。

```
the_post_thumbnail(array(100, 75), array('alt' => get_the_title()));
```

get_the_post_thumbnail関数でHTMLを得る

アイキャッチ画像を直接に出力せずに、そのHTMLを値として得たい場合もあります。その時は、「get_the_post_thumbnail」という関数を使います。

パラメータは3つあり、1つ目に投稿のIDを渡します。「null」を渡せば、現在処理中の投稿が対象になります。また、2つ目と3つ目のパラメータは、the_post_thumbnail関数の1つ目／2つ目のパラメータと同じです。

080 投稿（固定ページ）にアイキャッチ画像があるかどうかを調べたい

アイキャッチ画像		WP 4.4	PHP 7

関数	has_post_thumbnail

関連	077 アイキャッチ画像を使いたい P.146

利用例	アイキャッチ画像があるかどうかで出力を分ける

has_post_thumbnail関数で判断する

　投稿（固定ページ）によっては、アイキャッチ画像を設定していない場合もあります。そこで、アイキャッチ画像があるかどうかで出力を変えることが考えられます。

　この場合は、「has_post_thumbnail」という関数を使います。パラメータとして投稿のIDを渡します。また、パラメータを省略すれば、現在処理中の投稿が対象になります。一般的には、リスト4.3のように書いて、アイキャッチ画像がある場合とない場合で出力を分けるようにします。

リスト4.3 アイキャッチ画像の有無で出力を分ける

```
<?php if (has_post_thumbnail()) : ?>
  <?php the_post_thumbnail(); ?>
<?php else : ?>
  アイキャッチ画像がない場合の出力
<?php endif; ?>
```

081 画像のサイズを追加したい

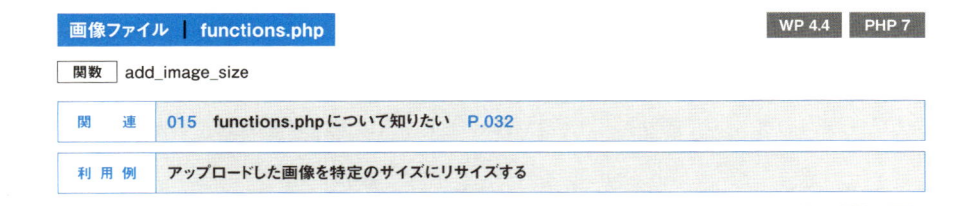

| 画像ファイル | functions.php | | WP 4.4 | PHP 7 |

関数	add_image_size
関連	015 functions.phpについて知りたい P.032
利用例	アップロードした画像を特定のサイズにリサイズする

画像の自動リサイズ機能

　WordPressでは、画像ファイルをアップロードすると、自動的にサムネイル／中／大の3つのサイズにリサイズしたファイルが作られます。個々のサイズは、WordPressの「設定」→「メディア」のページで設定することができます（図4.2）。

図4.2 サムネイル／中／大の画像サイズの設定

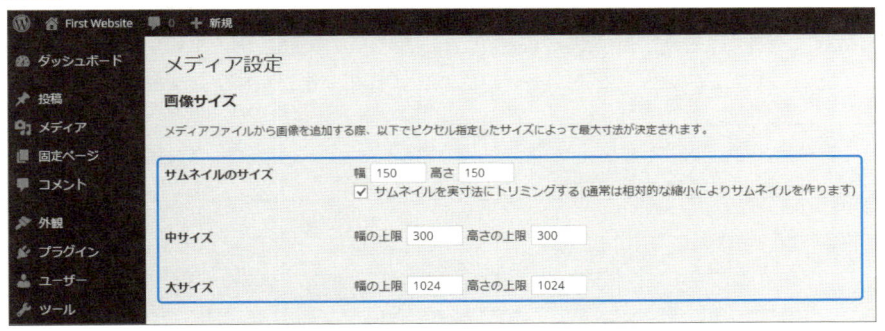

add_image_size関数で画像のサイズを追加する

　上記以外の画像サイズを登録して、画像をアップロードした時に、そのサイズのファイルを自動的に作るようにすることもできます。それには、「add_image_size」という関数を使います。functions.phpテンプレートでこの関数を実行するようにします。

　パラメータは4つあります。1つ目のパラメータはサイズの名前で、半角英数字で決めます。2つ目と3つ目は、サイズの幅と高さです。そして、4つ目のパラメータは画

像の縮小／切り取り方法で、set_post_thumbnail_size関数の3つ目のパラメータと同じ値を指定します（149ページの**表4.1**を参照）。

例えば、「my_size」というサイズを追加し、そのサイズを800×600ピクセルにしたいとします。また、このサイズに合わない場合は、単に縮小するだけにしたいとします。

この場合、functions.phpテンプレートに以下の行を追加します。

```
add_image_size('my_size', 800, 600, false);
```

MEMO

082 投稿／固定ページにギャラリーを入れたい

| ギャラリー | メディア | | WP 4.4 | PHP 7 |

| 関　連 | 083　ギャラリーの表示をカスタマイズしたい　P.157 |
| 利用例 | 投稿／固定ページにギャラリーを追加する |

ギャラリー機能の概要

　ギャラリーはWordPress 2.5で追加された機能です。投稿や固定ページに、複数の画像を並べて表示することができます（図4.3）。

図4.3 投稿にギャラリーを追加した例

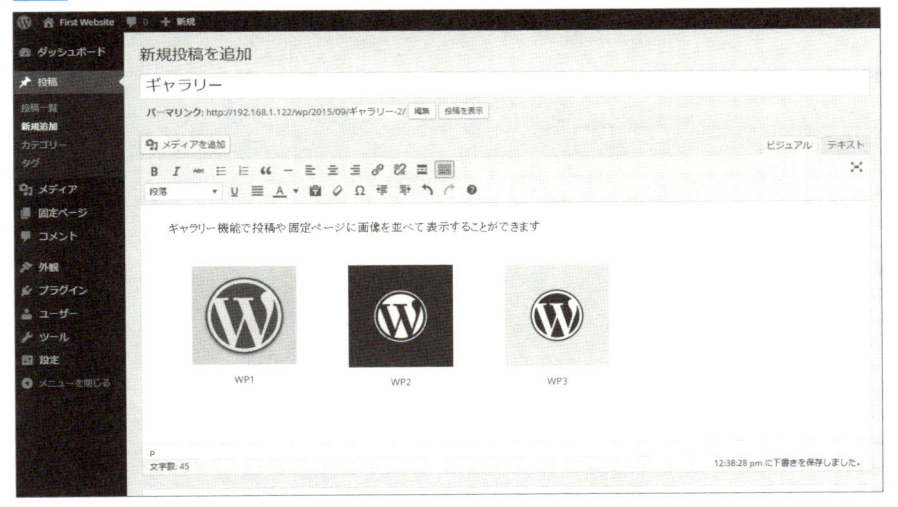

ギャラリーの使い方

投稿や固定ページにギャラリーを追加するには、以下の手順を取ります。

❶ 本文入力欄の左上にある「メディアを追加」ボタンをクリックし、メディアの画面を開く

❷ 左端のメニューの「ギャラリーを作成」をクリックする

❸ 「メディアライブラリ」タブで、ギャラリーに入れたい画像をクリックして選択（図4.4）。「ファイルをアップロード」タブで、画像をアップロードすることもできる

❹ 画面右下の「ギャラリーを作成」ボタンをクリックする

❺ 次の画面で、個々の画像にキャプションを付ける。また、ドラッグ＆ドロップで画像の順序を入れ替えることもできる

❻ 「ギャラリーを挿入」ボタンをクリックする

図4.4　ギャラリーに画像を追加する

083 ギャラリーの表示をカスタマイズしたい

| ギャラリー | ショートコード | | WP 4.4 | PHP 7 |

| 関連 | 082 投稿／固定ページにギャラリーを入れたい P.155 |
| 利用例 | ギャラリーの表示をカスタマイズする |

ショートコードを編集する

ギャラリーは、投稿（または固定ページ）に「ショートコード」を埋め込むことで、実現しています。ショートコードは、投稿や固定ページの中で使えるマクロのようなもので、実際にページが表示される際には、他の出力に置き換わります。ギャラリーのショートコードの場合だと、ギャラリーを出力するためのHTMLの組み合わせになります。

ギャラリーの表示をカスタマイズするには、投稿（または固定ページ）の編集のページで、入力欄の右上にある「テキスト」をクリックして、テキスト編集モードに切り替えます。すると、ギャラリーを入れた位置に以下のようなショートコードが表示されますので、この内容を編集します（「…」の部分には、画像のIDのリストが入ります）。

```
[gallery ids="…"]
```

ギャラリーショートコードに指定できるオプション

ギャラリーのショートコードには、表4.4のようなオプションを指定することができます。いずれも、「オプション名="値"」の形で、ショートコードに追加します。

表4.4　ギャラリーショートコードのオプション

オプション	内容
columns="数値"	1行に表示する画像の列数
size="文字列"	画像のサイズ。 文字列として、「thumbnail」「medium」「large」「full」か、add_image_size関数で追加したサイズの名前を指定
link="文字列"	ギャラリー上の画像から元画像へのリンクを出力するかどうか。 「file」を指定すると画像のアドレスが出力され、「none」を指定するとリンクは出力されない。 link を指定しなければ、個々の画像のページへのアドレスが出力される
itemtag="タグ名"	ギャラリーの各項目を囲むHTMLのタグ名
icontag="タグ名"	ギャラリーの画像を囲むHTMLのタグ名
captiontag="タグ名"	ギャラリーのキャプションを囲むHTMLのタグ名
orderby="文字列"	画像の並び順の決め方
order="文字列"	画像の並び順を表す文字列。 「ASC」（昇順）または「DESC」（降順）のどちらかを指定

　例えば、画像を中サイズ（medium）にして、2列で出力したい場合は、ショートコードを以下のように書き換えます。

```
[gallery ids="…" columns="2" size="medium"]
```

084 投稿／固定ページに割り当てたメディアを得たい

| メディア | foreach文 | | WP 4.4 | PHP 7 |

関数 | get_attached_media

| 関連 | 077 アイキャッチ画像を使いたい　P.146
082 投稿／固定ページにギャラリーを入れたい　P.155 |

| 利用例 | 投稿／固定ページに割り当てたメディアを得る |

get_attached_media関数で得る

投稿や固定ページには、画像等のメディアを割り当てることができます。個々の投稿／固定ページごとに、それらのメディアの情報を得て処理を行いたいこともあります。このような時には「get_attached_media」という関数を実行します。

この関数はパラメータを2つ取ります。1つ目のパラメータとして、メディアの種類を表4.5の値で指定します。そして、2つ目のパラメータに、投稿／固定ページのID（または投稿／固定ページのオブジェクト）を渡します。2つ目のパラメータを省略した場合は、現在処理中の投稿（固定ページ）が対象になります。

表4.5 メディアの種類を表す文字列

値	種類
image	画像
video	動画
audio	音声

例えば、現在の投稿に割り当てている画像をすべて得るには、以下のようにしてget_attached_media関数を実行します。

```
$変数 = get_attached_media('image');
```

個々の投稿／固定ページには、複数のメディアを割り当てることができます。そのため、get_attached_media関数の戻り値は配列になります。

個々のメディアを処理する

　foreach文を使って、get_attached_media関数で得た配列からメディアを1つずつ取り出し、処理をすることができます。また、繰り返しの中では、WordPress標準のテンプレートタグを使って、メディアの情報を得たり出力したりすることができます。ただし、foreach文の前後や中で、以下のような処理が必要になります。

❶foreach文に入る前に、グローバル変数の$postを退避する
❷繰り返しの先頭で「setup_postdata」という関数を実行する
❸繰り返しが終わったら、グローバル変数の$postを元に戻す

　例えば、投稿に割り当てた画像を、変数$imagesに代入するとします。そして、それらの画像を順に処理したいとします。この場合、WordPressループの中で、リスト4.4のようなコードを実行します。

リスト4.4　投稿に割り当てた画像を順に処理する

```php
<?php
$images = get_attached_media('image');
$post_org = $GLOBALS['post'];
foreach ($images as $image) :
  $post = $image;
  setup_postdata($post);
?>
   個々の画像に対する処理
<?php
endforeach;
$GLOBALS['post'] = $post_org;
?>
```

4-3 メディアの処理

085 複数のメディアを まとめて読み込みたい

| WP_Query | the_title | WP 4.4   PHP 7

| 関　連 | 064　自由に投稿を読み込んで出力したい　P.122 |
| 利用例 | WP_Queryで特定の投稿をまとめて処理する |

WP_Queryで読み込む

　アップロード済みの画像をまとめて処理したい場合など、複数のメディアをまとめて読み込みたい場合もあります。

　WordPressの内部では、メディアは投稿と同じように扱われています。そのため、WP_Query（レシピ064参照）を利用して、メディアをまとめて読み込むことができます。この場合、WP_Queryクラスのオブジェクトをリスト4.5のようにして作成します。4行目の「種類」には、159ページの表4.5のいずれかの値を指定します。4行目を省略すると、種類に関係なくすべてのメディアを読み込みます。

リスト4.5　メディアを読み込む際のWP_Queryクラスのオブジェクトの作成方法

```
$変数 = new WP_Query(array(
  'post_type' => 'attachment',
  'post_status' => 'inherit',
  'post_mime_type' => '種類',
  その他の条件
));
```

　例えば、今月アップロードした画像の中の最新5件を読み込んで処理したい場合だと、リスト4.6のようにしてWP_Queryオブジェクトを作成します。

リスト4.6　今月アップロードした最新5件の画像を読み込む

```
$m_query = new WP_Query(array(
  'post_type' => 'attachment',
  'post_status' => 'inherit',
  'post_mime_type' => 'image',
  'm' => date('Ym'),
  'posts_per_page' => 5
));
```

読み込んだメディアの処理

WP_Queryで読み込んだメディアは、投稿の場合と同様に、サブループで順に処理することができます（ レシピ064 参照）。サブループ内では、the_title等のテンプレートタグを使って、メディアのタイトル等を出力することができます。

また、メディアの情報を得るための関数もあり、それらを組み合わせて、様々な方法でメディアの情報を出力することができます（ レシピ086 等を参照）。

MEMO

4-3 メディアの処理

086 アイキャッチ画像を読み込んで処理したい

アイキャッチ画像		WP 4.4　PHP 7
関数	the_post_thumbnail、get_post、get_post_thumbnail_id	
関連	079　アイキャッチ画像を出力したい　P.150	
利用例	アイキャッチ画像の情報を読み込んで処理をする	

アイキャッチ画像のIDを得る

　アイキャッチ画像は、一般的には投稿の本文の先頭に表示することが多いです。ただ、それ以外の用途でアイキャッチ画像を使いたい場合もあります。

　the_post_thumbnail関数（ レシピ079 参照）を使うと、imgタグが出力され、アイキャッチ画像の個別の情報（アドレス等）を得にくいです。このような情報が必要な場合は、アイキャッチ画像をオブジェクトとして読み込み、その後に各種の関数を使って情報を得ます。

　アイキャッチ画像を読み込むには、まず「get_post_thumbnail_id」という関数で、そのIDを得ます。パラメータとして、対象の投稿のIDを渡します。また、パラメータを省略すると、現在処理中の投稿が使われます。

　戻り値がアイキャッチ画像のIDになります。ただし、アイキャッチ画像がない投稿では、戻り値は空文字列になります。

IDからアイキャッチ画像を読み込む

　アイキャッチ画像のIDが得られたら、それを元に画像の情報を読み込みます。それには、「get_post」という関数を使うことができます。この関数にIDを渡せば、アイキャッチ画像のオブジェクトが返されます。後は、投稿を処理した時と同様の手順で、アイキャッチ画像の情報を扱うことができます。

　ここまでの流れを実際のプログラムにすると、リスト4.7のようになります。まず、2行目のget_post_thumbnail_id関数で、アイキャッチ画像のIDを読み込みます。IDがあれば、現在の投稿を退避した後（4行目）、現在の投稿をアイキャッチ画像に置き換えて、テンプレートタグを使える状態にします（5行目）。そして、アイキャッチ画像の処理が終わったら、現在の投稿を復元します（9行目）。

リスト4.7 アイキャッチ画像を読み込んで処理する流れ

```php
<?php
$a_id = get_post_thumbnail_id();
if ($a_id) :
  $post_org = $GLOBALS['post'];
  $GLOBALS['post'] = get_post($a_id);
?>
   アイキャッチ画像に対する処理
<?php
  $GLOBALS['post'] = $post_org;
else : ?>
   アイキャッチ画像がない場合の処理
<?php endif; ?>
```

MEMO

087 メディアのリンクを出力したい

| メディア | サムネイル | リンク | | WP 4.4 | PHP 7 |

関数 the_attachment_link

関連
- 084 投稿／固定ページに割り当てたメディアを得たい　P.159
- 085 複数のメディアをまとめて読み込みたい　P.161

利用例 メディアのサムネイルからリンクを出力する

the_attachment_link関数でサムネイル付きのリンクを出力

メディアのサムネイルを出力し、そのサムネイルから実際のメディアにリンクするようにしたい場合があります。このような処理は、「the_attachment_link」という関数で行うことができます。パラメータは4つあります（表4.6）。

表4.6 the_attachment_link関数のパラメータ

パラメータ	渡す値
1つ目	メディアのID
2つ目	サムネイルを出力する場合はfalse（既定値） オリジナルの画像を出力する場合はtrue
3つ目	false（現在は廃止されていて意味を持たない）
4つ目	画像に直接にリンクする場合はfalse（既定値） メディア個別のページにリンクする場合はtrue

パラメータとしてメディアのIDだけを指定すれば、メディアのサムネイルが出力され、メディアに直接にリンクします。また、以下のようにパラメータを指定すると、リンク先はメディア個別のページ（WordPressのテンプレートに基づいたページ）になります。

```
<?php the_attachment_link(メディアのID, false, false, true); ?>
```

088 メディアの詳細な情報を得たい

| image_meta | メディア | サムネイル | WP 4.4 | PHP 7 |

関数　wp_get_attachment_image_src、wp_get_attachment_metadata

| 関　連 | 084　投稿／固定ページに割り当てたメディアを得たい　P.159 |
| | 085　複数のメディアをまとめて読み込みたい　P.161 |

| 利用例 | 特定のメディアの様々な情報を得る |

wp_get_attachment_image_src関数で主な情報を得る

　あるメディアの情報を得たいこともあります。主な情報だけ得たい場合は、「wp_get_attachment_image_src」という関数を使います。

　パラメータとしてメディアのIDを渡します。また、サムネイルの情報が必要な場合は、2番目のパラメータとして、「thumbnail」「medium」「large」等のサイズを表す文字列を渡します。

　戻り値は4つの要素からなる配列になります。要素の0／1／2番目は、それぞれアドレス／幅／高さを表します。また、3番目の要素は、元画像からサイズ変更されている画像ならtrueになり、そうでなければfalseになります。

　例えば、IDが1番のメディアの情報を読み込んで、それを元にimg要素を出力する場合、リスト4.8のようなコードを書きます。1行目でwp_get_attachment_image_src関数を実行して、IDが1番のメディアの情報を読み込み、変数$a_srcに代入します。そして、2行目で$a_srcからアドレス／幅／高さの情報を出力します。

リスト4.8　IDが1番のメディアの情報を読み込んでimg要素を出力する

```
<?php $a_src = wp_get_attachment_image_src(1); ?>
<img src="<?php echo $a_src[0]; ?>" width="<?php echo $a_src[1]; ?>" height="<?php echo $a_src[2]; ?>" />
```

wp_get_attachment_metadata関数で詳細情報を得る

　メディアに関してより詳細な情報を得たいことがあります。このような時には、「wp_get_attachment_metadata」という関数を使います。

　パラメータとして、メディアのIDを渡します。すると、表4.7のようなキーがある連想配列が返されます。「sizes」の要素はさらに連想配列になっていて、サムネイルのサイズごとのファイル名／幅／高さ／MIMEタイプの情報を得ることができます。また、「image_meta」の要素には、撮影に使ったカメラの名前などを表す連想配列が入っています（表4.8）。

表4.7 wp_get_attachment_metadata関数の戻り値の連想配列の内容

キー	値
width	幅
height	高さ
file	ファイル名（uploadsディレクトリからの相対パス）
sizes	サムネイルの情報を持つ連想配列
image_meta	カメラ名等の詳細データ

表4.8 image_meta連想配列の内容（主なもの）

キー	値
camera	カメラ名
created_timestamp	撮影日時（UNIXタイムスタンプ形式）
title	タイトル
credit	撮影者名等
copyright	著作権

MEMO

PROGRAMMER'S RECIPE

第 05 章

カテゴリーやタグを制御したい

WordPressでは、投稿をカテゴリーやタグで分類することができます。この第05章では、個々のカテゴリーやタグを読み込んだり、情報を操作したりする方法を解説します。

089 投稿が属するカテゴリーを読み込みたい

| ul要素 | li要素 | カテゴリー | タグ | WP 4.4 | PHP 7 |

関数	get_the_category
関連	049 投稿が属するカテゴリーを出力したい　P.092
利用例	テンプレートタグでデータを出力する

get_the_category 関数で読み込む

投稿が属するカテゴリーを出力するには、the_category関数を使います（レシピ049参照）。ただ、この関数では、カテゴリーアーカイブページへのリンクのHTMLが出力され、個々のカテゴリーの細かな情報を得ることができません。

情報を得たい場合は、「get_the_category」という関数を使います。パラメータとして投稿のIDを渡します。パラメータを省略すれば、現在処理中の投稿が対象になります。また、戻り値はカテゴリーのオブジェクトの配列になります。オブジェクトには表5.1のメンバーがあり、ここからカテゴリーの情報を得ることができます。

表5.1 カテゴリーのオブジェクトのメンバー

メンバー名	内容
term_id	ID
name	カテゴリー名
slug	スラッグ
description	説明
parent	親カテゴリーのID
count	そのカテゴリーに属する投稿の数

投稿が属するカテゴリーを ul ／ li のリストで出力する

get_the_category関数の例として、投稿が属するカテゴリーを、ul／li要素のリストで出力してみます。

そのコードはリスト5.1のようになります。この部分をWordPressループの中に入れると動作します。

まず、2行目のget_the_category関数で投稿が属するカテゴリーを得て、配列変数$catsに代入します。そして、カテゴリーの数（配列変数$catsの要素数）だけ繰

り返して、カテゴリーを順に処理します（4行目）。

　6行目では、リストの最初のカテゴリーの時に「<ul>」のタグを出力します。また、8行目では、リストの最後のカテゴリーの時に、「</ul>」のタグを出力します。そして、7行目で各カテゴリーの名前を出力します。

リスト5.1　投稿が属するカテゴリーをul／liのリストで出力する

```
<?php
$cats = get_the_category();
$cat_count = count($cats);
for ($i = 0; $i < $cat_count; $i++) :
?>
  <?php if ($i == 0) : ?><ul><?php endif; ?>
  <li><?php echo $cats[$i]->name; ?></li>
  <?php if ($i == $cat_count - 1) : ?></ul><?php endif; ?>
<?php endfor; ?>
```

MEMO

090 特定のカテゴリーを読み込みたい

| ID | カテゴリー | スラッグ | | WP 4.4 | PHP 7 |

関数	get_category_by_slug、get_category
関連	091 複数のカテゴリーをまとめて読み込みたい P.173
利用例	特定のカテゴリーを読み込んで、情報を処理する

get_category_by_slug関数で読み込む

特定のカテゴリーを読み込んで、その情報を元に処理を行いたい場合もあります。このような時には、「get_category_by_slug」という関数を使います。

パラメータとして、カテゴリーのスラッグを指定します。すると、それに対応するカテゴリーが戻り値として返されます。カテゴリーが見つからなかった場合は、戻り値はfalseになります。

例えば、スラッグが「foo」というカテゴリーを読み込んで、その名前を出力するには、リスト5.2のように書きます。

リスト5.2 スラッグが「foo」のカテゴリーを読み込んで名前を出力する

```
$cat = get_category_by_slug('foo');
echo $cat->name;
```

get_category関数で読み込む

スラッグではなく、IDを指定してカテゴリーを読み込みたい場合もあります。この場合は、「get_category」という関数を使います。パラメータとしてカテゴリーのIDを渡すと、戻り値がカテゴリーのオブジェクトになります。

091 複数のカテゴリーをまとめて読み込みたい

5-1 カテゴリー

| カテゴリー | order | orderby | WP 4.4 | PHP 7 |

関数 get_categories

関連	090 特定のカテゴリーを読み込みたい P.172
利用例	複数のカテゴリーを読み込む

get_categories関数を使う

条件を指定して複数のカテゴリーを読み込みたい場合、「get_categories」という関数を使います。パラメータとして、表5.2の要素を持つ連想配列を指定します。戻り値は、条件を満たすカテゴリーのオブジェクトの配列になります。

表5.2 get_categories関数のパラメータの連想配列の内容

キー	内容	初期値
hide_empty	投稿がないカテゴリーを読み込まない場合は1、読み込む場合は0を指定する	1
child_of	その値のIDを持つカテゴリーの子孫カテゴリーを読み込む。この場合、hide_emptyがtrueにセットされる	0
parent	その値のIDを持つカテゴリーの子カテゴリーを読み込む	なし
hierarchical	1を指定した場合、子カテゴリーが空でも、その子カテゴリーが空でなければ読み込む	1
include	読み込みたいカテゴリーのIDをコンマで区切って指定する	なし
exclude	除外したいカテゴリーのIDをコンマで区切って指定する	なし
pad_counts	1を指定すると、子孫カテゴリーも含めて投稿の数をカウントする。0を指定すると、個々のカテゴリーの投稿の数のみカウントする	0
number	読み込むカテゴリーの数を指定する	なし
orderby	カテゴリーの並べ替えに使うメンバーを、以下のいずれかから指定する。id, name, slug, count, term_group	name
order	並べ替えの順序をASC（昇順）かDESC（降順）で指定する	ASC

最上位カテゴリーのみ読み込む

get_categories関数の例として、最上位のカテゴリーだけ読み込む方法を紹介します。最上位カテゴリーでは、親カテゴリーのIDが0になります。そこで、以下のようにして、「parent」のキーに「0」を指定することで、最上位のカテゴリーだけを読み込むことができます。

```
$変数 = get_categories(array('parent' => 0));
```

投稿が多いカテゴリーから順に出力する

もう1つの例として、カテゴリーの名前と投稿数のリストを、投稿が多い順に出力する方法を紹介します。

この場合、「order」と「orderby」のキーを使って、カテゴリーを投稿の多い順に並べ替えて読み込むようにします（**リスト5.3**）。

リスト5.3 カテゴリーの名前と投稿数のリストを、投稿が多い順に出力する

```
<ul>
<?php
$cats = get_categories(array(
  'orderby' => 'count',
  'order' => 'desc'
));
foreach ($cats as $cat) :
?>
  <li><?php echo $cat->name . '(' . $cat->count . ')'; ?></li>
<?php endforeach; ?>
</ul>
```

092 カテゴリーの説明を出力したい

| dl要素 | dt要素 | dd要素 | カテゴリー | | WP 4.4 | PHP 7 |

| 関数 | category_description |

| 関　連 | 093　カテゴリーアーカイブページにリンクしたい　P.176 |
| 利用例 | カテゴリーの説明を出力する |

category_description関数を使う

　カテゴリーの説明は、カテゴリーのオブジェクトのdescriptionメンバーで得ることができますので、その値を出力する方法があります。

　一方で、WordPressに「category_description」という関数があり、こちらで出力することもできます。パラメータとしてカテゴリーのIDを渡すと、戻り値としてそのカテゴリーの説明が返されます。

　例えば、リスト5.4を実行すると、カテゴリーの名前と説明をdl／dt／dd要素のリストとして出力することができます。

リスト5.4　カテゴリーの名前と説明を出力する

```
<dl>
<?php
$cats = get_categories();
foreach ($cats as $cat) :
?>
<dt><?php echo $cat->name; ?></dt>
<dd><?php echo category_description($cat->term_id); ?></dd>
<?php endforeach; ?>
</dl>
```

093 カテゴリーアーカイブページにリンクしたい

カテゴリー | アーカイブページ | リンク　　　　　　WP 4.4　PHP 7

関数　get_category_link

関　連　092　カテゴリーの説明を出力したい　P.175

利用例　カテゴリーの名前とリンクを出力する

get_category_link関数でアドレスを得る

　カテゴリーを読み込んでその名前を出力する際に、名前をリンクにして、そこがクリックされた時にカテゴリーアーカイブページに移動するようにしたい場合が多いです。

　カテゴリーのアーカイブページのアドレスを得るには、「get_category_link」という関数を使います。パラメータとしてカテゴリーのIDを渡すと、そのカテゴリーのアーカイブページのアドレスが返されます。

　例えば、リスト5.5を実行すると、各カテゴリーの名前をリンクとして出力し、名前がクリックされた時にそのカテゴリーのアーカイブページに移動するようになります。

リスト5.5　カテゴリーアーカイブページにリンクする

```
<ul>
<?php
$cats = get_categories();
foreach ($cats as $cat) :
?>
<li><a href="<?php echo get_category_link($cat->term_id); ?>"><?php echo
$cat->name; ?></a></li>
<?php endforeach; ?>
</ul>
```

094 トップページにカテゴリー別の投稿一覧を出力したい

| WP_Query | カテゴリー | 親カテゴリー | 子カテゴリー | WP 4.4 | PHP 7 |

| 関数 | get_categories |

| 関連 | 095 投稿と同じカテゴリーに属する投稿を出力したい　P.180 |

| 利用例 | 各カテゴリーの情報を読み込んで出力する |

カテゴリーごとに投稿を読み込む

WordPressはもともとはブログのソフトなので、サイトのトップページには、ブログ全体での最新の投稿を表示するようになっています。しかし、WordPressをCMSとして使う場合、カテゴリーごとの最新の投稿を表示したいという場合もあります。

このような場合、get_categories関数（レシピ091 参照）でカテゴリーを読み込んだ後、それぞれのカテゴリーの投稿を読み込んで出力する、という手順を取ることが考えられます。WP_Query（レシピ064 等を参照）を使えば、特定のカテゴリーに属する投稿を読み込むことができます。

最上位のカテゴリーごとに投稿をまとめる

カテゴリーごとに投稿一覧を表示する例として、最上位のカテゴリーごとに投稿をまとめて表示する例を紹介します。

例えば、カテゴリーの構造が図5.1のようになっている場合、「親1／子1.1／子1.2カテゴリーに属する投稿」と、「親2／子2.1／子2.2カテゴリーに属する投稿」に分けて出力します。

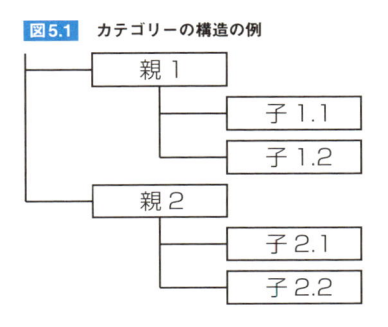

図5.1 カテゴリーの構造の例

```
├─ 親1
│   ├─ 子1.1
│   └─ 子1.2
└─ 親2
    ├─ 子2.1
    └─ 子2.2
```

そのコードは**リスト5.6**のようになります。内容を部分ごとに解説します。

2行目

get_categories関数で、「parent」のパラメータに0を渡して、最上位のカテゴリーを読み込みます。

3〜18行目

読み込んだカテゴリーを1つずつ取り出し、繰り返します。

5行目

カテゴリーの名前を出力し、そこをカテゴリーアーカイブページにリンクします。

7行目

WP_Queryクラスのオブジェクトを作成して、投稿を読み込みます。「cat」のパラメータに、現在処理中のカテゴリーのIDを渡しますので、そのカテゴリーおよびその子孫カテゴリーの投稿を読み込みます（ レシピ066 を参照）。

8〜16行目

投稿がある時のみ、この内部を処理します。

11〜13行目

投稿を1つずつ取り出して処理します。

12行目

投稿のタイトルを出力し、そこを投稿のページへのリンクにします。

15〜16行目

投稿がない場合は、「投稿がありません」と出力します。

リスト5.6 最上位のカテゴリーごとに投稿をまとめて出力する

```php
<?php
$cats = get_categories(array('parent' => 0));
foreach ($cats as $cat) :
?>
  <h2><a href="<?php echo get_category_link($cat->term_id); ?>"><?php echo $cat->name; ?></a></h2>
  <?php
  $q = new WP_Query(array('cat' => $cat->term_id));
  if ($q->have_posts()) :
  ?>
    <ul>
    <?php while ($q->have_posts()) : $q->the_post(); ?>
      <li><a href="<?php the_permalink(); ?>"><?php the_title(); ?></a></li>
    <?php endwhile; ?>
    </ul>
  <?php else: ?>
    <p>投稿がありません</p>
  <?php endif; ?>
<?php endforeach; ?>
```

MEMO

095 投稿と同じカテゴリーに属する投稿を出力したい

| WP_Query | ID | テンプレート | テンプレートタグ | WP 4.4 | PHP 7 |

関数　get_queried_object、get_the_ID、get_the_category

関　連　094　トップページにカテゴリー別の投稿一覧を出力したい　P.177

利用例　関連する投稿の一覧を出力する

投稿が属するカテゴリーを得て処理する

個々の投稿のページに、それに関連する投稿の一覧を出力したい場合も多いです。関連性を決める方法はいろいろ考えられますが、比較的シンプルな方法として、その投稿と同じカテゴリーに属する投稿を出力することがあります。

投稿が属するカテゴリーは、get_the_category関数で読み込むことができます（レシピ089参照）。また、その個々のカテゴリーに属する投稿は、WP_Queryクラスを使って読み込むことができます（レシピ064参照）。

get_queried_object関数で投稿を得る

WordPressループの中であれば、get_the_ID関数で投稿のIDを得ることができます（レシピ040参照）。しかし、投稿と同じカテゴリーに属する投稿を、WordPressループの外（サイドバーなど）で出力する場合もあり得ます。get_the_ID関数は、WordPressループの外では動作が保証されていませんので、他の方法で投稿のIDを得る必要があります。

個々の投稿のページを表示している場合、その投稿のオブジェクトを、「get_queried_object」という関数で得ることができます。この関数でオブジェクトを得れば、そのIDメンバーから投稿のIDを得ることができます。

コードの例

ここまでの話を元に、以下❶、❷のような仕様で処理を作ると、リスト5.7のようになります。このリストを投稿のテンプレート（single.php）に入れます。

❶カテゴリー名はh3要素で出力し、カテゴリーアーカイブページにリンク
❷各カテゴリーの投稿のタイトルのリストはul／li要素で出力し、個々の投稿のページにリンク

このコードの内容は以下の通りです。

2行目

get_queried_object関数を使って、現在処理中の投稿のオブジェクトを、変数$postに代入します。

3行目

get_the_category関数を使って、投稿が属するカテゴリーを読み込み、変数$catsに代入します。

4〜16行目

カテゴリーを変数$catに1つずつ取り出し、順に繰り返します。

6行目

カテゴリーの名前をh3要素に出力し、カテゴリーアーカイブページにリンクします。

8行目

WP_Queryクラスのオブジェクトを使って、各カテゴリーに属する投稿を読み込みます。

9〜15行目

投稿があるかどうかを判断します。

11〜13行目

個々の投稿を1つずつ取り出し、繰り返します。

12行目

投稿のタイトルを出力し、その投稿のページにリンクします。

リスト5.7 投稿と同じカテゴリーに属する投稿を出力

```php
<?php
$post = get_queried_object();
$cats = get_the_category($post->ID);
foreach ($cats as $cat) :
?>
  <h3><a href="<?php echo get_category_link($cat->term_id); ?>"><?php echo $cat->name ?>カテゴリーの投稿</a></h3>
  <?php
  $q = new WP_Query(array('category__in' => $cat->term_id));
  if ($q->have_posts()) : ?>
  <ul>
    <?php while ($q->have_posts()) : $q->the_post(); ?>
    <li><a href="<?php the_permalink(); ?>"><?php the_title(); ?></a></li>
    <?php endwhile; ?>
  </ul>
  <?php endif; ?>
<?php endforeach; ?>
```

MEMO

5-2 タグ

096 投稿に付けたタグを読み込みたい

| タグ | ul要素 | li要素 | WP 4.4 | PHP 7

| 関数 | get_the_tags

| 関　連 | 050 投稿に付けたタグを出力したい　P.093 |
| 利用例 | 投稿タグの一覧を出力する |

get_the_tags関数で読み込む

投稿に付けた個々のタグの情報を得たい場合は、「get_the_tags」という関数を使います。

WordPressループ内でこの関数を使う場合は、パラメータは不要です。戻り値は、タグのオブジェクトの配列になります。また、パラメータとして投稿のIDを渡せば、戻り値として、その投稿に付けたタグのオブジェクトの配列を得ることもできます。

個々のオブジェクトには、表5.3のようなメンバーがあります。これらから、タグの情報を得ることができます。

表5.3 タグのオブジェクトのメンバー

メンバー名	内容
term_id	ID
name	タグ名
slug	スラッグ
description	説明
count	同じタグが付いている投稿の数

投稿に付けたタグをul／liのリストで出力する

get_the_tags関数の例として、投稿に付けたタグを、ul／li要素のリストで出力してみます。

そのコードはリスト5.8のようになります。この部分をWordPressループの中に入れると動作します。

まず、2行目のget_the_tags関数で投稿に付けたタグを得て、配列変数$tagsに代入します。そして、タグの数（配列変数$tagsの要素数）だけ繰り返して、タグを順に処理します（4行目）。

6行目では、リストの最初のタグの時に「<ul>」のタグを出力します。また、8行目では、リストの最後のタグの時に、「</ul>」のタグを出力します。そして、7行目で各タグの名前を出力します。

リスト5.8 投稿が属するタグをul／liのリストで出力する

```
<?php
$tags = get_the_tags();
$tag_count = count($tags);
for ($i = 0; $i < $tag_count; $i++) :
?>
   <?php if ($i == 0) : ?><ul><?php endif; ?>
   <li><?php echo $tags[$i]->name; ?></li>
   <?php if ($i == $tag_count - 1) : ?></ul><?php endif; ?>
<?php endfor; ?>
```

MEMO

097 特定のタグを読み込みたい

| タグ | ID | | WP 4.4 | PHP 7 |

関数 get_tag、get_term_by

関連 098 複数のタグをまとめて読み込みたい　P.186

利用例 特定のタグを読み込んで処理をする

get_tag関数で読み込む

特定のタグを読み込んで処理を行いたい場合もあります。このような時には、「get_tag」という関数を使います。

通常は、パラメータとして、タグのIDを渡します。実際にはパラメータは3つありますが、2つ目と3つ目はあまり使いません。

戻り値はタグのオブジェクトになります。タグが見つからなければ、戻り値はnullになります。オブジェクトの内容は、レシピ096を参照してください。

例えば、IDが1番のタグを読み込んで、その名前を出力するには、リスト5.9のように書きます。

リスト5.9 IDが1番のタグを読み込んで名前を出力する

```
$tag = get_tag(1);
echo $tag->name;
```

get_term_by関数で読み込む

IDではなく、スラッグを元にタグを読み込みたい場合もあります。この場合は、以下のように「get_term_by」という関数を使います。戻り値がタグのオブジェクトになります。

```
get_term_by('slug', スラッグ, 'post_tag');
```

098 複数のタグをまとめて読み込みたい

`タグ` | `order` | `orderby` | `number`　　　　　WP 4.4　PHP 7

関数 get_tags

関連 097 特定のタグを読み込みたい P.185

利用例 タグの多い順に出力する

get_tags関数を使う

条件を指定して複数のタグを読み込みたい場合、「get_tags」という関数を使います。パラメータとして、表5.4の要素を持つ連想配列を指定します。戻り値は、条件を満たすタグのオブジェクトの配列になります。

表5.4 get_tags関数のパラメータの連想配列の内容

キー	内容	初期値
hide_empty	投稿がないタグを読み込まない場合は1、読み込む場合は0を指定する	1
include	読み込みたいタグのIDをコンマで区切って指定する	なし
exclude	除外したいタグのIDをコンマで区切って指定する	なし
slug	読み込みたいタグのスラッグを指定する	空文字列
search	指定した文字列を含むタグを読み込む	空文字列
number	タグの数を指定する	なし
offset	指定した件数をスキップしてその次のタグから読み込む	0
order	タグの並べ替えに使うメンバーを、以下のいずれかから指定する id, name, slug, count, term_group	name
orderby	並べ替えの順序をASC（昇順）かDESC（降順）で指定する	ASC

投稿が多いタグのベスト10を出力する

タグの名前と投稿数のリストを、そのタグがついた投稿の多い順に出力する方法を紹介します。

この場合、「order」と「orderby」のキーを使って、タグを投稿の多い順に並べ替えて読み込むようにします。また、「number」のキーで読み込むタグの数も指定します（リスト5.10）。

リスト5.10 投稿が多いタグのベスト10を出力する

```php
<ul>
<?php
$tags = get_tags(array(
  'orderby' => 'count',
  'order' => 'desc',
  'number' => 10
));
foreach ($tags as $tag) :
?>
  <li><?php echo $tag->name . '(' . $tag->count . ')'; ?></li>
<?php endforeach; ?>
</ul>
```

MEMO

099 タグアーカイブページにリンクしたい

| タグ | アーカイブページ | | WP 4.4 | PHP 7 |

| 関数 | get_tag_link |

| 関 連 | 093 カテゴリーアーカイブページにリンクしたい　P.176 |

| 利用例 | タグ名とリンクを出力する |

get_tag_link関数でアドレスを得る

タグ名を出力する際に、その部分をリンクにして、そこがクリックされた時にタグアーカイブページに移動するようにしたい場合が多いです。

タグアーカイブページのアドレスを得るには、「get_tag_link」という関数を使います。パラメータとしてタグのIDを渡すと、そのタグのアーカイブページのアドレスが返されます。

例えば、**リスト5.11**を実行すると、それぞれのタグ名をリンクとして出力し、タグがクリックされた時にそのタグのアーカイブページに移動するようになります。

リスト5.11　タグアーカイブページにリンクする

```
<ul>
<?php
$tags = get_tags();
foreach ($tags as $tag) :
?>
<li><a href="<?php echo get_tag_link($tag->term_id); ?>"><?php echo $tag↵
->name; ?></a></li>
<?php endforeach; ?>
</ul>
```

100 タグクラウドを出力したい

| タグ | タグクラウド | | WP 4.4 | PHP 7 |

関数　wp_tag_cloud

| 関　連 | 098　複数のタグをまとめて読み込みたい　P.186 |
| 利用例 | タグクラウドを出力し、タグの使用頻度を分かりやすくする |

wp_tag_cloud関数で出力

　タグのリストを出力する際に、よく使われているタグを大きな文字で表示して視覚的に分かりやすくする方法を、「タグクラウド」（Tag cloud）と呼びます。WordPressでは、「wp_tag_cloud」という関数でタグクラウドを出力することができます。

　パラメータは多数ありますが、通常は特に指定する必要はなく、以下のように実行します。

```
<?php wp_tag_cloud(); ?>
```

　この場合、よく使われている順に、45個のタグが出力されます。もっとも良く使われているタグは22ポイントで表示され、使用頻度が減るにつれて文字が小さくなり、45位に近いタグは8ポイントで表示されます。

　出力するタグの個数と、最小／最大のフォントサイズを指定したい場合は、wp_tag_cloud関数を以下のように実行します。

```
<?php wp_tag_cloud(array('number' => 個数, 'smallest' => 最小のフォントサイズ, 
'largest' => 最大のフォントサイズ)); ?>
```

MEMO

PROGRAMMER'S RECIPE

第 06 章

コメントを制御したい

WordPressでは、投稿および固定ページに対してコメントをつけることができ、サイトの管理者と読者とのコミュニケーションに使うことができます。この第06章では、投稿／固定ページにコメントフォームを付けたり、コメントを出力したりする方法を解説します。

101 コメント用のテンプレートについて知りたい

| comments.php | comments_single.php | コメント | | WP 4.4 | PHP 7 |

関数	comments_template
関連	102 コメントフォームを出力したい P.193
利用例	コメント用のテンプレートを読み込む

コメント関係の処理を「comments.php」テンプレートにまとめる

WordPressでは、コメント関係の処理は一般的には「comments.php」というテンプレートにまとめます。comments.phpテンプレートには、コメント投稿用のフォームと、これまでに投稿されたコメントの一覧を出力する部分を入れます。

comments_template関数でコメント用テンプレートを読み込む

コメント用のテンプレート（comments.php）は、投稿や固定ページのテンプレートに組み込むようにします。この処理は、「comments_template」という関数で行うことができます。

comments_template関数をパラメータなしで実行すれば、その位置にcomments.phpテンプレートの内容が組み込まれます。

また、1つ目のパラメータとしてファイル名を渡せば、その名前のテンプレートを読み込むこともできます。ファイル名は、テーマのディレクトリをルートとしたパスで指定します。例えば、テーマのディレクトリに「comments_single.php」というテンプレートを作り、それを組み込みたい場合は、comments_template関数を以下のように書きます。

```
<?php comments_template('/comments_single.php'); ?>
```

一般的に、コメントフォームは投稿（固定ページ）のコンテンツの後に出力します。そこで、single.phpやpage.phpのテンプレートで、WordPressループの後にcomments_template関数を入れるようにします。

なお、テーマにcomments.phpテンプレートがない場合は、WordPressのデフォルトのcomments.phpテンプレートが組み込まれます（WordPressのインストール先→「wp-includes」→「theme_compat」ディレクトリ内にあります）。

102 コメントフォームを出力したい

| comments.php | comments_single.php | コメント | WP 4.4 | PHP 7 |

| 関数 | comment_form |

| 関連 | 101 コメント用のテンプレートについて知りたい　P.192 |
| 利用例 | コメントフォームを出力する |

comment_form関数で出力

　一般的なコメントフォームを出力する場合は、WordPressの「comment_form」という関数を使って出力することができます。コメントフォームをカスタマイズしないのであれば、以下のようにcomment_form関数をパラメータなしで実行します。

```
<?php comment_form(); ?>
```

　comment_form関数は、通常はcomments.phpテンプレート（レシピ101参照）の中で使います。

コメントフォームのカスタマイズ

　comment_form関数にパラメータを渡すことで、コメントフォームの出力方法をカスタマイズすることができます。パラメータは表6.1のようなキーを持つ連想配列で渡します。

表6.1　comment_form関数のパラメータに渡す連想配列の内容

キー	内容
id_form	form要素のid属性の値
id_submit	「コメントを送信」ボタンのid属性の値
class_submit	「コメントを送信」ボタンのclass属性の値
title_reply	「コメントを残す」の文字列
title_reply_to	「〜にコメントする」の文字列
cancel_reply_link	「コメントをキャンセル」の文字列
label_submit	「コメントを送信」ボタンの文字列
comment_field	コメント入力欄のHTML
fields	名前／ウェブサイト／メールアドレスの各欄のHTMLを表す連想配列 「author」「url」「email」のキーで各欄のHTMLを指定

表6.1次ページへ続く

193

表6.1の続き

キー	内容
must_log_in	「コメントを投稿するにはログインしてください。」のメッセージを出力するHTML
logged_in_as	「○○としてログインしています。」のメッセージを出力するHTML
comment_notes_before	「メールアドレスが公開されることはありません。」のメッセージを出力するHTML
comment_notes_after	コメント内で利用できるタグを出力するHTML

例えば、リスト6.1のようにしてcomment_form関数を実行すると、コメントフォームの先頭のメッセージが「コメントをどうぞ」になります。また、送信ボタンの文字列が「送信」になります。

リスト6.1 comment_form関数の例

```
comment_form(array(
  'title_reply' => 'コメントをどうぞ',
  'label_submit' => '送信'
));
```

MEMO

103 コメントの一覧を出力したい

comments.php	コメント		WP 4.4	PHP 7

関数	wp_list_comments
関連	101 コメント用のテンプレートについて知りたい　P.192
利用例	コメントの一覧を出力する

wp_list_comments関数で出力

一般に、個々の投稿や固定ページに付けられたコメントの一覧を、その投稿／固定ページに表示します。この処理は、「wp_list_comments」という関数で行うことができます。

パラメータなしで以下のようにwp_list_comments関数を実行すれば、一般的なコメントの一覧を出力することができます。なお、wp_list_comments関数は、通常はコメントのテンプレート（comments.php）に入れます。

```
<?php wp_list_comments(); ?>
```

出力のカスタマイズ

wp_list_comments関数の1つ目のパラメータで、出力をカスタマイズすることができます。このパラメータには、表6.2の要素を持つ連想配列を渡します。

表6.2 wp_list_comments関数のパラメータに渡す連想配列の内容

キー	内容
style	コメント一覧を囲む要素。「div」「ul」「ol」のいずれかを指定
max_depth	コメント返信のツリーを出力する際の最大の深さ
type	出力するコメントのタイプ。「all」「comment」「trackback」「pingback」「pings」のいずれかを指定
per_page	1ページ当たりに出力するコメントの件数
format	「html5」か「xhtml」のいずれかを指定
avatar_size	Gravatarアイコンのサイズ
reverse_top_level	trueを指定すると、新しいコメントから順に出力

例えば、コメントを10件ずつ区切って出力し、また新しいコメントから順に出力するには、wp_list_comments関数を**リスト6.2**のように書きます。

　なお、コメントをある件数ずつ区切って出力する場合、前後のページへのリンクは、previous_comment_link／next_comments_link関数で別途出力します（レシピ105を参照）。

リスト6.2 コメント一覧の出力をカスタマイズする例

```
wp_list_comments(array(
  'reverse_top_level' => false,
  'per_page' => 10
));
```

MEMO

104 コメントの数を出力したい

| comments.php | comments_single.php | コメント | | WP 4.4 | PHP 7 |

| 関数 | comments_number、get_comments_number |

| 関　連 | 101　コメント用のテンプレートについて知りたい　P.192 |

| 利 用 例 | 投稿／固定ページについているコメントの数を出力する |

comments_number関数を使う

　コメントの一覧とともに、その投稿／固定ページについているコメントの数を出力したいことがあります。この場合、「comments_number」という関数を使います。

　パラメータを指定せずにcomments_number関数を実行した場合、日本語版のWordPressでは表6.3のような出力になります。

表6.3　comments_number関数の出力

条件	出力
コメントがない	コメントはまだありません
コメントがある	○件のコメント

出力をカスタマイズする

　comments_number関数にパラメータを渡して、出力をカスタマイズすることができます。パラメータは3つあり、コメントがない場合／1件の場合／2件以上の場合のそれぞれの出力方法を指定します。3つ目のパラメータでは、パラメータ内に「%」の文字を入れると、それがコメントの数に置換されます。

　例えば、以下のようにcomment_number関数を実行した場合、コメントがなければ「なし」、あれば「○件」のように出力します。

```
comments_number('なし', '1件', '%件');
```

コメントの数を得る

　コメントの数を直接に出力せずに、値として得たい場合もあります。この場合は、「get_comments_number」という関数を使います。戻り値がコメントの数になります。

105 コメント一覧の前後のページへのリンクを出力したい

| comments.php | comments_single.php | コメント | 他のコメント設定 | WP 4.4 | PHP 7 |

関数 previous_comments_link、next_comments_link

関　連	101 コメント用のテンプレートについて知りたい　P.192
利用例	コメント一覧の前後のページへのリンクを出力する

previous_comments_link／next_comments_link関数で出力

　1つの投稿に多数のコメントがつくこともあります。それらすべてを出力するとページが縦に長くなりますので、一定件数ずつ区切って出力することもできます（WordPressの「設定」→「ディスカッション」メニューの「他のコメント設定」に設定があります）。

　この設定をオンにした場合、「previous_comments_link」および「next_comments_link」の関数で、前後のページへのリンクを出力することができます。パラメータとして、リンクを設定する文字列を指定します。パラメータを指定しなければ、それぞれ「古いコメント」「新しいコメント」の文字がリンクになります。

　例えば、「前」「次」の文字で前後のページにリンクするようにする場合、リスト6.3のようにします。

リスト6.3　コメント一覧の前後のページにリンクする

```php
<?php previous_comments_link('前') ?>
<?php next_comments_link('次') ?>
```

106 コメントが付いているかどうかを調べたい

コメント		WP 4.4　PHP 7

関数	have_comments、get_comments_number

関　連	101　コメント用のテンプレートについて知りたい　P.192

利用例	投稿／固定ページにコメントがついているかどうかを調べる

have_comments関数を使う

　コメントの一覧を出力する際に、投稿／固定ページにコメントがついているかどうかを判断して、出力を分けたいことがあります。

　このような場合は、「have_comments」という関数を使って、コメントがついているかどうかを調べることができます。なお、この関数はWordPressループの中で使います。

　例えば、リスト6.4のようにすると、コメントがあればその一覧を出力し、なければ「コメントがありません」と出力します。

リスト6.4　have_comments関数の例

```php
<?php
  if (have_comments()) :
    wp_list_comments();
  else :
?>
<p>コメントがありません</p>
<?php endif; ?>
```

get_comments_numberで判断する

　コメントのテンプレート（レシピ101参照）を読み込んでいない状態では、have_comments関数は正しく動作しません。この場合は、get_comments_number関数を使って、コメントの数が1以上かどうかを調べて、コメントが付いていることを調べます（レシピ104参照）。

199

107 コメントを受け付けているかどうかを調べたい

| コメント | | WP 4.4 | PHP 7 |

| 関数 | comments_open |

| 関　連 | 101 コメント用のテンプレートについて知りたい　P.192 |

| 利用例 | 投稿／固定ページがコメントを受け入れているかどうかで処理をする |

comments_open関数で判断する

WordPressでは、個々の投稿／固定ページごとに、コメントを受け付けるかどうかを設定することができます。そこで、コメントを受け付けている場合だけ、コメント一覧やコメントフォームを出力するのが一般的です。

コメントを受け付けているかどうかは、「comments_open」という関数で判断することができます。comments_open関数の戻り値が真かどうかで、出力を分けることができます。

例えば、リスト6.5のようにすると、コメントを受け付けていればコメント入力フォームを出力し、そうでなければ「コメントは受け付けていません」と出力することができます。

リスト6.5　コメントを受け付けているかどうかで出力を分ける

```
<?php if (comments_open()) : ?>
  <?php comment_form(); ?>
<?php else : ?>
  <p>コメントは受け付けていません</p>
<?php endif; ?>
```

108 コメントを柔軟に読み込んで処理したい

| foreach | コメント | | WP 4.4 | PHP 7 |

関数 get_comments

関連
110 コメントの内容を出力したい　P.205
111 コメントの日付を出力したい　P.206
112 コメントを投稿した人の名前を出力したい　P.207
113 コメントのタイプを判断したい　P.208
114 コメントを囲む要素にクラスを付けたい　P.209
115 Gravatarを出力したい　P.210

利用例 読み込んだコメントを処理をする

get_comments関数でコメントを読み込む

ブログ全体についたコメントを柔軟に読み込んで、様々な方法で出力したい場合もあります。このような場合は、「get_comments」という関数でコメントを読み込むことができます。

パラメータとして、表6.4のキーを持つ連想配列を渡します。戻り値は、パラメータの「count」にtrueを指定した場合はコメントの数になり、falseを指定した場合（または何も指定しない場合）は読み込んだコメントの配列になります。

表6.4 get_comments関数に渡す連想配列の内容（主なもの）

キー	内容
comment__in	読み込むコメントのIDを配列で渡す
comment__not_in	除外するコメントのIDを配列で渡す
parent	親コメントのID
post_id	指定したIDの投稿についたコメントを読み込む
post__in	配列で指定したIDの投稿についたコメントを読み込む
post_type	指定したタイプの投稿についたコメントを読み込む
type	読み込むコメントのタイプを「all」「comment」「pings」のいずれかで指定
status	コメントの公開状態を「all」「approve」「hold」のいずれかで指定
date_query	コメントの期間を指定。 詳しい指定方法はWP_Date_Queryを参照。 (https://developer.wordpress.org/reference/classes/wp_date_query/)
orderby	コメントの並べ替えのキーにするフィールド名

表6.4次ページへ続く

表6.4の続き

キー	内容
order	コメントの並び順を「ASC」または「DESC」で指定
number	読み込むコメントの件数
count	trueを指定すると、読み込んだコメントの件数を戻り値として返す。 falseを指定する（または何も指定しない）と、読み込んだコメントの配列を戻り値として返す

※「comment__in」と「post__in」の「in」の前と、「comment__not_in」の「not」の前はアンダースコア2つ

コメントを順に出力する

　読み込んだコメントを順に出力するには、PHPのforeach文を使ってコメントを配列から1つずつ取り出し、その情報を出力していきます。取り出したコメントを、グローバル変数の「comment」に代入することで、WordPressのコメント関係の関数（レシピ110以降を参照）を使うことができます。

　リスト6.6は、get_comments関数で配列変数$a_commentsにコメントを読み込んでから、それらを順に出力する際の流れの例です。

リスト6.6　get_comments関数でコメントを読み込んで出力する流れ

```
<?php
$a_comments = get_comments(array(…));
foreach ($a_comments as $a_comment) :
  $GLOBALS['comment'] = $a_comment;
?>
   コメントの情報を出力する処理
<?php endforeach; ?>
```

109 wp_list_comments関数で個々のコメントの出力を細かくカスタマイズしたい

コールバック | コメント　　　　　　　　　　　　　　　　　　　WP 4.4　PHP 7

関数　wp_list_comments

関連
- 110　コメントの内容を出力したい　P.205
- 111　コメントの日付を出力したい　P.206
- 112　コメントを投稿した人の名前を出力したい　P.207
- 113　コメントのタイプを判断したい　P.208
- 114　コメントを囲む要素にクラスを付けたい　P.209
- 115　Gravatarを出力したい　P.210

利用例　読み込んだコメントの情報を出力する

コールバック関数を指定する

wp_list_comments関数で投稿／固定ページにコメント一覧を出力することができますが、その出力内容を細かくカスタマイズしたい場合もあります。この時は、wp_list_comments関数のパラメータの連想配列で、キーが「callback」の要素にカスタマイズ用のコールバック関数の名前を渡します。

例えば、コールバック関数の名前を、「my_comment」にするとします。この場合、wp_list_comments関数をリスト6.7のように書きます。

リスト6.7　wp_list_comments関数でコールバックを指定する

```
wp_list_comments(array(
  'callback' => 'my_comment',
  その他のパラメータ
));
```

コールバック関数の書き方

コールバック関数には、表6.5の3つのパラメータが渡されます。これら（特に$comment）を使って、コメントの内容を出力します。また、コールバック関数は、コメントを1件出力するたびに呼び出されます。

表6.5 コールバック関数に渡されるパラメータ

パラメータ	内容
$comment	コメントのオブジェクト
$args	wp_list_comments関数に渡したパラメータの連想配列
$depth	コメントの深さ

パラメータの$commentをグローバル変数のcommentに代入すると、コメント関係の関数（レシピ110以降参照）を使うことができます。それらを使って、コメントの情報を出力します。

コールバック関数の名前を「my_comment」にする場合、その枠組みはリスト6.8のようにします。

リスト6.8 コメントを出力するコールバック関数の枠組み

```
function my_comment($comment, $args, $depth) {
  $GLOBALS['comment'] = $comment;
  extract($args, EXTR_SKIP);
  コメントの内容を出力する処理
}
```

MEMO

110 コメントの内容を出力したい

| コールバック | コメント | | WP 4.4 | PHP 7 |

関数　comment_text、get_comment_text

関　連	108　コメントを柔軟に読み込んで処理したい　P.201
	109　wp_list_comments関数で個々のコメントの出力を細かくカスタマイズしたい　P.203

| 利 用 例 | コメントの内容を出力する |

comment_text関数で出力

　コメントのループ（レシピ108参照）やコールバック（レシピ109参照）で、グローバル変数の$commentにコメントのオブジェクトを代入している状態であれば、コメント関係の関数を使って、コメントの情報を出力することができます。

　コメントの内容は、「comment_text」という関数で出力します。通常は、パラメータを指定せずに、以下のように実行するだけです。

```
<?php comment_text(); ?>
```

get_comment_text関数で値を得る

　コメントの内容を直接に出力せずに、値として得たい場合もあります。この時は、「get_comment_text」という関数を使います。通常は、パラメータを指定しません。また、戻り値として、コメントの内容の文字列が返されます。

111 コメントの日付を出力したい

| コメント | 日付 | 日付のフォーマット | WP 4.4 | PHP 7

関数　comment_date、get_comment_date

関　連　108　コメントを柔軟に読み込んで処理したい　P.201
　　　　109　wp_list_comments関数で個々のコメントの出力を細かくカスタマイズしたい　P.203

利用例　コメントが投稿された日付を出力する

comment_date関数で出力

コメントが投稿された日付を出力するには、「comment_date」という関数で出力します。パラメータを指定しなければ、WordPressの管理画面の「設定」→「一般」のページの「日付のフォーマット」の書式で、日付が出力されます。

```
<?php comment_date(); ?>
```

また、パラメータとして、PHPの書式指定文字列を渡すこともできます。例えば、「年4桁/月2桁/日2桁」の形式で日付を出力したい場合、パラメータとして「Y/m/d」の文字列を渡します。

get_comment_date関数で値を得る

コメントの日付を直接に出力せずに、値として得たい場合もあります。この時は、「get_comment_date」という関数を使います。comment_date関数と同様に、パラメータとして書式指定文字列を渡すことができます。戻り値が日付の文字列になります。

112 コメントを投稿した人の名前を出力したい

| コメント | 投稿者名 | | WP 4.4 | PHP 7 |

関数 comment_author、comment_author_link

関連
108 コメントを柔軟に読み込んで処理したい　P.201
109 wp_list_comments関数で個々のコメントの出力を細かくカスタマイズしたい　P.203

利用例 コメントの投稿者名を出力する

comment_author関数／comment_author_link関数で出力

　コメントを投稿した人の名前を出力するには、「comment_author」という関数で出力します。通常はパラメータを指定せずに、単に実行するだけです。

```
<?php comment_author(); ?>
```

　また、コメントの投稿者名を出力するとともに、その投稿者のウェブサイトにリンクしたい場合もあります。この時は、「comment_author_link」という関数を実行します。この関数も通常はパラメータを指定しません。

```
<?php comment_author_link(); ?>
```

　なお、コメントを投稿した人が、自分のウェブサイトのアドレスを送信しなかった場合は、comment_author_link関数を使っても投稿者名のみ出力されます。

get_comment_author／get_comment_author_link関数で値を得る

　comment_author／comment_author_link関数で出力される値を、値として得たい場合もあります。このような時は、それぞれget_comment_author／get_comment_author_link関数を使います。通常はパラメータを指定しません。また、戻り値が投稿者名になります（get_comment_author_link関数では、その人のサイトへのリンクも含みます）。

113 コメントのタイプを判断したい

| コメント | トラックバック | ピンバック | | WP 4.4 | PHP 7 |

| 関数 | get_comment_type |

| 関　連 | 108　コメントを柔軟に読み込んで処理したい　P.201
109　wp_list_comments関数で個々のコメントの出力を細かくカスタマイズしたい　P.203 |

| 利 用 例 | コメントのタイプに応じて処理する |

get_comment_type関数でタイプを得る

　一般的なブログでは、コメントとトラックバックを別々に管理している場合があります。一方WordPressでは、コメントとトラックバックはデータベース上では同じ扱いになっています。また、WordPress独自のピンバックも、コメントと同じ扱いです。

　コメント／トラックバック／ピンバックを区別したい場合は、「get_comment_type」という関数を使って、タイプを判断します。通常はパラメータを指定しません。戻り値は、タイプに応じて「comment」「trackback」「pingback」のいずれかになります。

　例えば、リスト6.9のようにすれば、コメントのタイプに応じて出力を分けることができます。

リスト6.9　コメントのタイプに応じて出力を分ける

```
<?php
$comment_type = get_comment_type();
if ($comment_type == 'comment') :
?>
   コメントの場合の出力
<?php elseif ($comment_type == 'trackback') : ?>
   トラックバックの場合の出力
<?php elseif ($comment_type == 'pingback') : ?>
   ピンバックの場合の出力
<?php endif; ?>
```

114 コメントを囲む要素にクラスを付けたい

| div要素 | クラス | コメント | | WP 4.4 | PHP 7 |

関数　comment_class

関連	108　コメントを柔軟に読み込んで処理したい　P.201
	109　wp_list_comments関数で個々のコメントの出力を細かくカスタマイズしたい　P.203
利用例	個々のコメントにクラスを付けて出力する

comment_class関数で出力

　複数のコメントを順に出力する際に、個々のコメントをdiv等の要素で囲むことは多いです。その要素に適切にクラスを付けたい時には、「comment_class」という関数を使います。

　パラメータなしでcomment_class関数を実行すると、コメントの状況に応じて、WordPressで決められているクラスが付けられます。また、独自のクラスを付けたい時は、そのクラスを1つ目のパラメータで指定します。複数のクラスを付けたい場合は、1つ目のパラメータに配列を渡します。

　例えば、コメントをdiv要素で囲んで、クラスを付けたいとします。また、WordPress指定のクラスの他に、「mycomment」というクラスも付けたいとします。この場合、コメントを出力する部分をリスト6.10のように書きます。

リスト6.10　コメントを囲むdiv要素にクラスを付ける

```
<div class="<?php comment_class('mycomment'); ?>">
  コメントの内容を出力する部分
</div>
```

115 Gravatarを出力したい

| Gravatar | コメント | アイコン | デフォルトアバター | WP 4.4   PHP 7

関数　get_avatar

関連
108　コメントを柔軟に読み込んで処理したい　P.201
109　wp_list_comments関数で個々のコメントの出力を細かくカスタマイズしたい　P.203

利用例　投稿者名にあわせてアイコンも出力する

get_avatar関数でGravatarを得て出力

　WordPressの系列サービスの1つに、「Gravatar」があります（日本のサイトはhttps://ja.gravatar.com/）。Gravatarは、自分用のアイコンを登録しておいて、様々なサービスで使えるようにするサービスです。

　WordPressでは、コメントを書いた人を出力する際に、Gravatarも合わせて出力することがあります。Gravatarを出力するには、「get_avatar」という関数を使います。

　一般に、パラメータとして、コメントのオブジェクトと、Gravatarのサイズ（ピクセル単位）を指定します。この関数はimgタグを戻り値として返し、直接には出力しないので、echo文と組み合わせて出力します。

　例えば、コメントのオブジェクトが変数$commentに入っている時に、64ピクセルのGravatarを出力するには、テンプレートに以下のように書きます。

```
<?php echo get_avatar($comment, 64); ?>
```

　なお、コメントを書いた人がGravatarを登録していない場合は、デフォルトのアイコンが表示されます。このアイコンは、WordPressの管理画面の「設定」→「ディスカッション」のページの「デフォルトアバター」の箇所で指定することができます。

　また、独自のデフォルトアイコンを使いたい場合は、get_avatar関数の3つ目のパラメータで、アイコンのアドレスを指定することもできます。

116 サイト全体のコメントの数を出力したい

コメント　　　　　　　　　　　　　　　　　　　　　WP 4.4　PHP 7

関数 get_comment_count

関連	108	コメントを柔軟に読み込んで処理したい	P.201
	109	wp_list_comments関数で個々のコメントの出力を細かくカスタマイズしたい	P.203

利用例	サイト全体のコメントの数を出力する

get_comment_count関数でコメント数を得る

投稿ごとのコメントの件数はcomments_number関数で出力することができますが（レシピ104参照）、サイト全体のコメント数を出力したい場合もあります。この時は、「get_comment_count」という関数を使います。

パラメータを指定しないと、サイト全体のコメント数について、表6.6の要素がある連想配列が返されます。

表6.6 get_comment_count関数で返される連想配列の内容

キー	内容
approved	承認済みのコメントの数
awaiting_moderation	承認待ちのコメントの数
spam	スパムコメントの数
total_comments	コメント総数

一般的には、承認済みコメントの数を出力します。この処理は以下のように書きます。

```
<?php $comment_count = get_comment_count();echo $comment_count['approved']; ?>
```

なお、get_comment_count関数に、パラメータとして投稿のIDを渡すと、その投稿のみのコメント数について、表6.6の連想配列を得ることができます。

PROGRAMMER'S RECIPE

第 07 章

サイドバーを制御したい

サイト内の個々のページにサイドバーを設置して、最近の投稿のリストや、カテゴリーのリストを出力することは多いです。この第07章では、サイドバーを制御する方法を解説します。

117 検索フォームを出力したい

| searchform.php | 検索フォーム | WP 4.4　PHP 7 |

| 関数 | get_search_form |

| 関　連 | 009　サイドバー部分を共通化したい　P.020 |

| 利用例 | 検索フォームを設置して、サイト内を検索できるようにする |

get_search_form関数を使う

サイドバー等に検索フォームを設置して、サイト内を検索できるようにすることも多いです。検索フォームは、「get_search_form」という関数で出力することができます。

通常は、パラメータなしで以下のようにget_search_form関数を実行します。なお、パラメータに「false」を渡すと、検索フォームを直接に出力せずに、値として得ることもできます。

```
<?php get_search_form(); ?>
```

検索フォームのテンプレートを作る

テーマに「searchform.php」というテンプレートを入れた場合、get_search_form関数を実行すると、searchform.phpテンプレートの内容が出力されます。したがって、検索フォームをカスタマイズしたい場合は、テーマにsearchform.phpテンプレートを設置すれば良いです。

searchform.phpテンプレートの基本形は、リスト7.1のようになります。この例のように、以下の点を守ってフォームを作ります。

❶ form要素のaction属性には、WordPressのホームURL（home_url関数）を指定する（リストの1行目）

❷ フォームの中に、name属性が「s」のinput要素を入れる（リストの3行目）

❸ ❷の要素に対するラベルを出力する（リストの2行目）

リスト7.1 検索フォームの基本形

```
<form method="get" action="<?php esc_url(home_url('/')); ?>">
  <label for="s">検索</label>
  <input type="text" name="s" id="s" />
  <input type="submit" value="検索" />
</form>
```

　なお、テーマにsearchform.phpテンプレートがない場合、get_search_form関数を実行すると、WordPressのデフォルトの検索フォームが出力されます。

MEMO

118 月別等のアーカイブページの一覧を出力したい

| searchform.php | onchange属性 | select要素 | show_post_count | WP 4.4 PHP 7

関数 wp_get_archives

| 関連 | 009 サイドバー部分を共通化したい P.020
048 月別等のアーカイブページにリンクしたい P.090 |
| 利用例 | 月別アーカイブリストを出力する |

wp_get_archives関数を使う

サイドバーに、月別等のアーカイブページの一覧を出力することはよくあります。WordPressでは、「wp_get_archives」という関数を使って、月別等のアーカイブページの一覧を出力することができます。

パラメータを指定しないでデフォルトのリストを出力する場合は、**リスト7.2**のように、wp_get_archives関数をul要素で囲んで実行します。

リスト7.2 wp_get_archives関数でデフォルトのリストを出力する

```
<ul>
<?php wp_get_archives(); ?>
</ul>
```

デフォルトのリストは以下のような形になります。

❶月別アーカイブのリスト

❷すべての月を出力

❸月ごとの投稿数は出力しない

❹降順（新しい月から）出力

パラメータを指定してカスタマイズする

wp_get_archives関数にパラメータを渡して、出力方法をカスタマイズすることができます。パラメータは、**表7.1**のようなキーを持つ連想配列にします。

表7.1　wp_get_archives関数のパラメータの連想配列の内容

キー	内容	初期値
type	アーカイブのタイプを、以下の文字列で指定。 yearly（年別）、monthly（月別）、weekly（週別）、daily（日別）	monthly
show_post_count	1を指定すると、各アーカイブの投稿数も出力	0
format	各アーカイブへのリンクの出力の形式を以下の文字列で指定 html（li要素で出力）、option（option要素で出力）、custom（「before」と「after」のキーに指定した値でカスタマイズ）	html
before	個々のアーカイブへのリンクの前に出力する文字列。 「format」のキーに「html」または「custom」を指定した際に有効	なし
after	個々のアーカイブへのリンクの後に出力する文字列。 「format」のキーに「html」または「custom」を指定した際に有効	なし
order	昇順の場合は「ASC」、降順の場合は「DESC」を指定	DESC
echo	結果を出力する場合は1、戻り値の文字列として得たい場合は0	1
limit	出力するアーカイブの件数を指定	なし

wp_get_archives関数の事例

wp_get_archives関数の書き方を、いくつかの事例で紹介します。

投稿数も含めて月別アーカイブリストを出力

パラメータの連想配列に「show_post_count」のキーを指定して、**リスト7.3**のように書きます。

リスト7.3　投稿数も含めて月別アーカイブリストを出力

```
<ul>
<?php wp_get_archives(array('show_post_count' => 1)); ?>
</ul>
```

年別アーカイブリストをドロップダウンで出力

パラメータの連想配列に、「type」と「format」のキーを指定します。また、wp_get_archives関数の前後をselect要素で囲み、ドロップダウンとして表示します。さらに、select要素にonchange属性も指定して、ドロップダウンでアーカイブが選

択された時に、そのアーカイブに移動するようにします（**リスト7.4**）。

リスト7.4 投稿数も含めて月別アーカイブリストを出力

```
<select onchange="location.href = this.options[this.selectedIndex].value;">
<?php wp_get_archives(array('type' => 'yearly', format => 'option')); ?>
</select>
```

リストを5件だけ出力

月別アーカイブリストのうち、最新の5件だけを出力する場合は、パラメータの連想配列に「limit」のキーを指定します（**リスト7.5**）。

リスト7.5 リストを5件だけ出力

```
<ul>
<?php wp_get_archives(array('limit' => 5)); ?>
</ul>
```

MEMO

119 最新記事のリストを出力したい

| postbypost | タイトル | | WP 4.4 | PHP 7 |

関数 wp_get_archives

関　連 009 サイドバー部分を共通化したい P.020

利用例 最新の記事のタイトルを出力する

wp_get_archives関数で出力

サイドバーに、ブログの中から最新の記事のタイトルを数件出力することも多いです。この出力は、月別アーカイブリスト等と同じく、wp_get_archives関数で行います。

パラメータの連想配列で、「type」のキーに「postbypost」を指定すると、最新記事のリストを出力することができます。その他に、217ページの表7.1のパラメータも指定することができます。

例えば、最新記事5件のタイトルを出力したい場合は、サイドバー部分にリスト7.6のようなコードを入れます。

リスト7.6 wp_get_archives関数で最新記事のリストを出力する

```
<ul>
<?php wp_get_archives(array('type' => 'postbypost', 'limit' => 5)); ?>
</ul>
```

120 カテゴリー一覧を出力したい

| show_post_count | カテゴリー一覧 | サイドバー | | WP 4.4 | PHP 7 |

| 関数 | wp_list_categories、get_queried_object、is_category |

| 関連 | 009 サイドバー部分を共通化したい　P.020
049 投稿が属するカテゴリーを出力したい　P.092 |

| 利用例 | サイドバーにカテゴリーの一覧を出力する |

wp_list_categories関数で出力

サイドバーにカテゴリーの一覧を出力することも多いです。この一覧は、「wp_list_categories」という関数1つで出力することができます。デフォルトのカテゴリー一覧を出力するだけなら、サイドバー内にリスト7.7のように書きます。

リスト7.7 wp_list_categories関数でデフォルトのカテゴリー一覧を出力する

```
<ul>
<?php wp_list_categories(); ?>
</ul>
```

デフォルトでは、以下のような形でリストを出力します。

❶ul／liのリストで出力し、リストの先頭に「カテゴリー」という文字も出力します。

❷サイト内のすべてのカテゴリーが出力します。

❸各階層のカテゴリーは、カテゴリー名の昇順で並べ替えます。

❹カテゴリーごとの投稿数は出力しません。

❺投稿がないカテゴリーは出力しません。

パラメータを指定してカスタマイズする

wp_list_categories関数にパラメータを渡して、出力方法をカスタマイズすることもできます。パラメータは連想配列で渡し、そのキーに表7.2の値を指定します。

7-2 記事に関する出力

表7.2 wp_list_categories関数のパラメータの連想配列に渡す値

キー	内容	初期値
hide_empty	1を指定すると、投稿がないカテゴリーは出力しない。0を指定すると、投稿がないカテゴリーも出力する	1
show_count	1を指定すると、各カテゴリーの投稿の数も出力する。0を指定すると、投稿数は出力しない	0
child_of	指定したIDのカテゴリーの子カテゴリーのみ出力する	0
hierarchical	1を指定すると、子孫カテゴリーをツリー構造で出力。0を指定すると、フラットに出力	1
title_li	リストの先頭に出力する文字列。空文字列を指定すると、リストの先頭の項目は出力されない	「カテゴリー」の文字列
current_category	指定したIDのカテゴリーに「current-cat」のクラスを付加する	なし
pad_counts	1を指定すると、子孫カテゴリーの投稿数も含めてカウントする。0を指定すると、子孫カテゴリーの投稿数は含めずにカウントする	0
include	出力するカテゴリーのIDをコンマで区切って指定	なし
exclude	除外するカテゴリーのIDをコンマで区切って指定	なし
exclude_tree	カテゴリーをツリー形式で出力しない（hierarchicalに0を指定する）場合に、除外するツリーの最上位カテゴリーのIDをコンマで区切って指定。hierarchicalに1を指定するは、除外するカテゴリーはexcludeで指定	なし
style	「list」を指定するとul／liのツリーでカテゴリーを出力。「none」を指定すると各カテゴリーをbrタグで改行	list
show_option_all	文字列を指定すると、カテゴリーリストの先頭にその文字列を出力し、ブログのトップページにリンクする	なし
show_option_none	カテゴリーがない時に出力する文字列	「カテゴリーなし」の文字列
use_desc_for_title	1を指定すると、カテゴリーの説明を、カテゴリーアーカイブページへのリンクのa要素のtitle属性に出力する。0を指定するとtitle属性は出力しない	1
feed	指定した文字列をカテゴリー名の後に出力し、各カテゴリーのRSS2フィードにリンクする	なし
feed_image	指定したURLの画像をカテゴリー名の後に出力し、各カテゴリーのRSS2フィードにリンクする	なし
depth	hierarchicalに1を指定している時に、出力するツリーの深さを指定。0を指定するとすべての階層を出力。-1を指定すると、hierarchicalに0を指定したのと同じ	0
number	出力するカテゴリーの数を指定	null

表7.2次ページへ続く

表7.2の続き

キー	内容	初期値
echo	1を指定するとリストを出力。 0を指定するとリストを戻り値として返す	1
orderby	カテゴリーを並べ替える際のキーを、「ID」「name」「slug」「count」「term_group」のいずれかの文字列で指定	name
order	カテゴリーの並び順を「ASC」(昇順) か「DESC」(降順) で指定	ASC

wp_list_categories関数の事例

wp_list_categoriesの書き方を、いくつかの事例で紹介します。

投稿数も含めてカテゴリーの一覧を出力

パラメータの連想配列に「show_count」のキーを指定して、リスト7.8のように書きます。

リスト7.8 投稿数も含めてカテゴリー一覧を出力

```
<ul>
<?php wp_list_categories(array('show_count' => 1)); ?>
</ul>
```

リストの先頭の「カテゴリー」を取り除く

パラメータの連想配列の「title_li」に空文字列を渡し、リスト7.9のように書きます。

リスト7.9 リスト先頭の「カテゴリー」を取り除く

```
<ul>
<?php wp_list_categories(array('title_li' => '')); ?>
</ul>
```

カテゴリーアーカイブページで、そのカテゴリーの配下のカテゴリーのみ出力する

個々のカテゴリーのカテゴリーアーカイブページでは、そのカテゴリーの配下のカテゴリーだけ一覧表示したいこともあります。

この場合は、get_queried_object関数でアーカイブページのカテゴリーのオブジェクトを得た後、wp_list_categories関数のパラメータの連想配列で、「child_of」

にカテゴリーのIDを渡します（**リスト7.10**）。

なお、リストの1行目の「is_category」は、カテゴリーアーカイブを出力しているかどうかを判断する関数です（ レシピ136 参照）。

リスト7.10 カテゴリーアーカイブページで、そのカテゴリーの配下のカテゴリーのみ出力する

```php
<?php if (is_category()) : ?>
<ul>
<?php
$cat = get_queried_object();
wp_list_categories(array('child_of' => $cat->term_id));
?>
</ul>
<?php endif; ?>
```

MEMO

121 カテゴリー一覧をドロップダウンで出力したい

| JavaScript | select要素 | getElementById | | WP 4.4 | PHP 7 |

関数 | wp_dropdown_categories

| 関連 | 009 サイドバー部分を共通化したい P.020
049 投稿が属するカテゴリーを出力したい P.092 |

| 利用例 | ドロップダウンでカテゴリーを出力する |

wp_dropdown_categories関数で出力

wp_list_categories関数（レシピ120参照）では、カテゴリーをリスト形式で表示します。カテゴリーが多くなると、サイドバーにカテゴリーが多数並び、スペースを取ります。

そこで、カテゴリーをドロップダウンで選択できるようにしたい場合もあります。この場合は「wp_dropdown_categories」という関数を使って、ドロップダウン（select要素）にカテゴリー一覧を出力することもできます。

なお、この関数ではドロップダウンを出力するだけで、ドロップダウンでカテゴリーを選択した時の動作は何も定義しません。カテゴリーを選択した時に何か動作を行いたい場合は、JavaScriptで動作をカスタマイズします。

パラメータを指定してカスタマイズする

wp_dropdown_categories関数では、パラメータに連想配列を渡して、動作をカスタマイズすることができます。連想配列に指定する値のうち、以下のキーに指定する値の意味は、wp_list_categories関数と同じです。

```
show_option_all、show_option_none、order、orderby、show_count、hide_empty、
child_of、exclude、include、hierarchical、depth、pad_counts、echo
```

上記以外に、表7.3のキーを指定することができます。

表7.3 wp_dropdown_categories関数のパラメータの連想配列に渡す値

キー	内容	初期値
hide_if_empty	1を指定すると、出力するカテゴリーがない場合はselect要素を出力しない。 0を指定すると、出力するカテゴリーがなくてもselect要素を出力する	0
option_none_value	カテゴリーがない場合に、option要素のvalue属性に出力する値	-1
name	select要素のname属性に出力する値	cat
id	select要素のid属性に出力する値	name属性と同じ値
class	select要素のclass属性に出力する値	なし
tab_index	select要素のtabindex属性に出力する値	なし
selected	デフォルトで選択するカテゴリーID	0
value_field	個々のoption要素のvalue属性に出力するフィールドを、以下の値から選択。 term_id、name、slug、term_group、term_taxonomy_id、taxonomy、description、parent、count	term_id

wp_dropdown_categories関数の事例

wp_dropdown_categoriesの書き方を、いくつかの事例で紹介します。

投稿数も含めてカテゴリーの一覧を出力

パラメータの連想配列に「show_count」のキーを指定して、以下のように書きます。

```
<?php wp_dropdown_categories(array('show_count' => 1)); ?>
```

カテゴリーが選択された時にカテゴリーアーカイブページに移動する

前述したように、ドロップダウンでカテゴリーを選択しても、標準のままでは何も起こりません。しかし、一般的にはカテゴリーを選択した時には、そのカテゴリーのアーカイブページに移動することが多いです。

このような処理は、JavaScriptを追加することで実現します。wp_dropdown_categories関数でselect要素を出力した後に、リスト7.11のJavaScriptも出力します。選択されたカテゴリーのIDから、「http://WordPressのサイトのアドレス/?cat=カテゴリーのID」のようなアドレスに移動するようにしています。

なお、この例ではselect要素のIDが「cat」になっているものとしています。wp_dropdown_categories関数のパラメータで、「id」のキーでIDを指定した場合は、3行目のgetElementByIdのところにある「cat」を、そのIDに置き換えます。

リスト7.11 カテゴリーが選択された時にカテゴリーアーカイブページに移動する

```
<script type="text/javascript">
(function() {
  var cat_sel = document.getElementById('cat');
  cat_sel.onchange = function() {
    var cat_id = cat_sel.options[cat_sel.selectedIndex].value;
    location.href = '<?php echo esc_url(home_url('/')); ?>?cat=' + cat_id;
  }
})();
</script>
```

MEMO

122 固定ページの一覧を出力したい

固定ページ	WP 4.4　PHP 7

関数	wp_list_pages、is_page、get_queried_object
関連	009　サイドバー部分を共通化したい　P.020
利用例	固定ページのリストを出力する

wp_list_pages関数で出力

　企業サイトなど、固定ページを多く使うサイトもあります。このような時に、サイドバー等に固定ページの一覧を出力したい場面があります。固定ページの一覧は、「wp_list_pages」という関数で出力することができます。

　パラメータを指定せずに実行し、かつ関数の前後をul要素で囲むのが、もっとも基本的な使い方です（リスト7.12）。この方法では、すべての固定ページを、ul/li要素で親子関係をつけて出力する形になります。

リスト7.12　wp_list_pages関数の基本的な使い方

```
<ul>
<?php wp_list_pages(); ?>
</ul>
```

パラメータで出力をカスタマイズする

　wp_list_pages関数に、パラメータとして表7.4のような連想配列を渡して、出力をカスタマイズすることができます。

表7.4　wp_list_pages関数のパラメータの連想配列の内容

キー	内容	初期値
title_li	リストの先頭に出力するタイトルの文字列。 空文字列を指定すれば、タイトルとそれを囲むli要素は出力されない	固定ページ
show_date	個々の固定ページの日付を出力するかどうかを表す文字列。 modified（更新日時）／post_date（作成日時）／空文字列（出力しない）の中から指定	空文字列

表7.4次ページへ続く

表7.4の続き

キー	内容	初期値
date_format	日付の書式を指定する文字列	「設定」→「一般」メニューの「日付のフォーマット」に設定した書式
child_of	指定したIDの固定ページより下の階層の固定ページのみ出力	0
depth	出力する階層の最大深さ	0
include	出力する固定ページのIDをコンマで区切った文字列を指定	空文字列
exclude	除外する固定ページのIDをコンマで区切った文字列を指定	空文字列
exclude_tree	除外する固定ページのIDをコンマで区切った文字列を指定。除外するページに子孫ページがあればそれらも除外される	空文字列
link_before	各固定ページへのリンクの前に出力する文字列	空文字列
link_after	各固定ページへのリンクの後に出力する文字列	空文字列
post_type	出力する投稿のタイプ	page
post_status	出力する投稿のステータスをコンマで区切って指定	publish
authors	固定ページを作成したユーザーのIDをコンマで区切って指定	空文字列
sort_column	並べ替えのキーとするフィールド	menu_order,post_title
sort_order	並び順を「ASC」「DESC」から指定	空文字列
number	出力する固定ページの数	

事例

例えば、以下のような形で、固定ページのリストを出力したいとします。

❶各固定ページに、その固定ページの子孫の固定ページのリストを出力したい

❷リスト先頭のタイトルは出力しない

❸個々の固定ページにその更新日時を出力する

この処理を書くと、リスト7.13のようになります。1行目のis_page関数で固定ページの出力中であるかどうかを判断し（レシピ133参照）、その時だけwp_list_pages関数で固定ページリストを出力します。

また、2行目のget_queried_object関数で現在出力中の固定ページを得て、wp_list_pages関数「child_of」のパラメータに、固定ページのIDを指定します（6行目）。これによって、現在出力中の固定ページから見て、下の階層にある固定ページのリストを出力することができます。

リスト7.13 固定ページのリストの出力例

```
if (is_page()) {
  $cur_page = get_queried_object();
  wp_list_pages(array(
    'title_li' => '',
    'show_date' => 'modified',
    'child_of' => $cur_page->ID
  ));
}
```

MEMO

123 カレンダーを出力したい

| カレンダー | サイドバー | | WP 4.4 | PHP 7 |

| 関数 | get_calendar |

| 関連 | 009 サイドバー部分を共通化したい P.020 |

| 利用例 | カレンダーを出力する |

get_calendar関数で出力

　WordPressをブログとして使う場合、サイドバーにカレンダーを表示して、投稿した日からリンクすることがあります。このようなカレンダーは、「get_calendar」という関数で出力することができます。

　パラメータは2つあります。1つ目は、曜日をイニシャルだけにするかどうかをtrue／falseで指定します。ただし、日本語版のWordPressではこのパラメータの指定に関係なく、「日」「月」のように曜日が表示されます。また、2つ目はカレンダーを出力するか、それとも値として得るかを、true／falseで指定します。

　通常は、パラメータを指定せずに、以下のように単純にget_calendar関数を実行します。

```
<?php get_calendar(); ?>
```

　上記の通り、get_calendar関数はカスタマイズできる点がほとんどありません。複雑なカレンダーを出力したい場合は、プラグインを使うようにします。

124 投稿者一覧を出力したい

| 投稿者名 | サイドバー | | WP 4.4 | PHP 7 |

| 関数 | wp_list_authors |

| 関　連 | 009 サイドバー部分を共通化したい　P.020 |
| 利用例 | 投稿者の一覧を出力する |

wp_list_authors関数で出力

複数の人で投稿しているサイトの場合、投稿者の一覧をサイドバーに出力したいこともあります。このような時には、「wp_list_authors」という関数を使います。

パラメータを指定せずに以下のように実行すると、ul/li要素のリストで投稿者の一覧を出力します。個々の投稿者名は、その投稿者ごとのアーカイブページにリンクします。

```
<?php wp_list_authors(); ?>
```

パラメータで出力をカスタマイズする

wp_list_authors関数では、パラメータとして表7.5のような連想配列を渡して、出力をカスタマイズすることができます。

表7.5　wp_list_authors関数のパラメータの連想配列の内容（主なもの）

キー	内容	初期値
optioncount	1を指定すると、投稿者ごとの投稿数も出力する	0
show_fullname	1を指定すると、投稿者のフルネームを出力する	0
hide_empty	1を指定すると、投稿がない投稿者は表示しない	1
include	出力する投稿者のIDのリスト（コンマで区切る）	なし
exclude	出力しない投稿者のIDのリスト（コンマで区切る）	なし
style	「list」の文字列を指定すると、li要素のリストで出力。空文字列を指定すると、コンマ区切りで出力	list
echo	1を指定すると結果を出力。0を指定すると結果を戻り値として返す	1

事例

例えば、以下のように投稿者一覧を出力したいとします。

❶投稿者名はフルネームで出力

❷個々の投稿者の投稿数も出力

この場合、wp_list_authors関数を**リスト7.14**のように実行します。

リスト7.14 wp_list_authors関数の事例

```php
<?php
wp_list_authors(array(
  'optioncount' => 1,
  'show_fullname' => 1,
));
?>
```

MEMO

125 サイドバーでウィジェットを使えるようにしたい

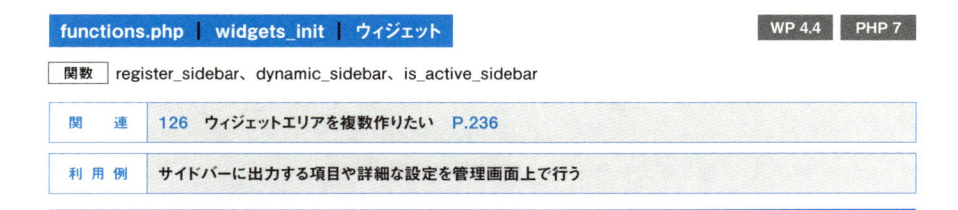

| functions.php | widgets_init | ウィジェット | | WP 4.4 | PHP 7 |

関数　register_sidebar、dynamic_sidebar、is_active_sidebar

| 関　連 | 126　ウィジェットエリアを複数作りたい　P.236 |
| 利用例 | サイドバーに出力する項目や詳細な設定を管理画面上で行う |

ウィジェットの概要

　サイドバーでは、最新の投稿のリストや、カテゴリーのリストなどを表示することが多いです。そこで、出力する項目や、その詳細な設定を、管理画面上で行えることが望ましいです。

　このための機能として、「ウィジェット」（Widget）があります。サイドバーに表示する個々の項目を、「ウィジェット」と呼びます。そして、管理画面でのドラッグアンドドロップ操作で、表示するウィジェットをウィジェットエリアに入れることができます。また、個々のウィジェットに設定のパネルがあり、ウィジェットの動作を設定することができます（図7.1）。

図7.1　ウィジェットの設定

register_sidebar関数でウィジェットを利用可能にする

ウィジェットの操作は、WordPressの管理画面の「外観」→「ウィジェット」メニューから行います。ただ、テーマがウィジェットに対応していることが必要です。

テーマをウィジェットに対応させるには、「register_sidebar」という関数を使います。この関数には、表7.6のキーを持つ連想配列を渡します。

なお、各ウィジェットの前後（before_widget／after_widget）は、デフォルトではli要素で囲まれます。また、タイトルの前後は、h2要素で囲まれます。通常は、デフォルトの通りにしておく（＝これらのパラメータは指定しない）ことをお勧めします。

また、register_sidebar関数は、「widgets_init」というアクションフックのタイミングで実行します（後のリスト7.15を参照）。

表7.6 register_sidebar関数のパラメータに渡す連想配列の内容

キー	内容
id	ID
name	名前
description	概要
before_widget	ウィジェットの前に出力するHTML
after_widget	ウィジェットの後に出力するHTML
before_title	ウィジェットのタイトルの前に出力するHTML
after_title	ウィジェットのタイトルの後に出力するHTML

dynamic_sidebar関数でウィジェットを出力

サイドバーに実際にウィジェットを出力するには、「dynamic_sidebar」という関数を使います。パラメータとして、register_sidebar関数の際に決めたIDを指定します。

なお、resister_sidebar関数を実行し忘れていることもあり得ますので、「is_active_sidebar」という関数で登録ができていることを確認してから、dynamic_sidebar関数を実行するようにします（後のリスト7.16を参照）。

事例

例えば、表7.7のようにウィジェットを登録したいとします。また、登録処理を行う関数に、「add_sidebar_cb」という名前をつけるとします。

この場合、テーマのfunctions.phpテンプレートに、リスト7.15のような部分を追加します。また、サイドバーを出力するテンプレート（一般にはsidebar.php）に、リ

スト7.16のような部分を入れます。

表7.7 ウィジェット登録の際のパラメータ

キー	内容
id	right_sidebar
name	右サイドバー
description	各ページの右に表示するサイドバーです
before_widget	指定しない（デフォルト値を使う）
after_widget	指定しない（デフォルト値を使う）
before_title	指定しない（デフォルト値を使う）
after_title	指定しない（デフォルト値を使う）

リスト7.15 functions.phpテンプレートに追加する内容

```
function add_sidebar_cb() {
  register_sidebar(array(
    'id' => 'right_sidebar',
    'name' => '右サイドバー',
    'description' => '各ページの右に表示するサイドバーです',
  ));
}
add_action('widgets_init', 'add_sidebar_cb');
```

リスト7.16 サイドバーのテンプレートに追加する内容

```
<?php
if (is_active_sidebar('right_sidebar')) {
  dynamic_sidebar('right_sidebar');
}
?>
```

126 ウィジェットエリアを複数作りたい

functions.php	ウィジェット		WP 4.4	PHP 7

関数	register_sidebars、dynamic_sidebar
関連	125 サイドバーでウィジェットを使えるようにしたい　P.233
利用例	ウィジェットエリアを複数作る

register_sidebars関数でまとめて追加

　ウィジェットエリアは、1つだけでなく複数作ることもできます。例えば、複数のウィジェットをページの下部に3列に分けて出力したい場合、ウィジェットエリアを3つ作ることができます。

　複数のウィジェットエリアを追加する場合、register_sidebar関数（レシピ125参照）を繰り返し実行することもできますが、「register_sidebars」という関数でまとめて追加することもできます。

　register_sidebars関数は2つのパラメータを取ります。1つ目のパラメータで、追加するウィジェットの数を指定します。また、2つ目のパラメータには、register_sidebar関数と同じ連想配列を渡します。

　なお、2つ目以降のウィジェットエリアのIDは、「連想配列の『id』の要素で指定した値」＋「-番号」の形になります。例えば、連想配列の「id」の要素に「sidebar」を指定した場合、2つ目以降のウィジェットエリアのIDは、「sidebar-2」「sidebar-3」・・・のようになります。

　また、連想配列の「name」の要素では、ウィジェットエリアの番号を「%d」で表すことができます。

dynamic_sidebar関数で1つずつウィジェットエリアを出力

　register_sidebars関数で複数のウィジェットエリアをまとめて登録できますが、それらを出力する際には、dynamic_sidebar関数（レシピ125参照）を繰り返し呼び出して、1つずつ出力します。

事例

例えば、ウィジェットエリアを3つ作りたいとします。この場合、リスト7.17のような部分をfunctions.phpテンプレートに追加します。

各ウィジェットエリアのIDは、「bottom_area」「bottom_area-2」「bottom_area-3」になります。また、名前は「下ウィジェットエリア 1」「下ウィジェットエリア 2」「下ウィジェットエリア 3」になります。

また、各ウィジェットを出力するには、リスト7.18のように、dynamic_sidebar関数を3回実行します。

リスト7.17 register_sidebars関数でウィジェットエリアを3つ追加

```
function add_sidebar_cb() {
  register_sidebars(3, array(
    'id' => 'bottom_area',
    'name' => '下ウィジェットエリア %d',
    'description' => '各ページの下に表示するウィジェットエリアです',
  ));
}
add_action('widgets_init', 'add_sidebar_cb');
```

リスト7.18 個々のウィジェットエリアの出力

```
if (is_active_sidebar('bottom_area')) {
  dynamic_sidebar('bottom_area');
}
...
if (is_active_sidebar('bottom_area-2')) {
  dynamic_sidebar('bottom_area-2');
}
...
if (is_active_sidebar('bottom_area-3')) {
  dynamic_sidebar('bottom_area-3');
}
```

127 オリジナルのウィジェットを作りたい

| functions.php | widgets_init | ウィジェット | | WP 4.4 | PHP 7 |

| 関数 | register_widget、register_sidebar、date、get_option |

| 関　連 | 128　ウィジェットに設定画面を付けたい　P.241 |

| 利用例 | 独自のウィジェットを作る |

決まった内容を出力するウィジェット

　WordPressには組み込みのウィジェットがいくつかあります（「カテゴリー」や「アーカイブ」など）。ただ、それ以外のウィジェットを出力したい場合もあります。このような時には、オリジナルのウィジェットを作ることもできます。

　まずは、決まった内容を出力するだけの、最低限のウィジェットを作ってみます。それには、functions.phpテンプレートに、リスト7.19のようなコードを追加します。リストの中で、表7.8の箇所を書き換えます。

　リスト前半のclass {・・・}の部分で、ウィジェットの処理を行うクラスを定義します。そして、16行目のregister_widget関数で、そのクラスをウィジェットとして登録します。register_widget関数は、register_sidebar関数（レシピ125参照）と同じく、widgets_initフックのタイミングで実行します。

　「ウィジェットの内容」の部分で、ウィジェットの内容（HTMLやデータ）を出力する処理を行います。WordPressの関数を使って、WordPressで管理しているデータを様々な形で出力することができます。

リスト7.19　オリジナルのウィジェットを追加するコード

```
class クラス名 extends WP_Widget {
  function __construct() {
    parent::__construct(
      'ウィジェットID',
      'ウィジェット名',
      array('description' => 'ウィジェットの概要')
    );
  }
  public function widget($args, $instance ) {
    echo $args['before_widget'];
    ウィジェットの内容
```

```
    echo $args['after_widget'];
  }
}
function add_sidebar_cb() {
  register_widget('クラス名');
  register_sidebar(…);
}
add_action('widgets_init', 'add_sidebar_cb');
```

表7.8 リスト7.19で書き換える箇所

場所	内容
クラス名（1行目、16行目）	ウィジェットの処理を行うクラスの名前を、半角英数字で決めて付ける
ウィジェットID（4行目）	個々のウィジェットを識別するIDを、半角英数字で決めて付ける
ウィジェット名（5行目）	ウィジェットの名前（日本語も可）。 「外観」→「ウィジェット」のページには、ここでつけたウィジェット名が表示される
ウィジェットの概要（6行目）	ウィジェットの概要（日本語も可）
ウィジェットの内容（11行目）	ウィジェットの内容を出力する処理

現在の日時を出力するウィジェット

　ごく簡単なウィジェットとして、現在の日時を出力するウィジェットを作ってみます。クラス名等を**表7.9**のようにする場合だと、ウィジェットを作成する処理は、**リスト7.20**のようになります。

　11行目で、PHPのdate関数を使って、現在の日時を出力します。また、WordPressのget_option関数（レシピ175参照）を使って、WordPressの「設定」→「一般」メニューの日付／時刻のフォーマットを読み込み、その形式で日時を出力するようにしています。

表7.9 ウィジェットの内容

場所	内容
クラス名	WP_Now_Widget
ウィジェットID	now_widget
ウィジェット名	現在の日時
ウィジェットの概要	現在の日時を出力します

リスト7.20　現在の日時を出力するウィジェット

```php
class WP_Now_Widget extends WP_Widget {
  function __construct() {
    parent::__construct(
      'now_widget',
      '現在の日時',
      array('description' => '現在の日時を出力します')
    );
  }
  public function widget($args, $instance ) {
    echo $args['before_widget'];
    echo date(get_option('date_format') . ' ' . get_option('time_format'));
    echo $args['after_widget'];
  }
}
function add_sidebar_cb() {
  register_widget('WP_Now_Widget');
  register_sidebar(array(・・・));
}
add_action('widgets_init', 'add_sidebar_cb');
```

MEMO

128 ウィジェットに設定画面を付けたい

| form | update | get_field_id | get_field_name |

関数 esc_attr

関連	127 オリジナルのウィジェットを作りたい P.238
利用例	独自のウィジェットに設定画面を付ける

form／updateメソッドを追加

WordPressのウィジェット機能では、独自のウィジェットに設定画面を付けることもできます。この場合、ウィジェットを定義するクラスに、「form」と「update」の2つのメソッドを追加します。

formメソッド

formメソッドは、設定フォームを出力する働きをします。パラメータとして「$instance」という変数（連想配列）が渡され、その個々のキーが、設定値の名前を表します。この連想配列から設定値を読み込んで、フォームに出力します。なお、設定値の名前は自由に決めることができます。

フォームの個々の要素のid属性とname属性は、それぞれ「get_field_id」と「get_field_name」というメソッドで出力します。どちらのメソッドも、パラメータとして設定値の名前を指定します。

updateメソッド

updateメソッドでは、フォームから送信された値を保存する処理を行います。パラメータとして、「$new_instance」と「$old_instance」の2つの変数（連想配列）が渡されます。それぞれ、フォームで入力された設定値と、前回保存されていた設定値を表します。

$new_instanceと$old_instanceを基にして、保存すべき値を表す連想配列を作り、それを戻り値として返します。

事例

ここまでの話を元に、レシピ127 のウィジェットを拡張して、日付／時刻の書式を設定できるようにすると、リスト7.21のようになります。

16～33行目がformメソッドです。日付／時刻の書式を、それぞれ「date_format」「time_format」という名前で保存するものとしています。17行目と18行目で$instanceからそれらの値を得て、20行目以降でフォームに出力しています。なお、設定値を出力する際には、esc_attr関数（レシピ238 参照）でエスケープしてから出力しています。

34～39行目がupdateメソッドです。フォームから送信された値を元に、配列変数$instanceにそれらの値を代入して、戻り値として返しています。

また、書式を設定できるようにしたので、widgetメソッドも書き換えて、設定した書式で日付／時刻を出力するようにもしています。

リスト7.21 現在の日時を出力するウィジェット（設定フォーム付き）

```php
class WP_Now_Widget extends WP_Widget {
  function __construct() {
    parent::__construct(
      'now_widget',
      '現在の日時を出力します',
      array( 'description' => '現在の日時を出力します', )
    );
  }
  public function widget($args, $instance ) {
    $date_format = !empty($instance['date_format']) ? $instance['date_format'] : get_option('date_format');
    $time_format = !empty($instance['time_format']) ? $instance['time_format'] : get_option('time_format');
    echo $args['before_widget'];
    echo date($date_format . ' ' . $time_format);
    echo $args['after_widget'];
  }
  public function form($instance) {
    $date_format = !empty($instance['date_format']) ? $instance['date_format'] : '';
    $time_format = !empty($instance['time_format']) ? $instance['time_format'] : '';
?>
```

```
<p>
<label for="<?php echo $this->get_field_id('date_format'); ?>">日付の書式
</label>
<input id="<?php echo $this->get_field_id('date_format'); ?>"
       name="<?php echo $this->get_field_name('date_format'); ?>"
       value="<?php echo esc_attr($date_format); ?>" />
</p>
<p>
<label for="<?php echo $this->get_field_id('time_format'); ?>">時刻の書式
</label>
<input id="<?php echo $this->get_field_id('time_format'); ?>"
       name="<?php echo $this->get_field_name('time_format'); ?>"
       value="<?php echo esc_attr($time_format); ?>" />
</p>
<?php
  }
  public function update($new_instance, $old_instance) {
    $instance = array();
    $instance['date_format'] = !empty($new_instance['date_format']) ? $new_instance['date_format'] : '';
    $instance['time_format'] = !empty($new_instance['time_format']) ? $new_instance['time_format'] : '';
    return $instance;
  }
}
?>
```

MEMO

PROGRAMMER'S RECIPE

第 **08** 章

条件によって出力を分けたい

「特定のカテゴリーだけデザインを変えたい」など、何らかの条件によって出力を分けたい場面は多々あります。WordPressには、「条件分岐タグ」と呼ばれる関数群があり、それらを使うことで、条件によって出力を変えることができます。第08章では、これらの関数の使い方を解説します。

129 条件判断の考え方を知りたい

| 条件分岐タグ | if | else | | WP 4.4 | PHP 7 |

| 関　　連 | 010 テンプレートの種類によってヘッダー等を切り替えたい　P.021 |
| 利 用 例 | 特定の条件を満たした場合にだけ処理を行う |

関数の戻り値で条件判断して出力を分ける

　各種のページを出力する中で、条件によって出力を分けたい場面はよくあります。例えば、スラッグが「news」になっているカテゴリーのアーカイブページは、他のカテゴリーのアーカイブページとは出力の仕方を変えたい、といった場合です。

　PHPでは、if文を使って条件を判断します。このif文の中で、WordPressの「条件分岐タグ」と呼ばれる関数を実行して、条件に応じて出力を分けることができます（リスト8.1）。

　なお、リスト8.1では条件分岐タグを1回だけ実行していますが、複数の条件分岐タグを組み合わせて、細かく条件分岐することもできます。

リスト8.1 条件分岐タグで条件判断して出力を分ける

```
<?php if (条件分岐タグ()) : ?>
    条件が成立した時に出力する内容
<?php else : ?>
    条件が成立しなかった時に出力する内容
<?php endif; ?>
```

条件分岐タグの種類

　条件分岐タグには多数の種類があります。主なものを取り上げると、表8.1のようなものがあります。

表8.1 主な条件分岐タグ

関数名	条件判断する内容
is_front_page	フロントページの出力中であるかどうか
is_home	メインページの出力中であるかどうか
is_single	個々の投稿のページを出力中であるかどうか。 特定の投稿を出力しているかどうか
is_page	個々の固定ページを出力中であるかどうか。 特定の固定ページを出力しているかどうか
is_category	カテゴリーアーカイブページを出力中であるかどうか。 特定のカテゴリーのアーカイブページを出力中であるかどうか
in_category	投稿が特定のカテゴリーに属するかどうか
is_tag	タグアーカイブページを出力中であるかどうか。 特定のタグのアーカイブページを出力中であるかどうか
has_tag	投稿に特定のタグが付いているかどうか
is_sticky	StickyPostsを出力中かどうか。 特定のStickyPostsを出力中かどうか
is_date	日付系のアーカイブページを出力中であるかどうか
is_search	検索結果ページを出力中であるかどうか
is_404	404ページを出力中であるかどうか

MEMO

130 メインページかどうかを判断したい

| 条件分岐 | メインページ | | WP 4.4 | PHP 7 |

関数　is_home

関連	129　条件判断の考え方を知りたい　P.246
	131　フロントページかどうかを判断したい　P.250

| 利用例 | メインページの時は、サイドバーには最新の投稿を出力しない |

is_home関数で判断

サイトのメインページとその他のページとで、出力を分けたい場合があります。この判断は、「is_home」という関数で行うことができます。リスト8.2のように使います。

リスト8.2　メインページかどうかで出力を分ける

```
<?php if (is_home()) : ?>
    メインページの場合に出力する内容
<?php else : ?>
    メインページでない場合に出力する内容
<?php endif; ?>
```

is_home関数の事例

例えば、wp_get_archives関数（レシピ119「最新記事のリストを出力したい」参照）を使って、サイドバーに最新の投稿10件のリストを出力するとします。ただ、サイトのメインページには一般には最新の投稿を出力するので、サイドバーにまで最新の投稿を重複して出力してもあまり意味がありません。そこで、メインページの時は、サイドバーには最新の投稿を出力しないことが考えられます。

この処理を書くと、リスト8.3のようになります。is_home関数の前に「!」を付けて、「メインページである」という条件を逆にして、メインページでない時のみwp_get_archives関数を実行するようにしています。

リスト8.3 メインページではサイドバーに最新の投稿のリストを出力しない

```php
<?php if (!is_home()) : ?>
  <ul>
  <?php wp_get_archives(array('type' => 'postbypost', 'limit' => 10)); ?>
  </ul>
<?php endif; ?>
```

メインページとして使うページをカスタマイズしている場合の注意

WordPressでは、サイトのメインページとして使うページをカスタマイズすることができます。その場合、is_home関数だけでなく、「is_front_page」という関数を併用して、条件判断することが必要になる場合もあります。

詳しくは、次の レシピ131 を参照してください。

MEMO

131 フロントページかどうかを判断したい

| フロントページ | メインページ | | WP 4.4 | PHP 7 |

関数 is_front_page、is_home

関連
129　条件判断の考え方を知りたい　P.246
130　メインページかどうかを判断したい　P.248

利用例 フロントページが評された時に固有の動作を記述する

メインページとフロントページについて

WordPressでやや分かりにくい概念の1つとして、「メインページ」と「フロントページ」があります。どちらもサイトのトップページに関連するものですが、両者には違いがあります。

大まかに言うと、フロントページは、そのサイトのアドレスにアクセスした時に表示するページです。一方のメインページは、サイトの最新投稿の一覧を表示するページです。

WordPressをブログとして使う場合は、サイトのトップページには最新の投稿の一覧を表示することが多く、フロントページとメインページは同じになります。

しかし、サイトのトップページとして特定の固定ページを指定することもできます。この場合は、その固定ページがフロントページとなり、メインページとは別になります。

フロントページの設定

フロントページを設定するには、WordPressの管理画面で「設定」→「表示設定」メニューを選び、「フロントページの表示」の部分を設定します。

「最新の投稿」をオンにした場合は、サイトのトップページに最新の投稿の一覧が出力され、フロントページとメインページが同じになります。一方、「固定ページ」をオンにした場合、その下の「フロントページ」と「投稿ページ」で、フロントページ／メインページとして使う固定ページを指定できます。

図8.1 フロントページの設定

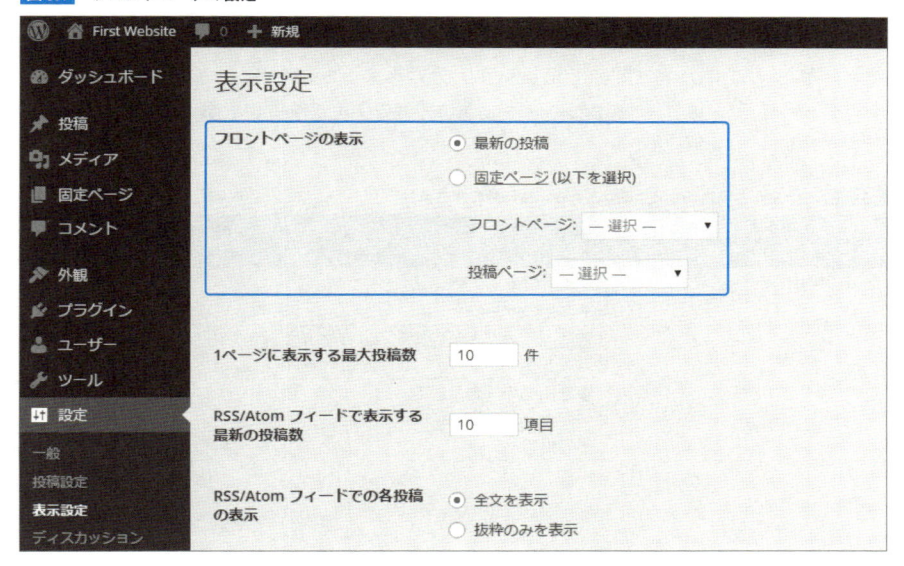

フロントページかどうかを判断するis_front_page関数

現在表示中のページがフロントページかどうかを判断するには、「is_front_page」という関数を使います。リスト8.4のようにして、フロントページかどうかで出力を分けることができます。

リスト8.4 フロントページかどうかで出力を分ける

```
<?php if (is_front_page()) : ?>
   フロントページの場合に出力する内容
<?php else : ?>
   フロントページでない場合に出力する内容
<?php endif; ?>
```

is_home関数との関係

WordPressの管理画面の「表示設定」の設定に応じて、is_home関数（レシピ130参照）とis_front_page関数を正しく使い分ける必要があります。この設定と、表示するページとで、is_front_page／is_home関数の成立条件は、表8.2のようになります。

表8.2 ページごとのis_front_page／is_home関数の成立条件

管理画面の「表示設定」ページの「フロントページの表示」の設定	表示するページ	is_front_page	is_home
最新の投稿	サイトのトップページ	○	○
	その他のページ	×	×
固定ページ	管理画面の「表示設定」ページで「フロントページ」に設定した固定ページ	○	×
	管理画面の「表示設定」ページで「投稿ページ」に設定した固定ページ	×	○
	その他のページ	×	×

MEMO

132 投稿のページかどうかを判断したい

投稿ページ　　　　　　　　　　　　　　　　　　　　　WP 4.4 ｜ PHP 7

| 関数 | is_single |

| 関連 | 004　ページの種類ごとのテンプレート階層を知りたい　P.009
129　条件判断の考え方を知りたい　P.246 |

| 利用例 | 投稿ページ、または一部の投稿の時だけ処理を変えたい |

is_single関数で判断

現在出力中のページが投稿のページかどうかを判断するには、「is_single」という関数を使います。

パラメータを指定せずに使う場合は、リスト8.5のように、「投稿のページかどうか」を単純に判断する形になります。

リスト8.5　投稿のページかどうかで出力を分ける

```php
<?php if (is_single()) : ?>
    投稿のページの場合に出力する内容
<?php else : ?>
    投稿のページでない場合に出力する内容
<?php endif; ?>
```

特定の投稿かどうか判断する

すべての投稿ではなく、一部の投稿だけ処理を変えたいという場合もあります。この時も、is_single関数で条件判断することができます。パラメータとして、表8.3のような値を渡すことができます。

表8.3　is_single関数に渡すパラメータ

渡す値	動作
数値	IDが指定した数値になっている投稿の時だけ条件が成立
文字列	スラッグが指定した文字列になっている投稿の時だけ条件が成立
数値や文字列の配列	IDが指定した数値になっているか、スラッグが指定した文字列になっている投稿の時だけ条件が成立

例えば、「IDが1番か2番の投稿」または「スラッグが『foo』か『bar』の投稿」の時のみ出力を変えたい場合、リスト8.6のように書きます。

リスト8.6　特定の投稿のページかどうかで出力を分ける

```
<?php if (is_single(array(1, 2, 'foo', 'bar'))) : ?>
    「IDが1番か2番の投稿」または「スラッグが『foo』か『bar』の投稿」の場合に出力する内容
<?php else : ?>
    上記以外の場合に出力する内容
<?php endif; ?>
```

MEMO

133 固定ページかどうかを判断したい

8-1 条件処理

固定ページ		WP 4.4	PHP 7
関数	is_page		

関　連	004	ページの種類ごとのテンプレート階層を知りたい　P.009
	129	条件判断の考え方を知りたい　P.246

利用例	固定ページ、または一部の固定ページの時だけ処理を変えたい

is_page関数で判断

　現在出力中のページが固定ページかどうかを判断するには、「is_page」という関数を使います。

　書き方はis_single関数（レシピ132参照）と同じです。パラメータを指定しなければ、単純に「固定ページかどうか」を判断する処理になります。一方、パラメータとしてIDやスラッグ、またそれらの配列を渡せば、特定の固定ページかどうかを判断できます。

　例えば、IDが1番か、スラッグが「foo」の固定ページであるかどうかを判断して出力を分けるには、リスト8.7のように書きます。

リスト8.7 IDが1番か、スラッグが「foo」の固定ページであるかどうかで出力を分ける

```
<?php if (is_page(array(1, 'foo'))) : ?>
    IDが1番か、スラッグが「foo」の固定ページの場合に出力する内容
<?php else : ?>
    上記の条件を満たさない場合に出力する内容
<?php endif; ?>
```

134 日付系アーカイブページかどうかを判断したい

日付　　　　　　　　　　　　　　　　　　　　　　　WP 4.4　PHP 7

関数 is_date

関連	004　ページの種類ごとのテンプレート階層を知りたい　P.009
	129　条件判断の考え方を知りたい　P.246

利用例	月別アーカイブページを出力中の場合の処理を記述する

is_date等の関数を使用

現在出力中のページが日付系のアーカイブページであるかどうかを判断するには、「is_date」などの関数を使います（表8.4）。

これらの関数には、パラメータはありません。単純に、それぞれのアーカイブページかどうかを判断するだけの動作をします。例えば、月別アーカイブページを出力中かどうかで処置を分けたい場合は、リスト8.8のように書きます。

表8.4 日付系アーカイブページの出力中であるかどうかを判断する関数

関数	動作
is_date	日付系のアーカイブページを出力中かどうかを判断
is_year	年別アーカイブページを出力中かどうかを判断
is_month	月別アーカイブページを出力中かどうかを判断
is_day	日別アーカイブページを出力中かどうかを判断
is_time	時別／分別／秒別アーカイブを出力中かどうかを判断

リスト8.8 月別アーカイブページを出力中どうかで出力を分ける

```
<?php if (is_month()) : ?>
    月別アーカイブページの場合に出力する内容
<?php else : ?>
    月別アーカイブページでない場合に出力する内容
<?php endif; ?>
```

135 年別／月別／日別のアーカイブページのテンプレートを別にしたい

| 日付 | 年 | 月 | 週 | 日 | | WP 4.4 | PHP 7 |

関数 is_year、is_month、is_day

関連
004 ページの種類ごとのテンプレート階層を知りたい P.009
129 条件判断の考え方を知りたい P.246
134 日付系アーカイブページかどうかを判断したい P.256

利用例 年別用／月別用／日別用でテンプレートを表示する

date.phpテンプレート内で条件判断して組み込むテンプレートを変える

　WordPressでは、テンプレート階層（レシピ003 および レシピ004 を参照）の仕組みにより、表示するページの種類に応じてテンプレートが選択されます。ただ、日付系のアーカイブページは、年／月／日等のアーカイブの種類に関係なくdate.phpテンプレートが使われます。

　そのため、年別／月別／日別アーカイブの構造を変えたい場合、WordPressの標準機能だけだと、年別用／月別用／日別用のテンプレートを用意するという方法を取ることはできません。

　ただ、日付系アーカイブページ用のテンプレート（date.php）で、is_year／is_month／is_dayの各関数を使って、組み込むテンプレートを変えることが考えられます。date.phpの内容をリスト8.9のようにすると、年別用／月別用／日別用／その他日付系用のテンプレートとして、疑似的にyearly.php／monthly.php／daily.php／date-other.phpというテンプレートを使うことができます。

　なお、2行目にある「get_query_var」は、現在出力中のページに関するクエリの情報を得る関数です。

　is_year関数で条件判断すると、年別アーカイブページを出力している時だけでなく、週別アーカイブページを出力している場合も条件が成立しました。週別アーカイブページを出力している時にはクエリの「w」という情報に週の番号が入ります。そこで、「w」の情報があれば週別アーカイブであると判断するようにしています。

リスト8.9　年別／月別／その他日付系アーカイブページでテンプレートを分ける

```php
<?php
if (is_year() && !get_query_var('w')) {
  get_template_part('yearly');
}
else if (is_month()) {
  get_template_part('monthly');
}
else if (is_day()) {
  get_template_part('daily');
}
else {
  get_template_part('date-other');
}
?>
```

MEMO

136 カテゴリーアーカイブページかどうかを判断したい

カテゴリーアーカイブページ		WP 4.4	PHP 7

関数	is_category

関連	004　ページの種類ごとのテンプレート階層を知りたい　P.009 129　条件判断の考え方を知りたい　P.246

利用例	カテゴリーアーカイブページ用の処理を記述する

is_category関数で判断

現在出力中のページがカテゴリーアーカイブページかどうかを判断するには、「is_category」という関数を使います。

パラメータを指定せずに使うと、「カテゴリーアーカイブページかどうか」を単純に判断します（リスト8.10）。

リスト8.10 カテゴリーアーカイブページかどうかで出力を分ける

```
<?php if (is_category()) : ?>
    カテゴリーアーカイブページの場合に出力する内容
<?php else : ?>
    カテゴリーアーカイブページでない場合に出力する内容
<?php endif; ?>
```

137 カテゴリーアーカイブページでカテゴリーごとに出力を分けたい

カテゴリー　　　　　　　　　　　　　　　　　　　　　　　WP 4.4　PHP 7

| 関数 | is_category |

関連	004	ページの種類ごとのテンプレート階層を知りたい	P.009
	129	条件判断の考え方を知りたい	P.246
	136	カテゴリーアーカイブページかどうかを判断したい	P.259

| 利用例 | IDが1番のカテゴリーの場合に出力を変化させる |

is_category関数で特定のカテゴリーかどうかを判断する

カテゴリーアーカイブページのテンプレート内で、すべてのカテゴリーではなく、一部のカテゴリーのアーカイブページの時だけ処理を変えたいという場合もあります。この時も、is_category関数で条件判断することができます。

パラメータとして、カテゴリーのID／名前／スラッグを渡します。また、それらを配列にして渡して、複数のカテゴリーのどれかに合うかどうかを判断することもできます。例えば、「IDが1番のカテゴリー」の時だけ出力を分けたい場合、リスト8.11のように書きます。

リスト8.11 特定のカテゴリーの時だけ出力を分ける

```
<?php if (is_category(1)) : ?>
    IDが1番のカテゴリーのアーカイブページの場合に出力する内容
<?php else : ?>
    上記以外の場合に出力する内容
<?php endif; ?>
```

また、「IDが1番か2番のカテゴリー」または「名前かスラッグが『foo』か『bar』のカテゴリー」のアーカイブページの時のみ出力を変えたい場合、リスト8.11の1行目を以下のように書きます。

```
<?php if (is_category(array(1, 2, 'foo', 'bar'))) : ?>
```

8-1 条件処理

138 カテゴリーAとカテゴリーBに親子（子孫）関係があるかどうかを調べたい

| 親子関係 | カテゴリー | | WP 4.4 | PHP 7 |

関数 cat_is_ancestor_of、get_queried_object

関連	004 ページの種類ごとのテンプレート階層を知りたい　P.009
	129 条件判断の考え方を知りたい　P.246
	137 カテゴリーアーカイブページでカテゴリーごとに出力を分けたい　P.260

| 利用例 | 親カテゴリーの種類によって処理を変化させる |

cat_is_ancestor_of関数で判断

　2つのカテゴリーの間に親子関係があるかどうかを調べて、処理を分けたいこともあります。

　例えば、図8.2のようなカテゴリー構造の時に、親カテゴリー1の下にある子カテゴリーと、親カテゴリー2の下にある子カテゴリーとで、カテゴリーアーカイブページの出力方法を変えたいとします。この場合、「現在出力中のカテゴリーアーカイブページで、親が親カテゴリー1（親カテゴリー2）である」かどうかを判断して、処理を分けると良いです。

図8.2　カテゴリー構造の例

```
├─ 親カテゴリー1
│    ├─ 子カテゴリー1A
│    ├─ 子カテゴリー1B
│    ⋮
├─ 親カテゴリー2
│    ├─ 子カテゴリー2A
│    ├─ 子カテゴリー2B
│    ⋮
```

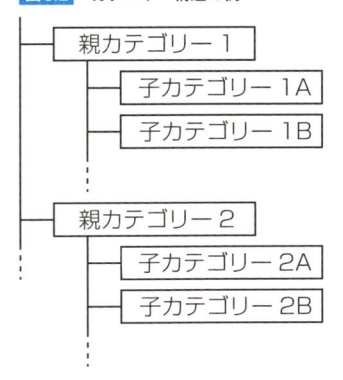

　AとBの2つのカテゴリーがある時に、それらの間に親子関係があるかどうかを調べるには、「cat_is_ancestor_of」という関数を使います。パラメータは2つで、それぞ

れに親／子のカテゴリーのオブジェクトかIDを渡します。2つのカテゴリーに親子関係があれば、戻り値はtrueになります。

また、cat_is_ancestor_of関数は、2つのカテゴリーが直接の親子である時だけでなく、親と孫のように、間に階層がある場合でも戻り値はtrueになります。

cat_is_ancestor_of関数の例

前述したように、カテゴリーアーカイブテンプレート（category.php）の中で、現在処理中のカテゴリーが「親カテゴリー1」「親カテゴリー2」のどちらの子（または孫以下）であるかを調べて、処理を分けたいとします。また、「親カテゴリー1」「親カテゴリー2」のIDが、それぞれ10番／20番だとします。

この処理を書くと、リスト8.12のようになります。1行目および3行目のif文で、cat_is_ancestor_of関数を使って、現在処理中のカテゴリーが、IDが10番のカテゴリー（＝親カテゴリー1）の子であるかどうかと、IDが20番のカテゴリー（＝親カテゴリー2）の子であるかどうかを調べて、処理を分けます。

なお、get_queried_object関数は、現在のアーカイブページの元になっているオブジェクトを取得する関数です。カテゴリーアーカイブページのテンプレートの中で使えば、現在処理中のカテゴリーを得ることができます。

リスト8.12 親カテゴリーによって処理を分ける

```
<?php $cat = get_queried_object(); if (cat_is_ancestor_of(10, $cat)) : ?>
   親カテゴリー1の子（または孫以下）の場合の処理
<?php elseif (cat_is_ancestor_of(20, $cat)) : ?>
   親カテゴリー2の子（または孫以下）の場合の処理
<?php else: ?>
   どちらでもない時の処理
<?php endif; ?>
```

139 投稿が属するカテゴリーで出力を分けたい

| カテゴリー | | WP 4.4 | PHP 7 |

| 関数 | in_category |

| 関　連 | 129　条件判断の考え方を知りたい　P.246 |

| 利用例 | 処理中の投稿のIDが1番のカテゴリーの時だけ処理を行う |

in_category関数で判断

　WordPressループで投稿を出力する際に、個々の投稿が属するカテゴリーによって、出力を分けたいという場合もあります。このような時には「in_category」という関数を使います。

　パラメータとして、カテゴリーのID／名前／スラッグのいずれかを渡します。現在処理中の投稿がそのカテゴリーに属していれば、in_category関数はtrueを返します。例えば、リスト8.13のようにすると、現在処理中の投稿が、IDが1番のカテゴリーに属している時だけ何か処理をすることができます。

リスト8.13 IDが1番のカテゴリーに投稿が属しているかどうかで処理を分ける

```
<?php if (in_category(1)) : ?>
   IDが1番のカテゴリーに投稿が属している場合の処理
<?php else : ?>
   IDが1番のカテゴリーに投稿が属していない場合の処理
<?php endif; ?>
```

複数のカテゴリーをまとめて判断

　投稿が複数のカテゴリーのどれかに属するかどうかを調べたい場合は、パラメータとしてカテゴリーのID／名前／スラッグの配列を渡します。

　例えば、名前かスラッグが「movie」「music」のカテゴリーに属する投稿かどうかで処理を分けるには、リスト8.13の1行目を以下のように変えます。

```
<?php if (in_category(array('movie', 'music'))) : ?>
```

140 タグアーカイブページかどうかを判断したい

タグアーカイブページ		WP 4.4	PHP 7

関数	is_tag

関連	004 ページの種類ごとのテンプレート階層を知りたい P.009 129 条件判断の考え方を知りたい P.246 141 投稿につけたタグで出力を分けたい P.265

利用例	IDが1番のタグのアーカイブページの時だけ処理を行う

is_tag関数で判断

現在出力中のページがタグアーカイブページかどうかを判断するには、「is_tag」という関数を使います。

パラメータを指定せずに使うと、「タグアーカイブページかどうか」を単純に判断します（リスト8.14）。

リスト8.14 タグアーカイブページかどうかで出力を分ける

```
<?php if (is_tag()) : ?>
  タグアーカイブページの場合に出力する内容
<?php else : ?>
  タグアーカイブページでない場合に出力する内容
<?php endif; ?>
```

特定のタグアーカイブページかどうかを判断

is_tag関数のパラメータとして、タグのID／名前／スラッグのいずれかを指定すると、そのタグのアーカイブの時だけ処理を分けることができます。また、複数のタグを同時に判断したい場合は、ID／名前／スラッグの配列を指定することもできます。

例えば、リスト8.14の1行目を以下のようにすると、IDが1番のタグのアーカイブページの時だけ、処理を分けることができます。

```
<?php if (is_tag(1)) : ?>
```

また、リスト8.14の1行目を以下のようにすると、名前かスラッグが「movie」か「music」のタグのアーカイブページの時だけ、処理を分けることができます。

```
<?php if (is_tag(array('movie', 'music'))) : ?>
```

141 投稿につけたタグで出力を分けたい

| タグ | | WP 4.4　PHP 7 |

| 関数 | has_tag |

| 関連 | 004　ページの種類ごとのテンプレート階層を知りたい　P.009
129　条件判断の考え方を知りたい　P.246
140　タグアーカイブページかどうかを判断したい　P.264 |

| 利用例 | 「movie」または「music」のタグがついている時に処理を行う |

has_tag関数で判断

　WordPressループで投稿を出力する際に、個々の投稿についているタグによって、出力を分けたいという場合もあります。このような時には、「has_tag」という関数を使います。

　パラメータとして、タグのID／名前／スラッグのいずれかを渡します。現在処理中の投稿にそのタグがついていれば、has_tag関数はtrueを返します。例えば、リスト8.15のようにすると、現在処理中の投稿に、IDが1番のタグがついている時だけ、何か処理をすることができます。

リスト8.15　投稿にIDが1番のタグがついているかどうかで処理を分ける

```
<?php if (has_tag(1)) : ?>
    投稿にIDが1番のタグがついている場合の処理
<?php else : ?>
    投稿にIDが1番のタグがついていない場合の処理
<?php endif; ?>
```

複数のタグをまとめて判断

　投稿に複数のタグのどれかがついているかどうかを調べたい場合は、パラメータとしてタグのID／名前／スラッグの配列を渡します。

　例えば、名前かスラッグが「movie」「music」のタグが、投稿についているかどうかで処理を分けるには、リスト8.15の1行目を以下のように変えます。

```
<?php if (has_tag(array('movie', 'music'))) : ?>
```

142 ユーザーアーカイブページかどうかで処理を分けたい

| ユーザーアーカイブページ | | WP 4.4 | PHP 7 |

| 関数 | is_author |

| 関連 | 004 ページの種類ごとのテンプレート階層を知りたい P.009
129 条件判断の考え方を知りたい P.246 |

| 利用例 | 特定のユーザーのアーカイブページを出力している場合に処理を行う |

is_author関数で判断

ユーザーアーカイブページの出力中かどうかを判断するには、「is_author」という関数を使います。

パラメータを指定しなければ、どのユーザーのページかに関係なくユーザーアーカイブページの出力中であれば、戻り値はtrueになります。また、パラメータでユーザーのIDやユーザー名を指定すれば、そのユーザーのアーカイブページを出力している時だけ、戻り値がtrueになります。複数のユーザーのID等を配列で渡すこともできます。

例えば、IDが1番のユーザーのアーカイブページを出力しているかどうかを判断するには、リスト8.16のように書きます。

リスト8.16 投稿にIDが1番のタグがついているかどうかで処理を分ける

```
<?php if (is_author(1)) : ?>
    IDが1番のユーザーのアーカイブページを出力している場合の処理
<?php else : ?>
    その他の場合の処理
<?php endif; ?>
```

143 検索結果ページかどうかで処理を分けたい

検索結果ページ		WP 4.4	PHP 7

関数	is_search

関連	004 ページの種類ごとのテンプレート階層を知りたい　P.009 129 条件判断の考え方を知りたい　P.246

利用例	検索結果ページの出力中の場合に処理を行う

is_search関数で判断

　検索結果のページを出力している途中かどうかを判断するには、「is_search」という関数を使います。この関数にはパラメータはなく、検索結果ページの出力中かどうかで、戻り値がtrue／falseのいずれかを取ります。

　検索結果ページかどうかで処理を分けるには、一般的にはリスト8.17のように書きます。

リスト8.17　検索結果ページどうかで処理を分ける

```
<?php if (is_search()) : ?>
    検索結果ページを出力している場合の処理
<?php else : ?>
    その他の場合の処理
<?php endif; ?>
```

144 404ページかどうかで処理を分けたい

| 404ページ | | WP 4.4 | PHP 7 |

関数　is_404

| 関連 | 004　ページの種類ごとのテンプレート階層を知りたい　P.009 |
| | 129　条件判断の考え方を知りたい　P.246 |

| 利用例 | 404ページの出力中の場合に処理を行う |

is_404関数で判断

404ページ（ページが見つからない場合のページ）を出力している途中かどうかを判断するには、「is_404」という関数を使います。この関数にはパラメータはなく、404ページの出力中かどうかで、戻り値がtrue／falseのいずれかを取ります。

404ページかどうかで処理を分けるには、一般的には**リスト8.18**のように書きます。

リスト8.18　404ページどうかで処理を分ける

```
<?php if (is_404()) : ?>
    404ページを出力している場合の処理
<?php else : ?>
    その他の場合の処理
<?php endif; ?>
```

145 Sticky Postsかどうかで処理を分けたい

Sticky Posts　　　　　　　　　　　　　　　　　　　　　WP 4.4　PHP 7

関数	is_sticky

関連	004 ページの種類ごとのテンプレート階層を知りたい　P.009
	059 特定の投稿を常にトップページに表示したい　P.112
	129 条件判断の考え方を知りたい　P.246

利用例	Sticky Postsの場合に特定の処理を行う

is_sticky関数で判断

　WordPressでは、特定の投稿を常に先頭に表示する機能があります（Sticky Posts、レシピ059 参照）。そこで、投稿の一覧を出力する際に、Sticky Postsとそれ以外とで、出力方法を分けたい場合も出てきます。

　Sticky Postsかどうかを判断するには、「is_sticky」という関数を使います。WordPressループ内でこの関数を使う場合は、パラメータを指定せずに、リスト8.19のようにして処理を分けます。

リスト8.19 Sticky Postsかどうかで処理を分ける

```php
<?php if (is_sticky()) : ?>
    Sticky Postsを出力している場合の処理
<?php else : ?>
    その他の場合の処理
<?php endif; ?>
```

146 ページが分割されているかどうかで出力を分けたい

ページ分割		WP 4.4　PHP 7

関数	is_paged

関連	052　複数ページに分割された投稿で各ページへのリンクを出力したい　P.096
	129　条件判断の考え方を知りたい　P.246

利用例	分割されたページの2ページ以降の場合に処理を行う

is_paged関数で判断

　メインページやアーカイブページなど、複数の投稿を出力するページでは、1ページあたり10件などで分割することができます。

　ページが分割されているかどうかを判断して処理を分ける必要がある場合は、「is_paged」という関数を使います。ページが分割されていて、なおかつ2ページ目以降が表示されているかどうかで、この関数はtrue／falseのいずれかの値を返します。

　リスト8.20のようにして、分割後の2ページ目以降かどうかによって処理を分けることができます。

　なお、分割されているページでも、1ページ目の時はis_paged関数はfalseを返しますので、注意が必要です。

リスト8.20　分割後の2ページ目以降かどうかで処理を分ける

```
<?php if (is_paged()) : ?>
    分割後の2ページ目以降を出力している場合の処理
<?php else : ?>
    その他の場合の処理
<?php endif; ?>
```

147 投稿フォーマットごとに出力を分けたい

| 投稿フォーマット | | WP 4.4 | PHP 7 |

| 関数 | get_post_format |

| 関連 | 022 投稿フォーマットを使えるようにしたい　P.050 |
| | 129 条件判断の考え方を知りたい　P.246 |

| 利用例 | 特定の投稿フォーマットの出力中に処理を行う |

get_post_format関数で投稿フォーマットを得る

WordPress 3.1から、テーマに投稿フォーマット機能が導入されました（レシピ022参照）。投稿を作る際にフォーマットを選んで、それに応じた出力を得るための機能です。

そこで、投稿フォーマット機能をオンにする場合は、選ばれたフォーマットに応じて、出力を分けるようにすることが必要です。この場合は「get_post_format」という関数で投稿フォーマットの名前を得て、それに応じて出力を分けるようにします。

WordPressループ内でこの関数を使う場合は、パラメータは指定しません。戻り値として、投稿フォーマット名が返されます（aside、imageなど）。ただし、投稿フォーマットを設定していない（＝「標準」のままの）投稿では、戻り値はfalseになります。

例えば、投稿フォーマットとして「画像」（image）を選んでいる投稿では出力方法を分けたい場合、WordPressループ内にリスト8.21のような部分を入れます。

リスト8.21　「画像」の投稿フォーマットの場合に処理を分ける

```
<?php
$post_format = get_post_format();
if ($post_format == 'image') :
?>
    投稿フォーマットで「画像」を選んでいる場合の処理
<?php else : ?>
    上記以外の場合の処理
<?php endif; ?>
```

148 パスワード保護された投稿でパスワード入力済みかどうかで処理を分けたい

パスワード		WP 4.4	PHP 7

関数	post_password_required

関連	129 条件判断の考え方を知りたい P.246

利用例	カテゴリー／タグ／カスタムフィールドの情報もパスワードで保護する

post_password_required関数で判断

　WordPressでは、投稿ごとにパスワードで保護できます。保護された投稿のページを表示すると、本文（the_contents関数）部分はパスワード入力フォームになり、正しいパスワードを入力すると、本文を見られるようになります。

　ただ、カテゴリー／タグ／カスタムフィールド等の情報を出力するようにしている場合、その部分は何もしなければパスワード保護の対象にはなりません。パスワード未入力時にこれらの情報も出力しないようにしたい場合は、「post_password_required」という関数を使って処理を分けるようにします。

　post_password_required関数は、投稿が保護されていて、かつパスワードがまだ入力されていない時にはtrueを返します。一方、投稿が保護されていないか、もしくは保護されていてもパスワード入力済みであればfalseを返します。一般には、リスト8.22のようにして、パスワード保護されている投稿での情報の表示／非表示を判断します。

　なお、WordPressループ内でこの関数を使う場合は、パラメータは不要です。ループ外で使う場合は、投稿のIDか、投稿のオブジェクトを渡す必要があります。

リスト8.22 パスワード保護されている投稿での情報の表示／非表示の判断

```
<?php if (post_password_required()) : ?>
  パスワード保護されていて、かつパスワードが未入力の場合の処理
<?php else : ?>
  パスワード保護されていないか、パスワード入力済みの場合の処理
<?php endif; ?>
```

PROGRAMMER'S RECIPE

第 09 章

カスタム投稿タイプ／カスタム分類を使いたい

WordPressをCMSとして使う場合、コンテンツの種類を増やす「カスタム投稿タイプ」や、分類方法を増やす「カスタム分類」は使い道が多く、重要な存在です。第09章では、このカスタム投稿タイプとカスタム分類の使い方を解説します。

149 カスタム投稿タイプを登録したい

| カスタム投稿タイプ | パーマリンク | | WP 4.4 | PHP 7 |

関数 register_post_type、flush_rewrite_rules

| 関連 | 150 カスタム投稿タイプを追加する際の細かなパラメータを知りたい P.277 |

| 利用例 | 1つのサイトで、異なる複数のコンテンツを扱いたい |

カスタム投稿タイプの概要

WordPressでは、サイトのコンテンツを投稿と固定ページを中心にして管理します。ただ、ある程度複雑なサイトになると、投稿だけで管理するのは難しくなってきます。

例えば、メーカーのサイトを作り、新着情報と製品情報を扱いたいとします。この場合、これら両方を投稿だけで管理しようとすると、カテゴリーの管理や投稿するユーザーの権限などが複雑になってきます。

このように、1つのサイトの中で、性質の異なる複数のコンテンツを扱いたい場合には、「カスタム投稿タイプ」を使うと良いです。カスタム投稿タイプは、投稿／固定ページ以外に、コンテンツのタイプを追加することができる機能です。

前述のメーカーの例だと、新着情報は投稿で扱い、製品情報は「製品」というカスタム投稿タイプで扱う、といった方法が考えられます。

カスタム投稿タイプを追加すると、WordPressの管理画面で、左端のメニューにそのカスタム投稿を扱う項目が追加されます。また、投稿や固定ページと同じような画面で、カスタム投稿タイプにデータを入力できます（図9.1）。

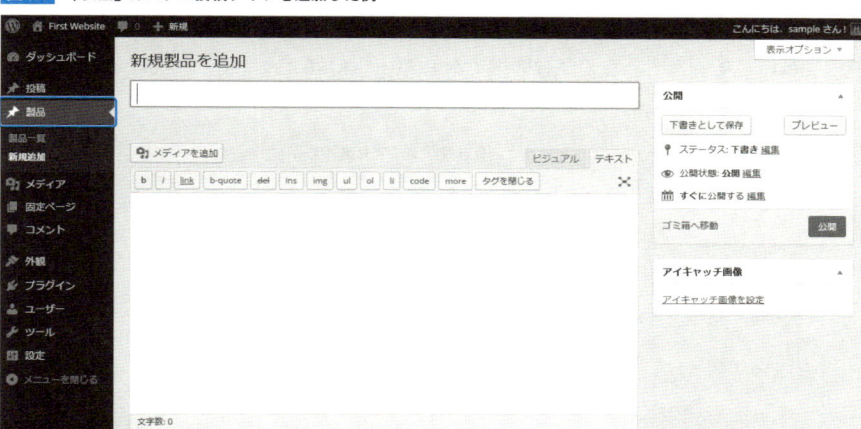

図9.1 「製品」カスタム投稿タイプを追加した例

register_post_type関数でカスタム投稿タイプを追加する

　カスタム投稿タイプを追加したい場合、「register_post_type」という関数を使います。この関数はfunctions.phpテンプレートに入れ、「init」というアクションフックのタイミングで実行するようにします。
　register_post_type関数には、2つのパラメータを渡します。1つ目はカスタム投稿タイプに付ける名前を表します。半角英数字20文字以内で決めて指定します。例えば、「製品」に対応するカスタム投稿タイプを追加するなら、「product」のような名前を指定します。
　2つ目のパラメータでは、連想配列を渡してカスタム投稿タイプの動作を指定します。連想配列に指定する値は多数あります。最低限「label」と「public」の2つの値を渡します。「label」は管理画面に表示するラベル（「製品」など）を表します。また、一般には「public」にはtrueを渡します。
　例えば、「product」という名前のカスタム投稿タイプを追加し、そのラベルを「製品」にするとします。この場合、functions.phpテンプレートにリスト9.1のような部

分を入れると、管理画面で最低限のデータを入力できる状態になります。

　ここでは、カスタム投稿タイプを追加する処理を、「add_product_type」という名前の関数にしています。この関数の中でregister_post_type関数を実行し、initアクションフックのタイミングで実行するようにしています。

リスト9.1　製品入力用に「product」というカスタム投稿タイプを追加する

```
function add_product_type() {
  $args = array(
    'label' => '製品',
    'public' => true
  );
  register_post_type('product', $args);
}
add_action('init', 'add_product_type');
```

パーマリンクを正しく動作させる

　カスタム投稿タイプを追加する際に、パーマリンクも正しく動作するようにします。functions.phpにコードを追加し、「after_switch_theme」というアクションのタイミングで、カスタム投稿タイプを登録する処理と、「flush_rewrite_rules」という関数を実行します。

　例えば、リスト9.1のように「add_product_type」という関数でカスタム投稿タイプを追加するとします。また、パーマリンクを設定する関数に、「my_rewrite_flush」という名前を付けるとします。この場合、functions.phpテンプレートにリスト9.2を追加します。

リスト9.2　パーマリンクを動作させるための処理

```
function my_rewrite_flush() {
  add_product_type();
  flush_rewrite_rules();
}
add_action('after_switch_theme', 'my_rewrite_flush');
```

150 カスタム投稿タイプを追加する際の細かなパラメータを知りたい

カスタム投稿タイプ		WP 4.4　PHP 7

関数	register_post_type

関連	149　カスタム投稿タイプを登録したい　P.274

利用例	「製品」というカスタム投稿タイプを追加し、その仕様を定義する

register_post_type関数のパラメータ

　register_post_type関数でカスタム投稿タイプを登録する際に、2つ目のパラメータに渡す連想配列で、動作を細かく設定できます。指定できる要素が非常に多いので、主なものを取り上げます（表9.1）。詳しくは、WordPressのCodexでregister_post_type関数の項を参照してください。

表9.1 register_post_type関数のパラメータの連想配列に渡す値

キー	動作	デフォルト値
label	カスタム投稿タイプに付けるラベル（「製品」などの文字列）	register_post_type関数の1つ目のパラメータに指定した値
labels	管理画面の各部に表示するラベル 表9.2の連想配列を指定	labelに指定した値
description	カスタム投稿タイプの説明	空文字列
public	trueを指定するとカスタム投稿タイプのデータを外部に公開 falseを指定すると内部だけで利用	false
show_ui	trueを指定すると管理画面に入力用のユーザーインターフェースが追加される falseを指定すると追加されない	publicに指定した値
exclude_from_search	trueを指定すると、検索からカスタム投稿タイプを除外する	publicに指定した値
hierarchical	trueを指定すると、個々のカスタム投稿に親子関係を持たせることができる（固定ページと同じ） falseを指定すると親子関係なし	false
show_in_menu	trueを指定すると管理画面のメニューにこのカスタム投稿タイプが表示される falseを指定すると表示されない	show_uiに指定した値
menu_position	メニューに表示する位置 5を指定すると「投稿」の下、10を指定すると「メディア」の下…のように、5刻みで指定 何も指定しないと「コメント」の下に表示する	null

表9.1次ページへ続く

表9.1の続き

キー	動作	デフォルト値
menu_icon	メニューに表示するアイコンのURL。 何も指定しないと投稿と同じアイコン	null
show_in_nav_menus	trueを指定すると、カスタムメニューの設定のページでこのカスタム投稿も扱える	publicに指定した値
show_in_admin_bar	trueを指定すると、管理バーでこのカスタム投稿タイプを新規作成できる	show_in_menuに指定した値
supports	カスタム投稿を編集するページでサポートする機能を、以下の文字列の配列で指定 title(タイトル)、editor(エディタ)、author(作成者)、thumbnail(アイキャッチ画像)、excerpt(抜粋)、trackbacks(トラックバック)、custom-fields(カスタムフィールド)、comments(コメント)、revision(リビジョン)、page_attributes(並び順)、post-formats(投稿フォーマット)	array ('title', 'editor')
has_archive	trueを指定するとこのカスタム投稿タイプのアーカイブを使用できる	false
capability_type	カスタム投稿タイプの権限のタイプ	post

表9.2 「labels」に渡す連想配列の内容

要素名	設定内容	デフォルト値
name	カスタム投稿タイプ名の複数形	「label」に指定した値
singular_name	カスタム投稿タイプ名の単数形	nameと同じ値
menu_name	メニューに表示するラベル	nameと同じ値
name_admin_bar	管理バーの「新規追加」ドロップダウンに表示するラベル	singular_nameと同じ値
all_items	「すべての〜」に使うラベル	nameの値
add_new_item	カスタム投稿の新規作成ページの左上に表示されるタイトル	「新規投稿を追加」の文字列
add_new	メニューの「新規」の位置に表示するラベル	「新規追加」の文字列
new_item	カスタム投稿一覧ページの右上の方にある新規作成ボタンのラベル	「新規投稿」か「新規固定ページ」
edit_item	カスタム投稿編集ページの左上に表示されるタイトル	「投稿を編集」か「固定ページを編集」
view_item	カスタム投稿編集ページの「○○を表示」ボタンのラベル	「投稿を表示」か「固定ページを表示」
search_items	カスタム投稿一覧ページの検索ボタンのラベル	「投稿を検索」か「固定ページを検索」
not_found	カスタム投稿を追加していない状態で、カスタム投稿一覧ページを開いた時に表示するメッセージ	「投稿(またはページ)が見つかりませんでした。」

表9.2次ページへ続く

表9.2の続き

要素名	設定内容	デフォルト値
not_found_in_trash	カスタム投稿をゴミ箱に入れていない状態で、カスタム投稿のゴミ箱ページを開いた時に表示するメッセージ	「ゴミ箱内に投稿（または固定ページ）が見つかりませんでした。」
parent_item_colon	「親〜」のラベル（階層化可能にしたカスタム投稿タイプの場合のみ）	「親ページ：」

カスタム投稿タイプを追加する事例

「製品」というカスタム投稿タイプを追加し、その細かな仕様を以下のようにしたいとします。

- 編集画面のラベルが、投稿や固定ページと同じになるようにする
- 「投稿」メニューの次に「製品」メニューを表示する
- 編集画面ではタイトル／エディタ／抜粋／アイキャッチ画像／カスタムフィールド／リビジョンを使えるようにする
- アーカイブページを使えるようにする

この場合、functions.phpテンプレートに、リスト9.3のような部分を追加します。

リスト9.3 「製品」カスタム投稿タイプを追加する例

```
function add_product_type() {
  $args = array(
    'label' => '製品',
    'labels' => array(
      'all_items' => '製品一覧',
      'add_new_item' => '新規製品を追加',
      'new_item' => '新規製品',
      'edit_item' => '製品を編集',
      'view_item' => '製品を表示',
      'search_items' => '製品を検索',
      'not_found' => '製品が見つかりませんでした',
    ),
    'public' => true,
    'menu_position' => 5,
    'supports' => array('title', 'editor', 'thumbnail', 'excerpt', 'custom-fields', 'revision'),
    'has_archive' => true,
  );
  register_post_type('product', $args);
}
add_action('init', 'add_product_type');
```

151 カスタム投稿タイプ関係のページのテンプレート階層を知りたい

テンプレート			WP 4.4　PHP 7
関　連	003	テンプレートの優先順位（テンプレート階層）を知りたい　P.007	
利用例	カスタム投稿タイプ用のテンプレートを定義する		

カスタム投稿タイプ用のテンプレートが存在

　WordPressでは、サイト内の個々のページを出力する際に、テンプレート階層（レシピ003 および レシピ004 を参照）に基づいて、テンプレートが選択されます。カスタム投稿タイプを追加した場合も、カスタム投稿タイプ用のテンプレート階層に沿って、適切なテンプレートが選択されるようになっています。

個々のカスタム投稿のページのテンプレート階層

　個々のカスタム投稿のページを表示する際には、以下の階層に沿ってテンプレートが選択されます。「投稿タイプ名」の部分は、register_post_type関数の1つ目のパラメータに渡した名前が入ります。

❶ single-投稿タイプ名.php
❷ single.php
❸ singular.php
❹ index.php

　例えば、製品を扱うために、「product」というカスタム投稿タイプを追加したとします。この場合、single-product.phpというテンプレートがあれば、そのテンプレートに沿って、個々の製品のページを出力することができます。そして、single-product.phpテンプレートがなければ、single.php→singular.php→index.phpの順にテンプレートが検索されます。

カスタム投稿のアーカイブページのテンプレート階層

　カスタム投稿を年別や月別に分けたアーカイブページを出力することもできます。このようなページを出力する際には、以下の階層に沿ってテンプレートが選択されます。

❶ archive-投稿タイプ名.php

❷ archive.php

❸ index.php

　例えば、「product」というカスタム投稿タイプを追加した場合、archive-product.php→archive.php→index.phpの順にテンプレートが検索されます。

カスタム投稿タイプ用のテンプレートの組み方

　カスタム投稿タイプ用のテンプレートは、通常の投稿と同じように組むことができます。個々のカスタム投稿を出力する処理は、WordPressループで行います。また、カスタム投稿の情報（タイトル等）も、the_title等のテンプレートタグで出力することができます。

MEMO

152 最近のカスタム投稿一覧のページを出力したい

最新の投稿一覧　　　　　　　　　　　　　　　　　　　　WP 4.4 ／ PHP 7

関数　home_url

関　連	031　サイトのトップページのアドレスを出力したい　P.067
利用例	カスタム投稿タイプの最新の投稿一覧へのリンクを作成する

ブログのトップページと同様のページを出力できる

　カスタム投稿タイプを追加すると、ブログのトップページと同様に、そのカスタム投稿タイプの最新の投稿一覧のページも出力されます。

　このページのアドレスは、標準では以下のような形式になります。「カスタム投稿タイプ名」の部分は、register_post_type関数（レシピ149 参照）の1つ目のパラメータで指定した値になります。

```
http://サイトのトップページ/カスタム投稿タイプ名
```

　例えば、サイトのトップページのアドレスが、「http://www.foo.com/wordpress/」であるとします。また、「product」というカスタム投稿タイプを追加したとします。この場合、このカスタム投稿タイプの最新の投稿のページのアドレスは、以下のようになります。

```
http://www.foo.com/wordpress/product/
```

　また、カスタム投稿タイプの最新の投稿一覧のページは、アーカイブページと同じテンプレート階層で出力されます（レシピ151 参照）。

アドレスをhome_url関数で出力

　カスタム投稿タイプの最新の投稿一覧のページにリンクするには、home_url関数を使って、以下のようにa要素を出力します。

```
<a href="<?php echo home_url('/カスタム投稿タイプ名/'); ?>">リンクにする文字列</a>
```

例えば、「最新の製品」の文字をクリックした時に、「product」のカスタム投稿タイプの最新の投稿一覧のページに移動するようにするには、リンクを以下のように出力します。

```
<a href="<?php echo home_url('/product/'); ?>">最新の製品</a>
```

MEMO

153 カスタム投稿タイプのアーカイブページにリンクしたい

アーカイブページ	Custom Post Type Permalinks	WP 4.4　PHP 7

関数 get_month_link

関連	048 月別等のアーカイブページにリンクしたい P.090
利用例	カスタム投稿タイプの月別アーカイブページへのリンクを作成する

アーカイブページのアドレス

　カスタム投稿タイプでもアーカイブページを出力することができます。そのアドレスは、通常の投稿のアーカイブページのアドレスの後に、「?post_type＝カスタム投稿タイプ名」を付けたものになります。

　例えば、「product」という名前のカスタム投稿タイプを追加した場合だと、アーカイブページのアドレスは、通常の投稿のアーカイブページのアドレスの後に、「?post_type=product」を付けたものになります。

get_month_link関数等でアーカイブページのアドレスを出力する

　一般の投稿では、アーカイブページのアドレスはget_month_link等の関数で出力することができました（レシピ048 参照）。

　カスタム投稿タイプのアーカイブページのアドレスを出力する場合、まずget_month_link等の関数を使って一般の投稿のアーカイブページのアドレスを出力し、その後に「?post_type＝カスタム投稿タイプ名」を出力するようにします。

　例えば、「product」という名前のカスタム投稿タイプを追加していて、個々の投稿からその月別アーカイブページにリンクしたい場合、WordPressループ内にリスト9.4のような部分を入れます。

リスト9.4 「製品」カスタム投稿タイプの月別アーカイブページにリンクする

```
<?php
  $year = get_the_date('Y');
  $month = get_the_date('m');
?>
<a href="<?php echo get_month_link($year, $month); ?>?post_type=product">
リンクにする文字列</a>
```

アーカイブページのリストはプラグインで出力

　サイドバー等に、カスタム投稿タイプのアーカイブページのリストを出力したい場合もあります。一般の投稿であれば、wp_get_archives関数でリストを出力することができますが、この関数は標準ではカスタム投稿タイプには対応していません。

　フィルターフックを使ってプログラムを組めば、カスタム投稿タイプのアーカイブリストを出力することもできますが、やや手間がかかります。

　アーカイブページのリストの出力を含めて、カスタム投稿タイプのアーカイブを扱う場合は、「Custom Post Type Permalinks」というプラグインを使うと便利です。このプラグインの使い方は、レシピ215で紹介します。

MEMO

154 出力中のカスタム投稿タイプを判断したい

投稿タイプ　　　　　　　　　　　　　　　　　　　　　　　　WP 4.4　PHP 7

関数	is_singular、get_post_type

関連	129	条件判断の考え方を知りたい　P.246
	155	カスタム投稿タイプが登録されているかどうかを判断したい　P.288

利用例	テンプレートの一部にカスタム投稿ページ用の出力を適用する

is_singular関数で判断

　一般の投稿やカスタム投稿のページを出力する際に、それらのテンプレートの共通性が高いこともあります。その場合、テンプレートを1つ（single.php等）にまとめて、必要な箇所だけ投稿タイプを条件判断してそれに応じた処理をする方法が考えられます。

　現在出力中の投稿等が、どの投稿タイプのものであるかを判断するには、「is_singular」という関数を使います。パラメータとして、投稿のタイプ名を指定します。また、複数のタイプのどれかに一致するかどうかを判断したければ、パラメータとしてタイプ名の配列を渡します。

　例えば、「product」というカスタム投稿タイプを追加しているとします。この場合、一般の投稿と、「product」のカスタム投稿タイプとで出力を分けるには、リスト9.5のように書きます。

リスト9.5 一般の投稿と「product」カスタム投稿で処理を分ける

```php
<?php if (is_singular('post')) : ?>
  一般の投稿の場合の出力
<?php elseif (is_singular('product')) : ?>
  「product」カスタム投稿の場合の出力
<?php endif; ?>
```

　また、一般の投稿か、「product」カスタム投稿のどちらかであることを判断したい場合、以下のようなif文を書きます。リスト9.6のように書きます。

リスト9.6 一般の投稿か「product」カスタム投稿であることを判断する

```
<?php if (is_singular(array('post', 'product'))) : ?>
    一般の投稿か「product」カスタム投稿の場合の出力
<?php else: ?>
    その他の投稿タイプの場合の出力
<?php endif; ?>
```

投稿タイプを得る

現在出力中の投稿等について、そのタイプを得たい場合もあります。この処理は「get_post_type」という関数で行うことができます。パラメータとして、投稿系のオブジェクトかIDを渡します。

例えば、変数$p_idに投稿等のIDが入っている場合、そのタイプを変数$p_typeに代入するには、以下のように書きます。

```
$p_type = get_post_type($p_id);
```

MEMO

155 カスタム投稿タイプが登録されているかどうかを判断したい

カスタム投稿タイプ名		WP 4.4　PHP 7
関数	post_type_exists	
関連	129　条件判断の考え方を知りたい　P.246 154　出力中のカスタム投稿タイプを判断したい　P.286	
利用例	特定のカスタム投稿タイプが登録されている場合に処理を行う	

post_type_exists関数で判断

　特定のカスタム投稿タイプが登録されているかどうかによって、処理を分ける場合もあります。このような判断を行うには、「post_type_exists」という関数を使います。パラメータとして、判断したいカスタム投稿タイプの名前を渡します。

　例えば、「product」というカスタム投稿タイプが登録されているかどうかで処理を分けるには、リスト9.7のように書きます。

リスト9.7　「product」カスタム投稿タイプが登録されているかどうかを判断する

```
<?php if (post_type_exists('product')) : ?>
  「product」カスタム投稿タイプが登録されている時の処理
<?php else : ?>
  「product」カスタム投稿タイプが登録されていない時の処理
?php endif; ?>
```

156 カスタム分類を登録したい

| カスタム分類 | ターム | 投稿タイプ | WP 4.4 | PHP 7 |

| 関数 | register_taxonomy |

| 関　連 | 157　カスタム分類を追加する際の細かなパラメータを知りたい　P.290 |
| 利用例 | 独自の分類方法とそれに属する個々の要素を追加する |

カスタム分類の概要

　WordPressでは、投稿をグループに分ける機能として、「カテゴリー」と「タグ」の2種類があります。ただ、これ以外の分類方法を追加したい場合もあります。

　また、カスタム投稿タイプを追加した場合、それをカテゴリーやタグで分類できるようにすることも可能です。ただ、独自の分類方法を追加した方が管理しやすいです。

　そこで、WordPressには「カスタム分類」という機能があります。カテゴリーとタグ以外に、独自の分類方法を追加することができます。

　カスタム分類を登録すると、WordPressのメニューに、その分類を操作する項目が追加されます。カテゴリーやタグと同じ方法で、カスタム分類を管理することができます（図9.2）。

　1つのカスタム分類には多数の分類が属しますが、それぞれを「ターム」（term）と呼びます。例えば、「音楽」というカスタム分類を作る場合だと、「ロック」や「ジャズ」などの個々の分類がタームに当たります。

図9.2 カスタム分類はカテゴリーやタグと同じように管理できる

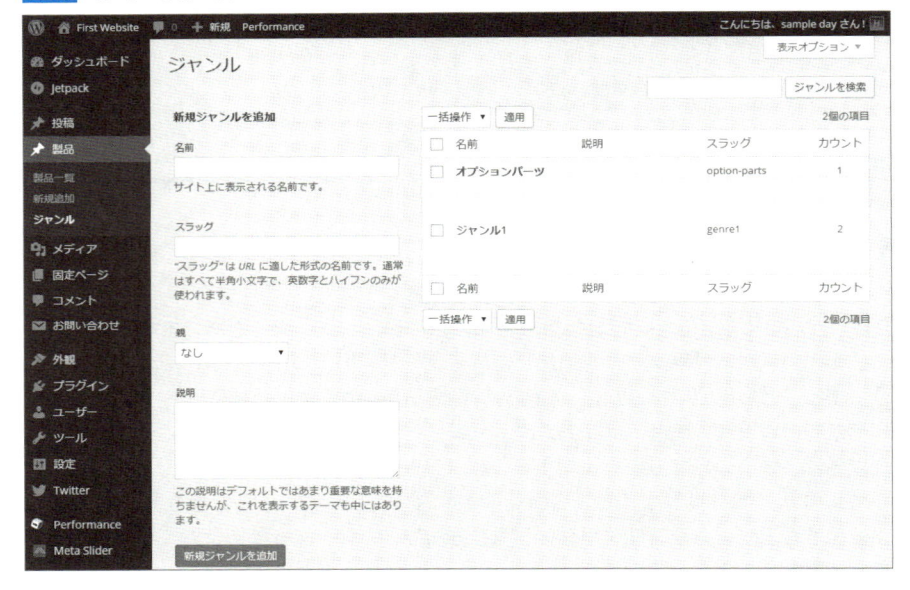

register_taxonomy関数で追加

　カスタム分類を追加するには、「register_taxonomy」という関数を使います。register_post_type関数と同様に、register_taxonomy関数を実行する処理をfunctions.phpテンプレートに入れ、initアクションフックのタイミングで実行するようにします。

　この関数は3つのパラメータを取ります。1つ目のパラメータには、カスタム分類を識別する名前を指定します。半角英数字で名前を決めて指定します。例えば、「ジャンル」を表すカスタム分類を登録する場合だと、「genre」のような名前を指定すると良いでしょう。

　2つ目のパラメータには、このカスタム分類で分類できるようにする投稿のタイプを指定します。1つの投稿タイプだけを指定する場合は、その名前を文字列で渡します。また、複数の投稿タイプでこのカスタム分類を使いたい場合は、投稿タイプの名前の配列を渡します。

3つ目のパラメータでは、カスタム分類を登録する際の細かな動作を、連想配列で渡します。この詳細については、次の レシピ157 で解説します。

基本的な書き方の例

例えば、「製品」を表す「product」というカスタム投稿タイプを登録し、またそれをジャンルで分類したいとします。そのために、「genre」というカスタム分類を登録するものとします。

カスタム投稿タイプとカスタム分類を登録する処理を「add_product」という関数にまとめるとすると、その処理は リスト9.8 のようになります。2行目のregister_post_type関数で「product」のカスタム投稿タイプを追加した後、8行目で「genre」のカスタム分類を追加しています。

なお、register_post_type関数のパラメータは多いので、ここでは省略しています（ レシピ150 を参照）。

リスト9.8 ジャンルを表すカスタム分類を追加する例

```
function add_product() {
  register_post_type('product', ･･･);
  $args = array(
    'label' => 'ジャンル',
    'public' => true,
    'hierarchical' => true
  );
  register_taxonomy('genre', 'product', $args);
}
add_action('init', 'add_product');
```

157 カスタム分類を追加する際の細かなパラメータを知りたい

カスタム分類　　　　　　　　　　　　　　　　　　　　　　　WP 4.4　PHP 7

関数	register_taxonomy
関連	156　カスタム分類を登録したい　P.289
利用例	編集画面のラベルやカスタム分類の親子関係を定義する

register_taxonomyのパラメータ

　register_taxonomy関数でカスタム分類を登録する際に、2つ目のパラメータに渡す連想配列で、動作を細かく設定することができます。register_post_type関数と同様に、指定できる要素が非常に多いので、主なものを取り上げます（**表9.3**）。詳しくは、WordPressのCodexでregister_taxonomy関数の項を参照してください。

表9.3 register_taxonomy関数のパラメータの連想配列に渡す値

キー	動作	デフォルト値
label	カスタム分類に付けるラベル（「ジャンル」などの文字列）	labels連想配列のnameに指定した値
labels	管理画面の各部に表示するラベル。 表9.4の連想配列を指定	labelに指定した値
description	カスタム分類の説明	空文字列
public	trueを指定するとカスタム分類のデータを外部に公開。 falseを指定すると内部だけで利用	true
show_ui	trueを指定すると管理画面に入力用のユーザーインターフェースが追加される。 falseを指定すると追加されない	publicに指定した値
hierarchical	trueを指定すると、個々のカスタム分類に親子関係を持たせることができる（カテゴリーと同じ）。 falseを指定すると親子関係なし（タグと同じ）	false
show_in_nav_menus	trueを指定すると、カスタムメニューの設定のページでこのカスタム分類も扱える	publicに指定した値

表9.4 「labels」に渡す連想配列の内容

要素名	設定内容	デフォルト値
name	カスタム分類名の複数形	「カテゴリー」など
singular_name	カスタム分類名の単数形	「カテゴリー」など
menu_name	メニューに表示するラベル	nameと同じ値
all_items	「すべての〜」に使うラベル	「カテゴリー一覧」など
edit_item	「項目を編集」のラベル	「カテゴリーの編集」など
view_item	「項目を表示」のラベル	「カテゴリーを表示」など
update_item	「項目を更新」のラベル	「カテゴリーを更新」など
add_new_item	「新しい項目」のラベル	「新規カテゴリーを追加」など
parent_item	「親の項目」のラベル(階層化可能にしたカスタム分類の場合のみ)	「親カテゴリー」
parent_item_colon	「親〜」のラベル(階層化可能にしたカスタム分類の場合のみ)	「親カテゴリー：」
search_items	「項目を検索」のラベル	「カテゴリーを検索」など
popular_items	「人気の項目」のラベル(階層化しないカスタム分類の場合のみ)	「人気のタグ」
separate_items_with_commas	「項目をコンマで区切ってください」のラベル(階層化しないカスタム分類の場合のみ)	「タグが複数ある場合はコンマで区切ってください」
add_or_remove_items	「項目の追加または削除」のラベル(階層化しないカスタム分類の場合のみ)	「タグの追加もしくは削除」
choose_from_most_used	「よく使われている項目から選択」のラベル(階層化しないカスタム分類の場合のみ)	「よく使われているタグから選択」
not_found	カスタム分類が見つからなかった時のラベル(階層化しないカスタム分類の場合のみ)	「タグが見つかりませんでした」

カスタム分類を追加する事例

「product」(製品)というカスタム投稿タイプを追加し、それを分類するために、「genre」(ジャンル)というカスタム分類を追加するとします。細かな仕様を以下のようにしたいとします。

- ジャンルの編集画面のラベルが、投稿や固定ページと同じになるようにする
- カテゴリーと同様に、ジャンルに親子関係を持たせられるようにする

この場合、functions.phpテンプレートに、リスト9.9のような部分を追加します。なお、2行目のregister_post_type関数のパラメータは省略しています。

3〜17行目で、register_taxonomy関数に渡すパラメータを定義しています。4〜14行目はラベル関連の定義です。15行目の「'public' => true」でジャンルのカスタム分類を公開します。また、16行目の「'hierarchical' => true」で、ジャンルに親子関係を持たせています。

リスト9.9　「ジャンル」のカスタム投稿タイプを追加する例

```
function add_product() {
  register_post_type('product', ・・・');
  $args = array(
    'label' => 'ジャンル',
    'labels' => array(
      'all_items' => 'ジャンル一覧',
      'edit_item' => 'ジャンルを編集',
      'view_item' => 'ジャンルを表示',
      'update_item' => 'ジャンルを更新',
      'add_new_item' => '新規ジャンルを追加',
      'parent_item' => '親カテゴリー ',
      'parent_item_colon' => '親カテゴリー :',
      'search_items' => 'ジャンルを検索'
    ),
    'public' => true,
    'hierarchical' => true
  );
  register_taxonomy('genre', 'product', $args);
}
add_action('init', 'add_product');
```

158 カスタム分類のテンプレート階層を知りたい

テンプレート			WP 4.4	PHP 7

関　連	003 テンプレートの優先順位（テンプレート階層）を知りたい　P.007
利用例	カスタム分類用のテンプレートを定義する

▎カスタム分類にもテンプレート階層がある

　WordPressでは、カテゴリーやタグで投稿を分類して、アーカイブページを出力することができます。それと同様に、カスタム投稿をカスタム分類で分けて、アーカイブページを出力することもできます。

　また、WordPressではテンプレート階層によってテンプレートが選択されます。カスタム分類のアーカイブページにもテンプレート階層があります。

▎カスタム分類のテンプレート階層

　カスタム分類のアーカイブページを出力する際には、以下の階層でテンプレートが選択されます。「カスタム分類名」には、register_taxonomy関数で指定したカスタム分類名が入ります。また、「スラッグ」には、個々のタームにつけたスラッグが入ります。

❶ taxonomy-カスタム分類名-スラッグ.php
❷ taxonomy-カスタム分類名.php
❸ taxonomy.php
❹ archive.php
❺ index.php

　例えば、「genre」という名前のカスタム分類を登録したとします。また、そのカスタム分類の1つとして、スラッグが「option-parts」になるタームを作ったとします。
　この場合、このカスタム分類のテンプレート階層は、以下のようになります。

❶ taxonomy-genre-option-parts.php
❷ taxonomy-genre.php
❸ taxonomy.php
❹ archive.php
❺ index.php

159 カスタム投稿ごとのカスタム分類（ターム）を出力したい

カスタム分類	ターム		WP 4.4　PHP 7

関数	the_terms

関連	049　投稿が属するカテゴリーを出力したい　P.092 160　カスタム投稿ごとのカスタム分類（ターム）を得たい　P.297

利用例	あるカスタム投稿に加えられているタームを取得する

the_terms関数で出力

カスタム投稿（通常の投稿も含む）を出力している時に、個々のカスタム投稿が属するカスタム分類（のターム）の情報を出力したい場合もあります。このような時には、「the_terms」という関数を使います。

この関数は、パラメータを5つ取ります（表9.5）。WordPressループ内でこの関数を使う場合なら、個々の投稿のIDはget_the_ID関数で得ることができます。

3つ目から5つ目のパラメータを省略すれば、リストの前後には何も出力されず、個々のカスタム分類はコンマで区切られます。

表9.5　the_terms関数のパラメータ

パラメータ	内容
1つ目	カスタム投稿のID
2つ目	カスタム分類名
3つ目	タームのリストの前に出力する文字列
4つ目	個々のタームを区切る文字列
5つ目	タームのリストの後に出力する文字列

事例

例えば、あるカスタム投稿を、「genre」という名前のカスタム分類で分類しているとします。WordPressループでこのカスタム投稿のタームのリストを出力するには、テンプレート内に以下のような行を入れます。

```
<?php the_terms(get_the_ID(), 'genre'); ?>
```

また、リストの前後を「<div>分類」「</div>」で囲み、個々のタームの間を「:」で区切りたいとします。この場合は、the_terms関数を以下のように実行します。

```
<?php the_terms(get_the_ID(), 'genre', '<div>分類', ':', '</div>'); ?>
```

160 カスタム投稿ごとのカスタム分類（ターム）を得たい

| カスタム分類 | ターム | | WP 4.4 | PHP 7 |

関数 get_the_terms

関連	089 投稿が属するカテゴリーを読み込みたい　P.170 159 カスタム投稿ごとのカスタム分類（ターム）を出力したい　P.296
利用例	投稿が属するタームをリストとして出力する

get_the_terms関数で取得

the_terms関数（レシピ159参照）で、個々のカスタム投稿ごとのタームのリストを出力することができます。ただ、タームの細かな情報を得ることはできません。情報を得たい場合には、「get_the_terms」という関数を使います。

パラメータとして、カスタム投稿のIDとカスタム分類名を渡します。また、戻り値はタームのオブジェクトの配列になります。オブジェクトには表9.6のメンバーがあり、ここからタームの情報を得ることができます。

なお、カスタム投稿がどのタームにも属していない場合は、戻り値はfalseになります。

表9.6 タームのオブジェクトのメンバー

メンバー名	内容
term_id	ID
name	分類名
slug	スラッグ
description	説明
parent	親分類のID
count	その分類に属するカスタム投稿の数

カスタム投稿が属するタームをul／liのリストで出力する

get_the_terms関数の例として、カスタム投稿が属するタームを、ul／li要素のリストで出力してみます。カスタム分類の名前は「genre」にしているものとします。

そのコードはリスト9.10のようになります。この部分をWordPressループの中に入れると動作します。

まず、2行目のget_the_terms関数でカスタム投稿が属するタームを得て、配列変数$termsに代入します。そして、タームが存在するかどうかを判断し（3行目）、存在すればその数（配列変数$termsの要素数）だけ繰り返して、タームを順に処理します（6行目）。そして、7行目で各タームの名前を出力します。

リスト9.10　投稿が属するタームをul／liのリストで出力する

```php
<?php
$terms = get_the_terms(get_the_ID(), 'genre');
if ($terms) :
?>
<ul>
  <?php for ($i = 0; $i < count($terms); $i++) : ?>
  <li><?php echo $terms[$i]->name; ?></li>
  <?php endfor; ?>
</ul>
<?php endif; ?>
```

161 カスタム分類（ターム）ごとのアーカイブページのアドレスを出力したい

| カスタム分類 | ターム | アーカイブページ | WP 4.4　PHP 7 |

関数　get_term_link

| 関　連 | 093　カテゴリーアーカイブページにリンクしたい　P.176 |
| 利用例 | カスタム分類のアーカイブページにリンクする |

get_term_link関数で取得

　get_the_terms関数等を使ってカスタム分類の情報を出力する際に、個々のタームのアーカイブページにリンクしたい場面もあります。このような時には、「get_term_link」という関数を使います。

　パラメータとしてタームのオブジェクトを渡すと、そのタームのアーカイブページのアドレスが戻り値になります。直接には出力されないので、出力する場合はecho文と組み合わせます。

　また、パラメータとして、タームのスラッグとカスタム分類名を渡しても、そのターム分類のアーカイブページのアドレスを得ることができます。

　例えば、WordPressループの中でリスト9.11を実行すると、個々の投稿の「genre」というカスタム分類の名前をリンクとして出力し、名前がクリックされた時にそのタームのアーカイブページに移動するようになります。

リスト9.11　カスタム分類のアーカイブページにリンクする

```
<?php
$terms = get_the_terms(get_the_ID(), 'genre');
if ($terms) :
?>
<ul>
  <?php for ($i = 0; $i < count($terms); $i++) : ?>
  <li><a href="<?php echo get_term_link($terms[$i]); ?>"><?php echo ⏎
$terms[$i]->name; ?></a></li>
  <?php endfor; ?>
</ul>
<?php endif; ?>
```

162 カスタム分類（ターム）の一覧を出力したい

カスタム分類	ターム		WP 4.4	PHP 7

関数	wp_list_categories

関　連	120　カテゴリー一覧を出力したい　P.220

利用例	カスタム分類の分類一覧を出力する

wp_list_categories関数を流用

サイドバー等に、タームの一覧を出力したい場合もあります。カテゴリー一覧を出力するwp_list_categories関数は、カスタム分類のターム一覧の出力にも対応していますので、この関数を流用します。

wp_list_categories関数のパラメータに渡す連想配列で、「taxonomy」というキーの要素を使って、カスタム分類名を指定します。それ以外のパラメータは、wp_list_categories関数と同じように指定します（レシピ120 を参照）。

例えば、「genre」という名前のカスタム分類を登録している場合、そのタームの一覧を出力するには、テンプレートにリスト9.12のようなコードを入れます。

リスト9.12　wp_list_categoriesで「genre」カスタム分類のタームの一覧を出力する

```
<?php
wp_list_categories(array(
  'taxonomy' => 'genre',
  その他のパラメータ
));
?>
```

163 カスタム投稿がカスタム分類（ターム）に属するかどうかを判断したい

| カスタム分類 | ターム | | WP 4.4 | PHP 7 |

| 関数 | has_term |

| 関　連 | 139 投稿が属するカテゴリーで出力を分けたい　P.263 |

| 利用例 | 特定のタームに属する投稿だけの処理を行う |

has_term関数で判断

　カスタム投稿が特定のタームに属しているかどうかを判断して、処理を分けたいこともあります。このような場合には、「has_term」という関数を使います。

　has_term関数は、パラメータを3つとります。1つ目として、所属しているかどうかを調べたいタームのID／名前／スラッグのどれかを指定します。2つ目には、カスタム分類の名前を指定します。また、3つ目にはカスタム投稿のIDを指定します。ただし、WordPressループ内で、個々の投稿のタームを調べる場合は、3つ目のパラメータは省略することができます。

　複数のタームのどれかに属するかどうかを調べることもできます。この場合は、1つ目のパラメータとして、ID／名前／スラッグの配列を渡します。

　例えば、WordPressループ内で、個々のカスタム投稿が、「genre」というカスタム分類の「rock」というタームに属するかどうかを判断したい場合、ループにリスト9.13のようなコードを追加します。

リスト9.13　「genre」カスタム分類の中の「rock」termに属するカスタム投稿かどうかを判断する

```
<?php if (has_term('rock', 'genre')) : ?>
    「rock」のタームに属するカスタム投稿の場合の処理
<?php else : ?>
    「rock」のタームに属さないカスタム投稿の場合の処理
<?php endif; ?>
```

164 カスタム投稿を柔軟に読み込みたい

WP_Query	WP 4.4　PHP 7
関連	064　自由に投稿を読み込んで出力したい　P.122
利用例	任意のカスタム投稿／カスタム分類／タームで投稿を取得する

WP_Queryで読み込む

カスタム投稿は、データベース上では投稿と同じテーブルにデータを保存しています。そのため、カスタム投稿を柔軟に読み込みたい場合、一般の投稿と同様に、WP_Queryを使うことができます。

WP_Queryのオブジェクトを作成する際に、第03章で解説したようにして、各種のパラメータを指定します。それに加えて、パラメータの連想配列に「post_type」という要素を入れ、カスタム投稿のタイプを指定します。

例えば、「product」というカスタム投稿タイプを登録しているとします。この時に、このタイプのカスタム投稿を、日付の新しい順に10件読み込むには、リスト9.14のようにしてWP_Queryのオブジェクトを作成します。

なお、読み込んだカスタム投稿は、一般の投稿と同様に、WordPressループを使って出力することができます（レシピ064 を参照）。

リスト9.14　「product」というカスタム投稿タイプの投稿から最新の10件を読み込む

```
$変数 = new WP_Query(array(
  'post_type' => 'product',
  'posts_per_page' => 10,
  'orderby' => 'date',
  'order' => 'DESC'
));
```

カスタム分類を組み合わせて読み込む

カスタム投稿を読み込む際に、カスタム分類の条件を加えることもできます。この場合は、WP_Queryオブジェクトを作成する際に、パラメータの連想配列に「tax_query」という要素を入れて、カスタム分類の条件を指定します。

tax_queryには複数の条件を入れることができ、配列の形で表します。また、個々

の条件は連想配列の形で表し、**表9.7**の要素を入れます。

表9.7 tax_queryに指定する連想配列

キー	内容	既定値
taxonomy	カスタム分類の名前	なし
field	タームの検索に使うフィールド名。 「term_id」か「slug」のどちらかを指定	term_id
terms	タームを特定する値（IDかスラッグ）。 複数のタームを対象にする場合は、それらのID（またはスラッグ）を配列にする	なし
include_children	対象のタームの子孫のタームも含める場合はtrue、含めない場合はfalse	true
operator	タームの検索方法を「IN」「NOT IN」「EXISTS」「NOT EXISTS」から指定	IN

　例えば、「product」というカスタム投稿タイプを登録しているとします。また、「genre」というカスタム分類も登録して、カスタム投稿を分類しているとします。この時に、それらのカスタム投稿の中で、「genre」カスタム分類が「table」というスラッグのタームに属するカスタム投稿だけを読み込みたい場合、**リスト9.15**のようにします。

リスト9.15 「product」カスタム投稿タイプの投稿の中で、「genre」カスタム分類のタームが「table」になっている投稿を読み込む

```
$変数 = new WP_Query(array(
  'post_type' => 'product',
  'tax_query' => array(
    array(
      'taxonomy' => 'genre',
      'terms' => 'table',
      'field' => 'slug'
    )
  ),
  ...
));
```

165 カスタム分類を柔軟に読み込みたい

カスタム分類	ターム		WP 4.4	PHP 7

関数 get_terms

| 関連 | 091 複数のカテゴリーをまとめて読み込みたい P.173 |
| | 098 複数のタグをまとめて読み込みたい P.186 |

| 利用例 | タームの一覧を投稿数の多い順にソートして出力する |

get_terms関数を使う

条件を指定して、カスタム分類を柔軟に読み込みたい場合もあります。このような時には、「get_terms」という関数を使います。

get_terms関数はパラメータを2つとります。1つ目には、カスタム分類の名前を渡します。そして、2つ目には表9.8の要素を持つ連想配列を渡します。カスタム分類の名前を指定する点を除くと、get_categories関数と同じ仕組みです（レシピ091 参照）。

表9.8 get_terms関数のパラメータに渡す連想配列の内容

キー	内容	初期値
hide_empty	投稿がないタームを読み込まない場合はtrue、読み込む場合はfalseを指定する	true
child_of	その値のIDを持つタームの子孫タームを読み込む。 この場合、hide_emptyがtrueにセットされる	0
parent	その値のIDを持つタームの子タームを読み込む	なし
hierarchical	trueを指定した場合、子タームが空でも、その子タームが空でなければ読み込む	true
include	読み込みたいタームのIDをコンマで区切って指定する	なし
exclude	除外したいタームのIDをコンマで区切って指定する	なし
pad_counts	trueを指定すると、子孫タームも含めて投稿の数をカウントする。 falseを指定すると、個々のタームの投稿の数のみカウントする	false
number	読み込むタームの数を指定する	なし
orderby	タームの並べ替えに使うメンバーを、以下のいずれかから指定する。 id, name, slug, count, term_group	name
order	並べ替えの順序をasc（昇順）かdesc（降順）で指定する	asc

9-3 カスタム投稿／分類を読み込む

カスタム投稿が多いタームから順に出力する

カスタム分類を読み込んで出力する例として、「genre」というカスタム分類のタームを、それに属するカスタム投稿が多い順に出力してみます。

このコードは**リスト9.16**のようになります。3～6行目のget_terms関数で、「genre」カスタム分類に属するタームを、投稿数の多い順に読み込みます。そして、7行目以降のforeach文で、個々のタームの名前と、そのタームのアーカイブページへのリンクを出力します。

リスト9.16 投稿が多い順にタームを出力する

```
<ul>
<?php
$terms = get_terms('genre', array(
  'orderby' => 'count',
  'order' => 'desc'
));
foreach ($terms as $term) :
?>
  <li><a href="<?php echo get_term_link($term); ?>"><?php echo $term->
name . '(' . $term->count . ')'; ?></a></li>
<?php endforeach; ?>
</ul>
```

MEMO

PROGRAMMER'S RECIPE

第 10 章

WordPressのデータを制御したい

WordPressで管理しているデータを、他のプログラムなどから扱いたい場面もあります。そこで、第10章ではWordPressのデータベースの扱い方を取りあげます。

166 一般のPHPでWordPressの機能を使いたい

| wp-load.php | PHPプログラム | | WP 4.4 | PHP 7 |

関連	167 プログラムで投稿（固定ページ／カスタム投稿）を作成したい　P.309
	168 プログラムで投稿を更新したい　P.311
	169 プログラムでカテゴリー（タグ／カスタム分類）を作成／更新する　P.312
	170 プログラムでメディアを作成したい　P.314
	171 プログラムで投稿等に分類を割り当てたい　P.318
	172 プログラムでカスタムフィールドを追加したい　P.320
	173 プログラムでカスタムフィールドを更新したい　P.321
	174 プログラムで投稿等を削除したい　P.322
	175 プログラムでWordPressの設定を操作したい　P.324

| 利用例 | 外部のPHPプログラムからWordPressのコア機能を使う |

wp-load.phpを組み込む

WordPressのコアの機能を、独自の（WordPress外の）PHPのプログラムで扱いたいこともあります。このような場合、WordPressのインストール先ディレクトリにある「wp-load.php」というファイルを独自PHPプログラムに組み込みます。

wp-load.phpは、WordPressのコアのライブラリ群を読み込む処理をするファイルです。このファイルを組み込んだ後は、WordPressのコアの関数を独自PHPプログラムの中で使うことができます。

WordPressのインストール先に独自PHPのファイルを入れた場合だと、以下のようにするとwp-load.phpを組み込むことができます。

```
require_once('wp-load.php');
```

また、WordPressのインストール先と、独自PHPファイルのディレクトリが異なる場合は、wp-load.phpまでのパスを適切に指定します。例えば、図10.1のような場合だと、myprogram.phpファイルに以下のrequire_once文を入れます。

```
require_once('../wordpress/wp-load.php');
```

図10.1　ファイル構造の例

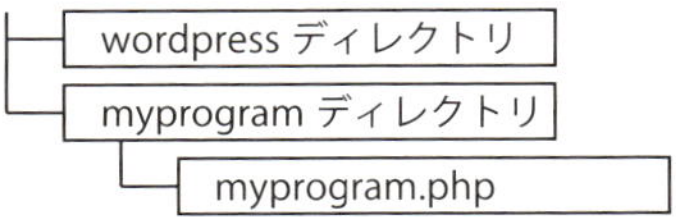

```
├─ wordpress ディレクトリ
└─ myprogram ディレクトリ
      └─ myprogram.php
```

167 プログラムで投稿（固定ページ／カスタム投稿）を作成したい

投稿（新規） 　　　　　　　　　　　　　　　　　　　　　　　WP 4.4　PHP 7

関数	wp_insert_post

関連	166　一般のPHPでWordPressの機能を使いたい　P.308
利用例	プログラムを利用してテスト用の投稿を作成する

wp_insert_post関数で作成

　プログラムでWordPressに投稿を作成したい場面があります。例えば、「サイト構築のために、テスト用の投稿を多数作る」など、投稿を自動的に多数作りたい場合があります。

　このような時には、「wp_insert_post」という関数を使います。パラメータとして、表10.1のようなキーを持つ連想配列を渡します。post_titleとpost_contentは必須で、これらを指定しないと投稿が作成されません。また、関数的には必須ではありませんが、post_authorにユーザーのIDを指定しないとユーザー不定の投稿ができてしまいますので、指定するようにします。

　投稿の作成に成功すると、その投稿のIDが戻り値になります。投稿の作成に失敗すると、戻り値は0になります。また、wp_insert_post関数の2つ目のパラメータとしてtrueを渡すと、エラーの際にはWP_Errorオブジェクトが返されます。

　なお、「post_type」のキーに投稿タイプの名前を指定することで、投稿だけでなく、固定ページやカスタム投稿を作成することもできます。

表10.1　wp_insert_post関数のパラメータに渡す連想配列の内容（主なもの）

キー	内容
post_title	タイトル
post_content	本文
post_author	ユーザーのID
post_excerpt	抜粋
post_name	スラッグ
post_status	公開状態（表10.2の値を指定）
post_type	投稿タイプ名。 省略すると「post」（投稿）。 固定ページを作成したい場合は「page」。 カスタム投稿を作成する場合はそのタイプ名

表10.1次ページへ続く

表10.1の続き

キー	内容
post_parent	親のID（固定ページなど、親子関係がある場合のみ）
post_password	パスワード（保護したい場合のみ）
post_date	日時
post_category	カテゴリーのIDの配列
tags_input	タグの文字列の配列（またはタグをコンマで区切った文字列）
page_template	ページテンプレートのファイル名（固定ページの場合のみ）

表10.2 post_statusに指定する値

値	内容
draft	下書き
publish	公開済み
pending	レビュー待ち
future	予約済み
private	非公開

事例

例えば、表10.3のような投稿を作成したいとします。この場合、リスト10.1のようにwp_insert_post関数を実行します。

表10.3 作成する投稿の例

項目	値
タイトル	投稿テスト
本文	投稿テストです。
スラッグ	posttest
ユーザーのID	1番
公開状態	公開
カテゴリー	10番と20番
タグ	「タグ1」と「タグ2」

リスト10.1 表10.3の投稿を作成するwp_insert_post関数

```
wp_insert_post(array(
  'post_title' => '投稿テスト',
  'post_content' => '投稿テストです。',
  'post_name' => 'posttest',
  'post_author' => 1,
  'post_status' => 'publish',
  'post_category' => array(10, 20),
  'tags_input' => array('タグ1', 'タグ2')
));
```

168 プログラムで投稿を更新したい

投稿（更新）		WP 4.4　PHP 7
関数	wp_insert_post	
関　連	166　一般のPHPでWordPressの機能を使いたい　P.308	
利用例	プログラムを利用して投稿を更新する	

wp_insert_post関数で更新もできる

　wp_insert_post関数（レシピ167 参照）は、投稿を新規に作成するだけでなく、既存の投稿を更新するのに使うこともできます。

　その場合、パラメータに渡す連想配列に「ID」のキーを入れて、更新したい投稿のIDを指定します。その他のパラメータの指定方法は、レシピ167 で解説した通りです。

　例えば、IDが100番の投稿を更新したい場合は、リスト10.2のようにします。

リスト10.2　IDが100番の投稿を更新する

```php
wp_insert_post(array(
  'ID' => 100,
  'post_title' => '・・・',
  ・・・
));
```

169 プログラムでカテゴリー（タグ／カスタム分類）を作成／更新する

| カテゴリー | タグ | カスタム分類 | | WP 4.4 | PHP 7 |

| 関数 | wp_insert_category |

| 関　連 | 166　一般のPHPでWordPressの機能を使いたい　P.308 |
| 利用例 | 独自のカテゴリーをプログラムから作成する |

wp_insert_category関数を使う

プログラムでカテゴリー（およびタグやカスタム分類）を作成したいこともあります。この場合は、「wp_insert_category」という関数を使います。パラメータとして、**表10.4**のキーを持つ連想配列を指定します。

戻り値はカテゴリーのIDになります。作成に失敗した場合は、戻り値は0になります。

表10.4 wp_insert_category関数のパラメータに渡す連想配列の内容（主なもの）

キー	内容
cat_ID	ID（既存のカテゴリーを更新する場合のみ）
cat_name	名前
category_description	説明
category_nicename	スラッグ
category_parent	親のID（カテゴリーや階層があるカスタム分類の場合）
taxonomy	分類の名前。 省略した場合は「category」。 タグを作成する場合は「post_tag」。 カスタム分類を作成する場合はその名前

なお、独自PHPプログラムにwp-load.phpを組み込んで処理する場合、wp_insert_category関数はwp-load.phpでは組み込まれませんでした（バージョン4.4の場合）。そこで、wp-load.phpを組み込んだ後で、以下のようにして「taxonomy.php」というファイルも組み込みます。「WordPressのディレクトリまでのパス」の箇所には、独自PHPのファイルとWordPressのディレクトリとの位置関係から、適切なパスを指定します（ レシピ166 を参照）。

```
require_once('WordPressのディレクトリまでのパス/wp-admin/includes/taxonomy.php');
```

事例

例えば、**表10.5**のようなカテゴリーを作成したいとします。この場合、**リスト10.3**のようにwp_insert_category関数を実行します。

表10.5 作成するカテゴリー

項目	値
名前	カテゴリーテスト
説明	カテゴリーテストです。
スラッグ	cattest
親カテゴリーのID	1番

リスト10.3 表10.5のカテゴリーを作成する wp_insert_category 関数

```
wp_insert_category(array(
  'cat_name' => 'カテゴリーテスト',
  'category_description' => 'カテゴリーテストです。',
  'category_nicename' => 'cattest',
  'category_parent' => 1
));
```

MEMO

170 プログラムでメディアを作成したい

| メディア | 画像 | メタデータ | | WP 4.4 | PHP 7 |

関数	wp_insert_attachment、wp_generate_attachment_metadata、wp_update_attachment_metadata
関連	166 一般のPHPでWordPressの機能を使いたい P.308
利用例	プログラムからWordPressに写真などを登録する

wp_insert_attachment関数で作成

プログラムでWordPressにメディア（画像等）を登録したい場合もあります。この場合は、「wp_insert_attachment」という関数を使います。

wp_insert_attachment関数は、以下の3つのパラメータを取ります。また、戻り値は、メディアのIDになります。

❶1つ目

表10.6のキーを持つ連想配列を指定します。post_title／post_content／post_mime_typeは必須です。post_authorには、ユーザーのIDを指定します。また、guidにはファイルのURLを指定しますが、これはプログラムで取得することができます（リスト10.4参照）。

❷2つ目のパラメータ

メディアとして登録するファイルのパスを指定します。ファイルは、WordPressの管理画面でアップロードする場合と同じディレクトリに配置します（標準では、インストール先ディレクトリの中の「wp-content」→「uploads」ディレクトリ）。

❸3つ目のパラメータ

メディアを関連付ける投稿のIDを指定します。IDを指定しなければ、そのメディアは投稿と関連付きません。

表10.6 wp_insert_attachment関数に渡す連想配列の内容

キー	内容
guid	メディアのURL
post_title	メディアのタイトル
post_content	空文字列を指定
post_author	ユーザーのID
post_status	「inherit」の文字列を指定
post_mine_type	メディアのMIMEタイプ（「image/png」など）

メタデータの作成と保存

メディアを登録したら、サムネイルなどの各種情報（メタデータ）も作成して、データベースに保存します。これは、「wp_generate_attachment_metadata」と「wp_update_attachment_metadata」の関数で行います。

wp_generate_attachment_metadata関数

wp_generate_attachment_metadata関数は、メタデータを作成する処理を行います。パラメータとして、メディアのIDと、ファイルのパスを指定します。戻り値は、メタデータを持つ連想配列になります。

なお、独自PHPにwp-load.phpでWordPressのコアの機能を組み込む場合など、状況によってはwp_generate_attachment_metadata関数が組み込まれないことがあります。この時は、以下のようなrequire_once文を実行して、必要なファイルを組み込みます。

```
require_once('WordPressのパス/wp-admin/includes/image.php' );
```

wp_update_attachment_metadata関数

wp_update_attachment_metadata関数は、メタデータをデータベースに登録する処理を行います。パラメータとして、メディアのIDと、メタデータの連想配列（＝wp_generate_attachment_metadata関数の戻り値）を渡します。

事例

WordPressの通常のアップロード用ディレクトリの中に、「2016」→「01」というディレクトリを作り、そこに「sample.png」というPNGファイルを配置したとします。このファイルをWordPressのメディアとして登録するには、リスト10.4のようなコードを実行します。

リスト10.4 メディアの登録

```
require_once('WordPressのパス/wp-admin/includes/image.php' );
$filename = 'WordPressのパス/wp-content/uploads/2016/01/sample.png';
$upload_dir = wp_upload_dir();
$aid = wp_insert_attachment(array(
  'guid' => $upload_dir['url'] . '/' . basename($filename),
  'post_mime_type' => 'image/png',
  'post_title' => 'sample',
  'post_content' => '',
  'post_status' => 'inherit',
  'post_author' => ユーザーのID,
), $filename);
$attach_data = wp_generate_attachment_metadata($aid, $filename);
wp_update_attachment_metadata($aid, $attach_data);
```

リストの内容は以下の通りです。

1行目

wp_generate_attachment_metadata関数を動作させるために、WordPressのimage.phpを組み込みます。

2行目

ファイルのパスを、変数$filenameに代入します。

3行目

WordPressのアップロード用ディレクトリの情報を、変数$upload_dirに代入します。「wp_upload_dir」はWordPressのコアの関数で、アップロード用ディレクトリの情報を得る働きをします。

4〜11行目

wp_insert_attachment関数を使って、sample.pngファイルをWordPressに登録します。

パラメータの連想配列のguidには、メディアのURLを指定します。これは、リストの5行目のように、wp_upload_dir関数の戻り値とファイル名を組み合わせて得ることができます。

なお、10行目の「ユーザーのID」の箇所は、実際のユーザーのIDに置き換えます。

12行目

wp_generate_attachment_metadata関数を使って、メディアのメタデータを作成し、変数$attach_dataに代入します。

13行目

wp_update_attachment_metadata関数を使って、メディアのメタデータを保存します。

> MEMO

171 プログラムで投稿等に分類を割り当てたい

| カテゴリー | タグ | カスタム分類 | WP 4.4 | PHP 7 |

| 関数 | wp_set_object_terms |

| 関連 | 166 一般のPHPでWordPressの機能を使いたい P.308 |
| 利用例 | 投稿IDを指定して、その投稿に分類を追加する |

wp_set_object_terms関数を使う

プログラムから、投稿等（固定ページやカスタム投稿も含む）に、分類（カテゴリー／タグ／カスタム分類）を割り当てることもできます。この処理は、「wp_set_object_terms」という関数で行います。

この関数はパラメータを4つ取ります。各パラメータの内容は以下の通りです。

1つ目のパラメータ

分類を割り当てる投稿等のIDを指定します。

2つ目のパラメータ

割り当てる分類のスラッグを指定します。複数の分類を割り当てる場合は、スラッグの配列を指定します。

3つ目のパラメータ

割り当てたい分類のタイプ名を指定します。例えば、「genre」というカスタム分類を登録していて、それを割り当てたい場合だと、「genre」を指定します。また、「category」や「post_tag」を指定して、カテゴリー／タグを割り当てることもできます。

4つ目のパラメータ

既存の分類の割り当てを削除して、新たに分類を割り当てたい場合は、このパラメータにfalseを指定します。一方、既存の分類の割り当てを残し、さらに割り当てを追加したい場合は、trueを指定します。なお、このパラメータを省略すると、falseを指定したのと同じになります。

事例

以下のような場合があるとします。

❶「genre」というカスタム分類を登録している
❷ genre として「genre1」と「genre2」の分類を作成済みである
❸ ID が 100 番のカスタム投稿に、❷の 2 つの genre を割り当てる

この場合、以下のようなコードを実行します。

```
wp_set_object_terms(100, array('genre1', 'genre2'), 'genre');
```

MEMO

172 プログラムでカスタムフィールドを追加したい

| カスタムフィールド | | WP 4.4 | PHP 7 |

| 関数 | add_post_meta |

| 関連 | 166 一般のPHPでWordPressの機能を使いたい P.308 |
| 利用例 | 投稿のIDを指定してカスタムフィールドとその値を追加する |

add_post_meta関数で作成

　投稿（および固定ページ／カスタム投稿）に対して、プログラムでカスタムフィールドを追加することができます。それには、「add_post_meta」という関数を使います。

　パラメータは4つあります。1つ目で投稿等のIDを指定します。2つ目と3つ目で、追加するカスタムフィールドの名前と値を指定します。

　また、最後のパラメータにtrueを指定した場合、すでに同じ名前のカスタムフィールドがある時には、値は追加されません。falseを指定するか、指定を省略した場合は、すでに同じ名前のカスタムフィールドがある時には、同じ名前のカスタムフィールドがもう1つ作られます。

　例えば、IDが100番の投稿（固定ページ／カスタム投稿）に、「foo」という名前のカスタムフィールドを追加し、その値を「bar」にしたいとします。この場合、以下のようなコードを実行します。

```
add_post_meta(100, 'foo', 'bar');
```

　また、上記のコードで、4つ目のパラメータとしてtrueを渡すと、IDが100番の投稿に「foo」という名前のカスタムフィールドがすでに存在していれば、カスタムフィールドは追加されません。

173 プログラムでカスタムフィールドを更新したい

カスタムフィールド　　　　　　　　　　　　　　　　　　　　　WP 4.4　PHP 7

関数　update_post_meta

関　連	166　一般のPHPでWordPressの機能を使いたい　P.308
利用例	投稿IDとカスタムフィールドの値を指定して値を変更する

update_post_meta関数で更新

既存のカスタムフィールドの値を、プログラムから更新したい場合もあります。この処理は、「update_post_meta」という関数で行うことができます。

パラメータは4つあり、1つ目から3つ目まではadd_post_meta関数と同じです（レシピ172参照）。4つ目のパラメータでは、変更元の値を指定します。このパラメータは、同じ名前のカスタムフィールドが複数ある場合に、それらを区別するのに使います。4つ目のパラメータを省略した場合、同じ名前のカスタムフィールドが複数あると、それらすべての値が更新されます。

例えば、IDが100番の投稿で、名前が「foo」のカスタムフィールドの値を「bar」に変えたい場合は、以下のコードを実行します。

```
update_post_meta(100, 'foo', 'bar');
```

また、IDが100番の投稿で、名前が「foo」のカスタムフィールドが複数ある場合に、その値が「bar」になっているものを「baz」に変える場合は、以下のコードを実行します。

```
update_post_meta(100, 'foo', 'baz', 'bar');
```

174 プログラムで投稿等を削除したい

| 投稿（削除）カスタム投稿 | メディア | カテゴリー | タグ | カスタム分類 | WP 4.4　PHP 7 |

関数 wp_delete_post、wp_trash_post、wp_delete_attachment、wp_delete_term

関連 166　一般のPHPでWordPressの機能を使いたい　P.308

利用例 投稿IDを指定して投稿をゴミ箱に移動する

▍投稿／固定ページの削除 —— wp_delete_post関数

投稿やカテゴリーなどを、プログラムで削除したい場合もあります。このような時には、削除用の関数を使います。

投稿や固定ページを削除するには、wp_delete_postという関数を使います。パラメータを2つ取り、1つ目で投稿のIDを指定します。また、2つ目のパラメータにtrueを指定すると、投稿をゴミ箱に移動せずに完全に削除します。2つ目のパラメータにfalseを指定するか、省略した場合は、投稿を直接には削除せずに、ゴミ箱に移動します。

例えば、IDが1番の投稿をゴミ箱に移動するには、以下のように書きます。

```
wp_delete_post(1);
```

また、IDが1番の投稿を完全に削除するには、以下のように書きます。

```
wp_delete_post(1, true);
```

▍カスタム投稿をゴミ箱に移動 —— wp_trash_post関数

カスタム投稿を削除する場合も、wp_delete_post関数を使うことができます。ただし、2つ目のパラメータの指定に関係なく、完全に削除されるようになっています。

カスタム投稿をゴミ箱に移動したい場合は、「wp_trash_post」という関数を使います。パラメータとして、カスタム投稿のIDを指定します。例えば、IDが1番のカスタム投稿をゴミ箱に移動したい場合は、以下のように書きます。

```
wp_trash_post(1);
```

▌メディアの削除 —— wp_delete_attachment関数

メディアをプログラムで削除するには、「wp_delete_attachment」という関数を使います。パラメータは2つで、1つ目はメディアのIDを指定し、2つ目にはtrueを指定します。例えば、IDが1番のメディアを削除するには、以下のように書きます。

```
wp_delete_attachment(1, true);
```

▌カテゴリー／タグ／カスタム分類の削除 —— wp_delete_term関数

分類系のオブジェクト（カテゴリー等）を削除するには、「wp_delete_term」という関数を使います。

通常はパラメータを2つ指定します。1つ目は削除したいオブジェクトのIDで、2つ目は分類名です。カテゴリーとタグの分類名は、それぞれ「category」「post_tag」です。

例えば、IDが1番のカテゴリーを削除するには、以下のように書きます。

```
wp_delete_term(1, 'category');
```

また、「genre」というカスタム分類を登録しているとします。また、そのカスタム分類の中に、IDが1番のタームがあるとします。この場合、このタームを削除するには、以下のように書きます。

```
wp_delete_term(1, 'genre');
```

なお、カテゴリーを削除したい場合は、「wp_delete_category」という関数を使うこともできます。この場合は、パラメータとして、削除するカテゴリーのIDのみ渡します。

175 プログラムでWordPressの設定を操作したい

設定　　　　　　　　　　　　　　　　　　　　　　　WP 4.4　PHP 7

関数　get_option、update_option、delete_option

関連　166　一般のPHPでWordPressの機能を使いたい　P.308

利用例　プログラムで「日付のフォーマット」の設定を「Y/m/d」に書き換える

設定を読み込む —— get_option関数

WordPressの各種の設定を、プログラムで読み書きすることもできます。

設定の値を読み込むには、「get_option」という関数を使います。1つ目のパラメータとして、設定の名前を指定します。関数の戻り値が、読み込んだ設定値になります。

また、2つ目のパラメータとして、設定が存在しない時のデフォルト値を指定することもできます。2つ目のパラメータを省略した場合、設定が存在しない時には、戻り値はfalseになります。

例えば、WordPressの「設定」→「一般」画面にある「日付のフォーマット」の設定を読み込みたいとします。この設定の名前は「date_format」なので、以下のようにして読み込むことができます。

```
$変数 = get_option('date_format');
```

なお、設定の名前の一覧は、WordPressのCodexの以下のページを参照してください。

http://wpdocs.osdn.jp/Option_Reference

設定を保存する —— update_option関数

既存の設定を書き換えたり、存在しない設定を追加したりするには、「update_option」という関数を使います。パラメータは3つあり、表10.7のように指定します。

表10.7 update_option関数のパラメータ

パラメータ	内容
1つ目	設定の名前
2つ目	保存する設定値
3つ目	通常は指定しない 「yes」の文字列を指定すると、その設定はWordPressの起動時に自動的に読み込まれる

例えば、WordPressの「日付のフォーマット」の設定を、「Y/m/d」に書き換えたいとします。この場合、以下のコードを実行します。

```
update_option('date_format', 'Y/m/d');
```

update_option関数を使えば、WordPressの設定を書き換えるだけでなく、プラグイン等から独自の設定を保存することもできます。

設定を削除する —— delete_option関数

WordPressの設定を削除することもできます。この場合は「delete_option」という関数を使います。パラメータとして、設定の名前を指定します。

例えば、「my_option」という設定を保存しているとします。この設定を削除したい場合は、以下のコードを実行します。

```
delete_option('my_option');
```

176 WordPressのデータベースの構造を知りたい（マルチサイトではない場合）

| データベース | テーブル | | WP 4.4 | PHP 7 |

| 関　連 | 177 WordPressのデータベースの構造を知りたい（マルチサイトの場合）　P.329 |
| 利用例 | WordPressのデータベースにアクセスして、直接データを利用する |

11個のテーブルから構成

コアの関数を使えば、WordPressのデータを様々な形で扱うことができます。ただ、コアの関数だけでは、欲しいデータを扱うことができなかったり、扱えても手順が非常に複雑になったりすることもあります。

そこで、WordPressのデータベースに直接にアクセスして、データを読み書きする方法も考えられます。そのためには、WordPressのデータベース上でのデータ（テーブル）の構造を把握しておく必要があります。

現在のWordPressでは、マルチサイト機能（レシピ218 を参照）があって、1つのWordPressで複数のサイトを管理することもできます。ただ、マルチサイト機能を使うかどうかによって、データベースのテーブル構造に違いがあります。まずこの節では、マルチサイト機能を使わない場合のテーブル構造を紹介します。

マルチサイト機能を使わない場合、WordPressのデータベースには、11個のテーブルが作られます。これらのテーブルを組み合わせて、各種のデータを管理しています。

表10.8 WordPressのデータが保存されるテーブル

テーブル	保存されるデータ
wp_posts	投稿／固定ページ／メディア／カスタムメニュー／カスタム投稿／リビジョン
wp_postmeta	wp_postsテーブル用のメタデータ（カスタムフィールド等）
wp_terms	ターム（カテゴリー／タグ／カスタム分類）
wp_term_relationships	タームと投稿等の関連付け
wp_term_taxonomy	タームと分類の関連付け
wp_users	ユーザー
wp_usermeta	ユーザーのメタデータ
wp_comments	コメント
wp_commentmeta	コメントのメタデータ
wp_options	設定
wp_links	リンク集

データの中心となるwp_postsテーブル

11個のテーブルの中で、中心的な存在となるのが、wp_postsテーブルです。このテーブルには、投稿や固定ページなど、サイトの主要なコンテンツが保存されます。

wp_postsテーブルには多数のフィールドがあります。主なフィールドは**表10.9**の通りです。

表10.9 wp_postsテーブルの主なフィールド

フィールド名	保存されるデータ
ID	ID
post_title	タイトル
post_content	本文
post_excerpt	抜粋
post_date	投稿日時
post_modified	更新日時
post_author	投稿者のユーザーID
post_status	ステータス
post_name	スラッグ
post_type	投稿タイプ

分類を保存するwp_terms／wp_term_taxonomy／wp_term_relationshipsテーブル

投稿等に次いで重要なデータとして、カテゴリー等の分類があります。分類の情報は、wp_termsとwp_term_taxonomyの2つのテーブルに分けて保存されます。wp_termsテーブルにはタームの情報（ターム名やスラッグなど）が保存され（**表10.10**）、wp_term_taxonomyテーブルにはタームと分類の関連付けが保存されます（**表10.11**）。

また、カテゴリー等は投稿等を分類するために使いますが、それらの間の関連付けの情報は、wp_term_relationshipsテーブルに保存されます。

表10.10 wp_termsテーブルの主なフィールド

フィールド名	保存されるデータ
term_id	ID
name	ターム名
slug	スラッグ
term_group	タームのグループ化

表10.11 wp_term_taxonomyテーブルの主なフィールド

フィールド名	保存されるデータ
term_taxonomy_id	ID
term_id	関連付けられるタームのID
taxonomy	分類名
description	概要
parent	親のタームのID
count	そのタームに属する投稿等の数

データベース構造の詳細情報

より詳細なデータベース構造を知りたい方は、WordPressのCodexの以下のページを参照してください。

https://wpdocs.osdn.jp/%E3%83%87%E3%83%BC%E3%82%BF%E3%83%99%E3%83%BC%E3%82%B9%E6%A7%8B%E9%80%A0

MEMO

177 WordPressのデータベースの構造を知りたい（マルチサイトの場合）

| データベース | テーブル | マルチサイト | MySQL | WP 4.4　PHP 7 |

| 関　連 | 176　WordPressのデータベースの構造を知りたい（マルチサイトではない場合）　P.326 |
| 利用例 | WordPressのデータベースにアクセスして、直接データを利用する |

サイトごとにテーブルのセットが作られる

　WordPress 3.0以降では、1つのWordPressで複数のサイトを管理する「マルチサイト機能」が搭載されました。マルチサイト機能を有効化すると、データベースの構造が変わります。

　マルチサイト機能を使っていない場合、11個のテーブルがあります（レシピ176参照）。マルチサイト機能では、それらのテーブルうち、ユーザーの情報を扱うテーブル（wp_users／wp_usermeta）以外の9個のテーブルは、サイトごとに1セットずつ作られます。それぞれのセットでは、テーブル名先頭の「wp_」の部分が、「wp_2_」「wp_3_」のような連番に変わります。

　一方、ユーザーの情報は、各サイトで共通に利用されます。そのため、ユーザー関係のテーブルは、最初に作られたwp_usersとwp_usermetaが使われます。

マルチサイト用に追加されるテーブル

　マルチサイト機能をオンにすると、当初の11個のテーブルの他に、表10.12のテーブルが作成されます。これらのテーブルは、1つのWordPressにつき1セットだけ作られます。

表10.12　マルチサイト機能で使われるテーブル

テーブル名	保存されるデータ
wp_blogs	サイト
wp_sites	ネットワーク
wp_sitemeta	wp_sitesのメタデータ
wp_blog_versions	データベースのバージョン
wp_registration_log	サイト登録のログ
wp_signups	ユーザーのサインアップ

サイトの情報 —— wp_blogsテーブル

マルチサイト機能では、個々のサイトの情報はwp_blogsテーブルに保存されます。このテーブルには**表10.13**のようなフィールドがあります。

表10.13 wp_blogsテーブルのフィールド（主なもの）

フィールド	保存されるデータ
blog_id	サイトのID
site_id	ネットワークのID
domain	ドメイン
path	パス
registered	作成日時
last_updated	最終更新日時

MEMO

178 データベースに直接にアクセスしたい

wpdbオブジェクト | $wpdbオブジェクト | MySQL　　　　　　　　WP 4.4　PHP 7

関連	179 一般的なselect文を実行して複数の行を読み込みたい　P.333
	180 1つの行を読み込みたい　P.335
	181 1つの値を読み込みたい　P.336
	182 データの挿入等を行いたい　P.337
	183 プリペアドステートメントを使いたい　P.338
	184 データベースアクセス時のエラーメッセージを表示したい　P.340
利用例	WordPressのデータベースにアクセスして、直接データを利用する

wpdbオブジェクトでアクセスできる

　WordPressのコアの関数を使えば、投稿をはじめとして、WordPressで管理している各種のデータにアクセスできます。ただ、場合によっては、コアの関数ではできない（あるいは難しい）ものの、SQLを実行すれば簡単に行えるということもあります。

　このような場合は、データベース（MySQL）に対してSQLを実行して、データを柔軟に扱うこともできます。WordPressでは、「wpdb」というクラスを使って、データベースにアクセスすることができます。wpdbクラスは、「ezSQL」というデータベースライブラリをベースに、WordPress用にカスタマイズしたものです。

　wpdbクラスには、データベースにアクセスするためのメソッドが用意されています（表10.14）。それらのメソッドを使うことで、データを読み込んだり、追加／更新／削除したりすることができます。

表10.14　wpdbクラスのメソッド

メソッド	動作
get_results	一般的なselect文を実行
get_row	1行だけを得るselect文を実行
get_col	1列だけを得るselect文を実行
get_var	1つの値を得るselect文を実行
insert	insert文を実行
update	update文を実行
delete	delete文を実行
query	各種のSQL文を実行
prepare	プリペアドステートメントの作成
show_errors	データベース処理に関するエラーメッセージを表示
hide_errors	データベース処理に関するエラーメッセージを非表示

グローバルの$wpdbオブジェクトを使う

WordPressのコアでは、$wpdbというグローバル変数に、wpdbクラスのオブジェクトが代入されています。wpdbクラスを使ってデータベースにアクセスする際には、このグローバル変数の$wpdbを使います。

functions.phpテンプレートなどに関数を作り、その中で$wpdbオブジェクトにアクセスしたい場合は、関数に以下の文を入れて、グローバルの$wpdbオブジェクトを操作する状態にします。

```
global $wpdb;
```

テーブル名は$wpdbオブジェクトのメンバー変数を使う

WordPressのデータベースでは、テーブル名の接頭語として「wp_」を使うことが一般的です。しかし、インストール時の設定によって、「wp_」以外の接頭語を使うこともできます。

したがって、SQLのselect文等でテーブル名を指定する際に、テーブル名を「wp_posts」のように直接に書くと、「wp_」以外の接頭語を使っている環境では動作しなくなります。

テーブル名は直接に書かずに、$wpdbオブジェクトのメンバー変数を使って表すようにします。各テーブルの名前から接頭語を取ったメンバー変数がありますので、それらを使います。例えば、wp_postsテーブルにアクセスしたい場合は、テーブル名を「$wpdb->posts」と表します。

179 一般的なselect文を実行して複数の行を読み込みたい

データベース | SQL　　　　　　　　　　　　　　　　　　　　　　WP 4.4　PHP 7

関数 get_resultsメソッド、setup_postdata

関　連	178 データベースに直接にアクセスしたい　P.331
利用例	特定の条件を満たす投稿を新しいもの順に5件表示する

wpdbクラスのget_resultsメソッドを使う

Wordpressのデータベース操作の中では、データを読み込むことが圧倒的に多いです。読み込み方はいくつかありますが、一般的には条件に合うレコードをまとめて読み込みます。

この処理は、「get_results」というメソッドで実行します。パラメータとしてSQL文を渡すと、読み込まれた行がオブジェクトの配列として返されます。

例えば、以下のような投稿を読み込みたいとします。

❶ユーザーのIDは1番

❷ステータスが下書き

❸日付の新しい順に5件読み込む

この場合、リスト10.5のようにget_resultsメソッドを実行します。読み込まれた投稿が、変数$resultsに代入されます。

リスト10.5　get_resultsメソッドの例

```
$sql = <<<HERE
SELECT * FROM $wpdb->posts
WHERE post_author = 1
AND post_type = 'post'
AND post_status = 'draft'
ORDER BY post_date
LIMIT 5
HERE;
$results = $wpdb->get_results($sql);
```

読み込んだ投稿を順に出力する

　get_resultsメソッドで投稿を読み込んで、それらの各種情報を、WordPress標準のテンプレートタグ（the_titleなど）で出力したい場合もあります。この場合、テンプレートタグを使う前に、個々の投稿をグローバル変数の$postに代入した後、「setup_postdata」という関数を実行します（**リスト10.6**）。

リスト10.6　get_resultsメソッドの例

```
<?php
global $post;
$変数 = $wpdb->get_results(SQL文);
foreach ($変数 as $post) :
  setup_postdata($post);
?>
  テンプレートタグを使った処理
<?php endforeach; ?>
```

MEMO

180 1つの行を読み込みたい

| データベース | SQL | 行 | | WP 4.4 | PHP 7 |

関数 get_rowメソッド

関連 178 データベースに直接にアクセスしたい P.331

利用例 SQLで検索した結果を1行ぶんだけ取得する

get_rowメソッドで読み込む

「最新の投稿を1件読み込む」という場合のように、SQLを実行した結果が1つの行だけになることもあります。このような場合は、get_resultsメソッドの代わりに、「get_row」というメソッドを使うことができます。get_resultsメソッドでは戻り値はオブジェクトの配列でしたが、get_rowメソッドでは戻り値が1つのオブジェクトになります。

例えば、IDが1番のユーザーが書いた下書きの投稿の中で、最新の1件を読み込んで変数$resultに代入する場合だと、リスト10.7のように書きます。

リスト10.7 get_rowメソッドの例

```
$sql = <<<HERE
SELECT * FROM $wpdb->posts
WHERE post_author = 1
AND post_type = 'post'
AND post_status = 'draft'
ORDER BY post_date
LIMIT 1
HERE;
$post = $wpdb->get_row($sql);
```

なお、SQLによっては、結果が複数行になることもあります。その場合、get_rowメソッドは先頭の1行だけを返します。

181 1つの値を読み込みたい

データベース | SQL | 値　　　　　　　　　　　　　　　　WP 4.4　PHP 7

関数　get_varメソッド

関　連	178　データベースに直接にアクセスしたい　P.331
利 用 例	SQLで検索した結果から値を1つだけ取得する

get_varメソッドで読み込む

「IDが1番のユーザーが投稿した件数」のように、SQLの実行結果が1つの値だけになることもあります。このような時には、「get_var」というメソッドを使います。get_resultsメソッドとは異なり、戻り値は1つの値になります。

例えば、「IDが1番のユーザーの投稿数のうち、公開済みの件数」を得て出力する場合、リスト10.8のようなコードを実行します。

リスト10.8　get_rowメソッドの例

```
$sql = <<<HERE
SELECT COUNT(*) FROM $wpdb->posts
WHERE post_author = 1
AND post_type = 'post'
AND post_status = 'publish'
HERE;
$count = $wpdb->get_var($sql);
echo $count;
```

182 データの挿入等を行いたい

| 投稿 | リビジョン | | WP 4.4 | PHP 7 |

関　連	178　データベースに直接にアクセスしたい　P.331
利用例	SQLで直接投稿をデータベースに挿入する

基本的にはコアの関数を使うべき

　wpdbオブジェクトには、挿入／更新／削除を行うメソッドもあります（insert／update／delete）。ただ、基本的には、データベースを直接に操作してデータを書き換えることは避けて、WordPressのコアの関数を使うべきです。

　例えば、投稿を保存する際には、1つ前のリビジョンも保存する処理が必要です。データベースに投稿を直接に保存するだけだと、リビジョンを保存する処理は行われません。

　また、コアの関数を呼び出すと、保存等の処理の際にフック（第12章を参照）も実行されます。テーマやプラグインによっては、フックを使っているものもあります。データベースを直接書き換えると、フックは動作しませんので、テーマやプラグインの動作に影響することが考えられます。

独自のテーブルを操作する

　プラグインによっては、専用のテーブルをデータベースに追加して、データを保存するものもあります。そのようなプラグインを自作する場合は、wpdbオブジェクトのinsert等のメソッドを使って、データをテーブルに保存します。

　insert等のメソッドの使い方は、WordPressの関数リファレンスの以下のページを参照してください。

- insertメソッド
  https://wpdocs.osdn.jp/%E9%96%A2%E6%95%B0%E3%83%AA%E3%83%95%E3%82%A1%E3%83%AC%E3%83%B3%E3%82%B9/wpdb_Class#.E8.A1.8C.E3.81.AE_INSERT

- updateメソッド
  https://wpdocs.osdn.jp/%E9%96%A2%E6%95%B0%E3%83%AA%E3%83%95%E3%82%A1%E3%83%AC%E3%83%B3%E3%82%B9/wpdb_Class#.E5.88.97.E3.81.AE_UPDATE

- deleteメソッド
  https://wpdocs.osdn.jp/%E9%96%A2%E6%95%B0%E3%83%AA%E3%83%95%E3%82%A1%E3%83%AC%E3%83%B3%E3%82%B9/wpdb_Class#.E5.88.97.E3.81.AE_DELETE

183 プリペアドステートメントを使いたい

| プリペアドステートメント | SQLインジェクション | プレースホルダ | WP 4.4 | PHP 7 |

関数 prepareメソッド

関連 178 データベースに直接にアクセスしたい P.331

利用例 SQLインジェクションによる攻撃を防ぐ

プリペアドステートメントの概要

SQLを実行する上で、「SQLインジェクション」の脆弱性には注意を払う必要があります。SQLインジェクションは、第三者からフォーム等で送信されたデータによって、意図しないSQLが実行されて、データが漏れたりする脆弱性を指します。

SQLインジェクションを防ぐために、「プリペアドステートメント」（Prepared Statement）という仕組みを使う方法があります。SQLインジェクションを防ぐには、第三者からのデータをエスケープすることが基本ですが、プリペアドステートメントを使うとその処理を行いやすくなります。

プリペアドステートメントでは、SQLの中で状況によって変化するパラメータを、「プレースホルダ」という記号で表します。そして、プレースホルダと実際のパラメータとの対応付けを関数で実行し、エスケープ漏れを防ぐようにします。

prepareメソッドでプリペアドステートメントを使う

wpdbクラスには、「prepare」というメソッドがあり、プリペアドステートメントを使うことができます。

パラメータとして、プレースホルダを含むSQL文と、個々のプレースホルダに当てはめる値の配列を指定します。プレースホルダは、当てはめる値に応じて、**表10.15**の文字列を使います。

戻り値は、エスケープを行ったSQL文になります。このSQL文をget_results等のメソッドに渡して、実際のSQLを実行します。

表10.15 prepareメソッドで使うプレースホルダ

プレースホルダ	対応させる値
%d	整数
%f	浮動小数点数
%s	文字列

事例

例えば、特定のユーザーについて、最新の投稿を読み込みたいとします。また、ユーザーのIDと、読み込む件数を、変数で表したいとします。さらに、変数の値には、フォーム等の外部から入力を使うとします。

この場合、変数を適切にエスケープしないと、SQLインジェクションが発生する可能性があります。そこで、prepareメソッドを使ってエスケープするようにします。

ユーザーのIDと、読み込む変数の数を、それぞれ変数$user_id／$post_countに読み込んだとします。この場合、**リスト10.9**のようにしてSQLを実行します。

3行目と7行目にある「%d」に、PrepareメソッドでユーザーのIDと投稿の数を当てはめます。そして、そのSQLをget_resultsメソッドで実行して、投稿を読み込みます。

リスト10.9 prepareメソッドの例

```
$sql = <<<HERE
SELECT * FROM $wpdb->posts
WHERE post_author = %d
AND post_type = 'post'
AND post_status = 'publish'
ORDER BY post_date
LIMIT %d
HERE;
$sql = $wpdb->prepare($sql, array($user_id, $post_count));
$posts = $wpdb->get_results($sql);
```

184 データベースアクセス時の エラーメッセージを表示したい

| データベース | SQL | エラーメッセージ | WP 4.4 | PHP 7 |

関数 show_errors メソッド、hide_errors メソッド

関連 178 データベースに直接にアクセスしたい P.331

利用例 エラーメッセージを表示させてデバッグを行う

show_errors メソッドでエラー表示をオンにする

　wpdbオブジェクトを使ってSQLを実行する場合、SQLに構文的な誤りがあっても、標準ではエラーメッセージは何も表示されません。ただ、開発中はエラーメッセージを表示して、不具合を見つけられるようにする必要があります。

　エラーメッセージを表示するには、wpdbオブジェクトのshow_errorsというメソッドを実行します。パラメータはありません。このメソッドを実行した後で、get_resultsメソッド等でSQLを実行した際にエラーがあれば、エラーメッセージが出力されます（リスト10.10）。

リスト10.10 show_errors メソッドで SQL のエラーを表示するようにする

```
$wpdb->show_errors();
$wpdb->SQLを実行するメソッド(…);
```

hide_errors メソッドでエラー表示をオフにする

　show_errorsメソッドを実行した後は、その後で実行するSQLにエラーがあるたびに、エラーメッセージが出力されるようになります。

　特定のSQLを実行する時だけエラーメッセージを表示したい場合、SQLの実行前にshow_errorsメソッドを実行し、SQLの実行後に「hide_errors」というメソッドを実行します（リスト10.11）。

リスト10.11 show_errors メソッドと hide_errors メソッドでエラーの表示／非表示を切り替える

```
$wpdb->show_errors();
$wpdb->SQLを実行するメソッド(…);
$wpdb->hide_errors();
```

PROGRAMMER'S RECIPE

第 11 章

アクセスアップやソーシャルメディア対応を行いたい

サイトを作って公開するだけでは、多くの人にサイトに訪問してもらうことは難しいです。検索エンジンにクロールさせるようにしたり、ソーシャルメディア（TwitterやFacebook）と連携したりすることが必要です。
第11章では、これらの方法を解説します。

185 Googleサイトマップを出力したい

Googleサイトマップ	Google XML Sitemapsプラグイン		WP 4.4	PHP 7
関　連	213　Googleアナリティクスと連携したい　P.401
利用例	Googleサイトマップを作ることで検索のヒット率を高めたい

Googleサイトマップの概要

　検索エンジンはいくつかありますが、世界的にGoogleのシェアが高いです。そのため、自分のサイトを検索で見つけてもらうには、Googleが自分のサイトを検索しやすいようにすることが必要です。

　その1つの対策として、「Googleサイトマップ」を出力して、その情報をGoogleに送信することがあります。Googleサイトマップは、サイト内の各ページのアドレスをまとめたXMLファイルのことです。このXMLのアドレスをGoogleに送信することで、Googleのクローラーが自分のサイトを適切にクロールできるようになります。

Google XML Sitemapsプラグインをインストールする

　WordPress本体には、Googleサイトマップを出力する機能はありません。また、自力でプログラムを組んで出力することも可能ですが、手間がかかります。

　そこで、「Google XML Sitemaps」というプラグインを使うことにします。Google XML Sitemapsプラグインは、サイトの構造を調べて、Googleサイトマップを出力する働きをします。

　Googleサイトマップを出力するプラグインは多数ありますがGoogle XML Sitemapsプラグインが良く使われています。WordPressの「プラグイン」→

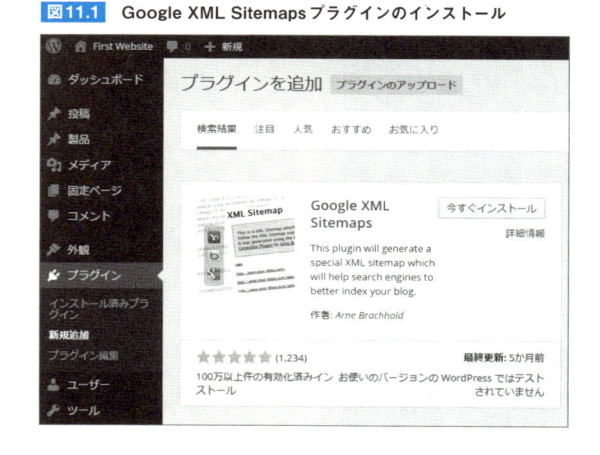

図11.1　Google XML Sitemapsプラグインのインストール

「新規追加」のメニューで、このプラグインを検索してインストールすることができます（図11.1）。

プラグインの設定

プラグインをインストールしたら、「設定」→「XML-Sitemap」メニューを選び、プラグインの設定のページを開きます。このページの先頭の方に、GoogleサイトマップのURLが表示されますので、それをコピーします（図11.2）。

また、この画面では、Googleサイトマップを出力する際の細かな設定を行うこともできます。

図11.2 Google XML Sitemapsプラグインの設定（GoogleサイトマップのURLをコピーする）

Googleサイトマップの送信

プラグインの設定が終わったら、GoogleのウェブマスターツールのSearch Consoleから、サイトマップの情報を送信します。詳しくは、GoogleのSearch Consoleのヘルプをご参照ください。

186 更新Pingを送信したい

更新Ping		WP 4.4	PHP 7
関連	—		
利用例	サイトが更新されたことを検索エンジンに知らせたい		

更新Pingの設定

サイトを更新した時に、そのことを検索エンジン等に通知することができます。この仕組みのことを、「更新Ping」と呼びます。

WordPressで投稿を更新した時に更新Pingを送信するには、WordPressの「設定」→「投稿設定」メニューのページで、「更新情報サービス」の欄に送信先サーバーのアドレスを入力します。複数のサーバーに送信したい場合は、1行に1つずつ入力します（図11.3）。

標準では「Ping-O-Matic」というサーバーのアドレスが設定されています（http://rpc.pingomatic.com/）。また、日本国内では「PINGOO!」というサービスに登録して（http://pingoo.jp/）、そこのサーバーに送信する方法もあります。

図11.3 更新情報サービスの設定

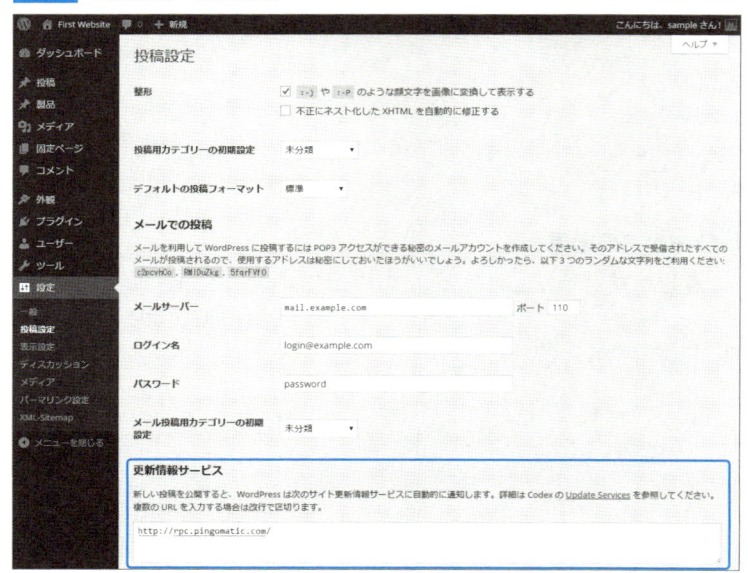

187 Twitterと連携したい

| Twitter | ツイートボタン | フォローボタン | WP 4.4 | PHP 7 |

| 関　連 | 188　Facebookの「いいね」「シェア」ボタン（および他のSNS系ボタン）を設置したい　P.349 |
| 利用例 | 投稿ページにツイートボタンを加える |

▍Twitter公式プラグインを利用

　SNSの中で圧倒的な人気があるサービスとして、Twitterがあります。もちろん、WordPressとTwitterを連携するプラグインも多数存在します。長らくサードパーティ製のプラグインしかありませんでしたが、2015年2月にTwitterから公式プラグインが公開されました。

　WordPressのプラグインの追加のページで、「Twitter」をキーワードにして検索すれば、Twitter公式のプラグインを検索してインストールすることができます。

▍ツイートボタンの設置

　投稿や固定ページに、その投稿や固定ページについてツイートするためのボタンを設置できます。

　WordPressの管理画面で「Twitter」メニューを選んで設定ページを開き、「ツイートボタン」の箇所でボタンを投稿の前／後ろのどちらにつけるかを指定すれば（図11.4）、すべての投稿にボタンが設置されます。

図11.4 ツイートボタンの設定

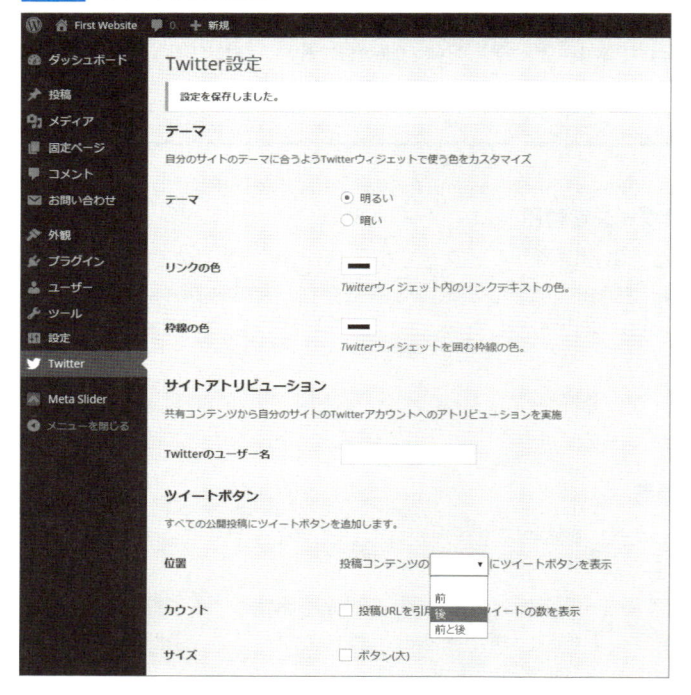

また、個々の投稿に以下のショートコードを入れれば、投稿内の任意の箇所にツイートボタンを入れることもできます。

```
[twitter_share]
```

フォローボタンの設置

　自分のTwitterをフォローしてもらうために、フォローボタンを設置することもできます。

　Twitterプラグインをインストールすると、「Twitter Follow Button」というウィジェットが追加されます。このウィジェットをサイドバー等のウィジェットエリアに入れ、ボタンのタイトルと、自分のアカウントを設定します（図11.5）。

図11.5　ウィジェットでフォローボタンを設置

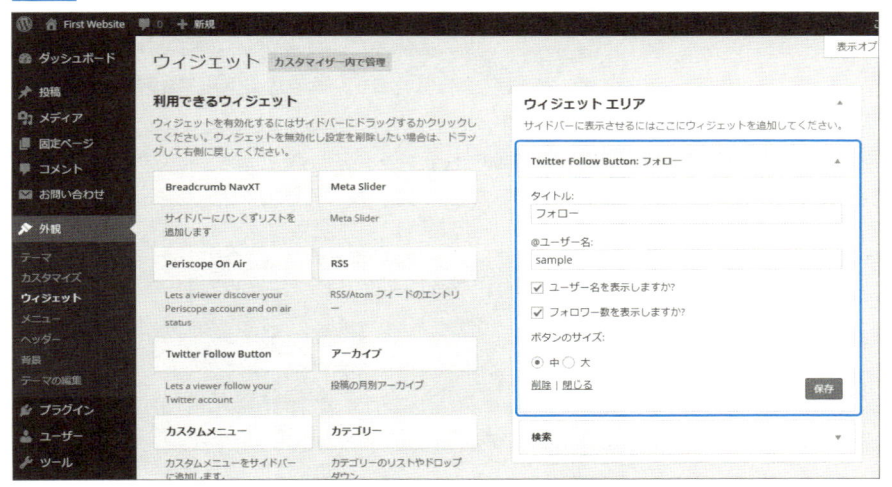

　また、テンプレートでフォローボタンを表示したい場合は、テンプレートに以下のような行を入れます。「TwitterのID」の箇所は、自分のTwitterのIDに置き換えます。

```
<?php echo do_shortcode('[twitter_follow screen_name="TwitterのID"]'); ?>
```

ツイートの埋め込み

特定のツイートを、WordPressの投稿に埋め込むこともできます。

Twitterで対象のツイートのページを開き、そのページのアドレスをコピーします。そして、WordPressの投稿にそのアドレスを貼り付けます。これで、ツイートが埋め込まれます（図11.6）。

また、設定ページ（図11.4）の「テーマ」の部分で、埋め込みの色や、リンク／枠線の色を設定することもできます。

図11.6　ツイートの埋め込み

188 Facebookの「いいね」「シェア」ボタン（および他のSNS系ボタン）を設置したい

| Facebook | 「いいね」「シェア」ボタン | WP Social Bookmarking Lightプラグイン | WP 4.4 | PHP 7 |

| 関　　連 | 187　Twitterと連携したい　P.345 |
| 利 用 例 | Facebookの「いいね」ボタンや「シェア」ボタンを楽に設置する |

▍Facebookでボタンのコードを作成できるが…

サイトの各ページに、Facebookの「いいね」や「シェア」のボタンを設置することも多いです。これらのボタンを貼り付けるためのコードは、Facebookの開発者用サイトで得ることができます。

ただ、コードを得るためには、開発者登録やアプリ登録といった作業が必要です。登録は一回すれば済むことではありますが、手順が比較的面倒です。

▍WP Social Bookmarking Lightプラグインで設置

上記のようなことから、「いいね」等のボタンを設置するプラグインが多数開発されています。その中から、「WP Social Bookmarking Light」というプラグインを紹介します。

このプラグインでは、多数のSNS系サービス用のボタンをまとめて設置することができます。Facebookの「いいね」「シェア」はもちろんのこと、はてなブックマーク／Google＋／mixi／LINEなどにも対応しています。

プラグインをインストールした後、「設定」→「WP Social Bookmarking Light」メニューを選んで、以下の手順で設定します（図11.7）。

❶「一般設定」タブの「位置」の部分で、ページのどの位置にボタンを表示するかを指定する

❷「個別記事のみ」「ページ」の箇所で、投稿／固定ページにボタンを表示するかどうかを指定する

❸「サービス」の部分にある右のリストで使いたいサービスを選び、左のリストにドラッグアンドドロップする

❹必要に応じて、「FB Like」等のタブで、表示形式などを設定する

設定を保存すると、指定した通り、各投稿／固定ページにボタンが表示されます（図11.8）。

図11.7 WP Social Bookmarking Lightプラグインの設定

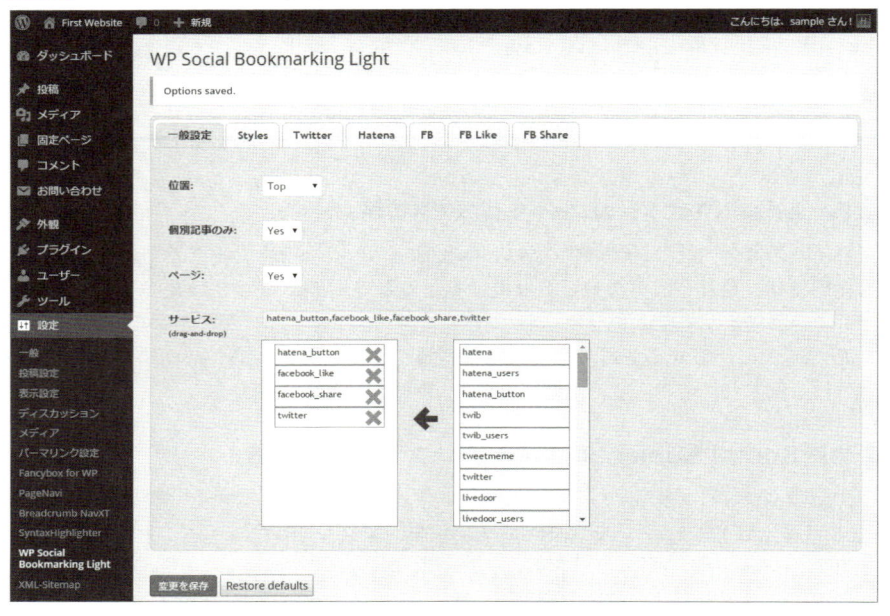

図11.8 「いいね」等のボタンが表示される

11-2 SNSとの連携

189 投稿したことをTwitter／Facebook／Google＋に自動送信したい

| SNS | Jetpackプラグイン | WP 4.4 | PHP 7 |

| 関連 | 187　Twitterと連携したい　P.345 |
| | 188　Facebookの「いいね」「シェア」ボタン（および他のSNS系ボタン）を設置したい　P.349 |

| 利用例 | 投稿時に各SNSへの自動配信を実現する |

Jetpackプラグインがおすすめ

　WordPressで新たに投稿を公開した時に、そのことをTwitter／Facebook／Google＋にも書くと、シェアしてもらえる可能性が上がります。手作業でこれらのSNSに投稿することもできますが、やや面倒です。

　そこで、プラグインを使って、投稿を公開した際に自動的にそのことを送信する方法が考えられます。いくつかのプラグインがありますが、「Jetpack」というプラグインを使うと比較的簡単です。

　Jetpackは、Wordpress.comの機能をインストール型のWordPressでも使えるようにしたプラグインで、WordPressに多くの機能を追加します。その中に、SNSへの自動投稿の機能もあります。

　なお、Jetpackプラグインを使うには、Wordpress.comのアカウントが必要になります。アカウントをお持ちでない場合は、あらかじめ取得しておきます。

Jetpackプラグインのインストールと初期設定

　本書執筆時点では、WordPressのプラグイン新規追加の画面で、「注目」のタブにJetpackプラグインが表示されました。そこからすぐにインストールすることができます。また、「Jetpack」をキーワードにして検索し、インストールすることもできます。

　プラグインをインストールして有効化すると、プラグイン一覧のページの右上に「WordPress.comと連携」のボタンが表示されます。そのボタンをクリックし、画面の指示に従ってWordpress.comと連携します。

　次に表示されるページで「Jump Start」のボタンをクリックすると、基本的な構成でJetpackプラグインを使える状態になります。

「パブリサイズ」機能のみ有効化する

Jetpackプラグインには多くの機能がありますが、既存の他のプラグインとバッティングすることもあります。Twitter等への自動投稿は「パブリサイズ」という機能なので、パブリサイズだけをオンにし、その他の機能はいったんオフにします。

「Jetpack」→「設定」メニューを選ぶと、Jetpackの全機能がリストアップされます。その先頭にある「一括操作」のチェックボックスをオンにし、操作のドロップダウンで「停止」を選択して、「適用」ボタンをクリックします。その後、パブリサイズのみチェックをオンにして、操作のドロップダウンで「有効化」を選択して、「適用」ボタンをクリックします（図11.9）。

図11.9 パブリサイズ機能のみ有効化する

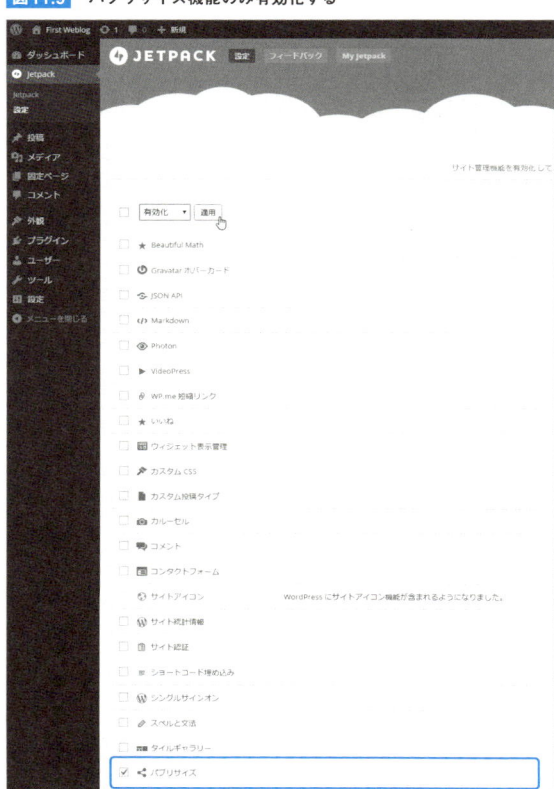

各SNSと連携する

次に、パブリサイズ機能の設定のページで、個々のSNSと連携するように設定します。

図11.9のページを再度開き、「パブリサイズ」のところをポイントして、その右端の方に表示される「設定」のリンクをクリックします。すると、連携できるSNSの一覧が表示されますので、各SNSの「連携」のボタンをクリックし、画面の指示に従って連携操作を行います（図11.10）。

図11.10 各SNSと連携する

190 Zenbackを導入したい

Zenback			WP 4.4　PHP 7
関　連	187	Twitterと連携したい　P.345	
	188	Facebookの「いいね」「シェア」ボタン（および他のSNS系ボタン）を設置したい　P.349	
利用例	SNSとの連携を高め、サイト内の関連記事などを表示する		

Zenbackの概要

　Zenbackは、ログリー株式会社が運営するソーシャル系ブログパーツサービスです（https://zenback.jp/）。ブログ内の各記事に、以下のようなものを表示することができます（図11.11）。

❶Facebookの「いいね」などの各種SNSのボタンの表示
❷Zenbackを使っている他のサイトとの間で、関連性がある記事へのリンクの表示
❸自分のサイトの中で、関連性がある過去記事へのリンクの表示
❹その記事に対するツイートなど

　❶によって、各種のSNS系サービスと連携することができます。❷で他のサイトからの流入が見込めます。また、❸でサイト内での回遊が見込めます。
　Zenbackはブログパーツなので、多くのブログで利用することができます。もちろん、WordPressでも利用できます。

図11.11 Zenbackの表示例

Zenbackへの登録とコードの取得

　Zenbackを自分のサイトに設置するには、まずZenbackのサイトでユーザー登録し、自分のサイトのアドレス等の情報を登録します。
　そして、自分のサイトに貼り付けるための、JavaScriptのコードを取得します。このコードを、投稿のテンプレート（single.php）の中でZenbackを表示したい位置に貼り付けます。

EZ ZenbackプラグインでZenbackを設置

「EZ Zenback」というプラグインを使うと、テンプレートを書き換えずにZenbackのコード設置することができます。

プラグインをインストールした後、「設定」→「EZ Zenback」メニューを選んで、設定のページを開きます。そして、「スクリプトコード」の欄にZenbackのコードを貼り付けて、Zenbackの表示位置等の各種設定を行います（図11.12）。

図11.12 EZ Zenbackプラグインの設定

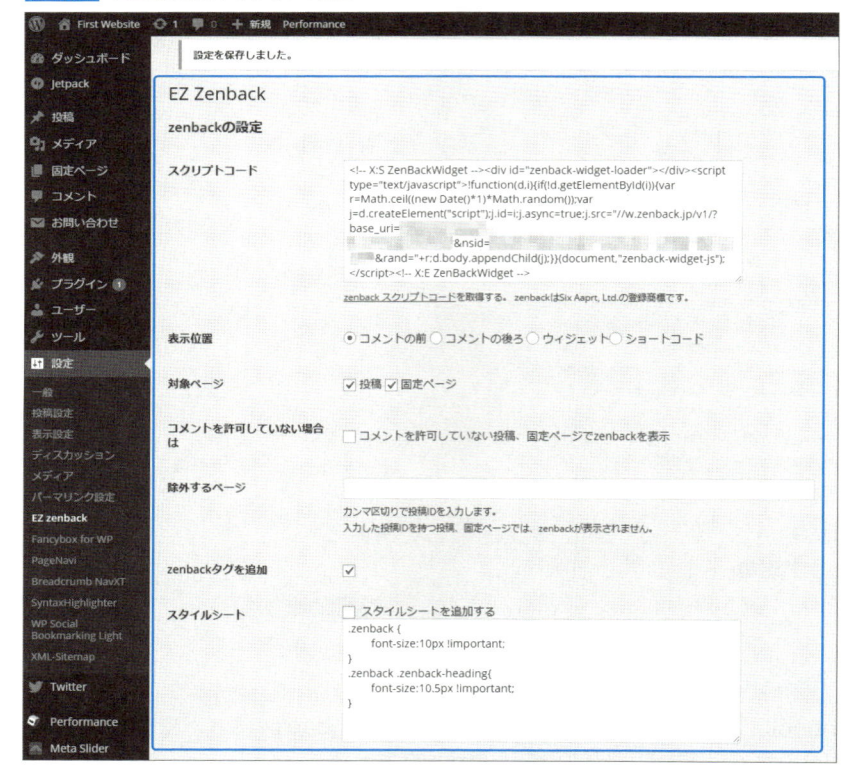

191 OGP (Open Graph Protocol) を設置したい

| Facebook | OGP | Open Graph Proプラグイン | WP 4.4 | PHP 7 |

| 関連 | 188 Facebookの「いいね」「シェア」ボタン(および他のSNS系ボタン)を設置したい P.349 |
| 利用例 | Facebookで投稿をシェアする際に適切な情報を登録する |

OGPの概要

　サイトの投稿を多くの人に読んでもらう策の1つとして、Facebookにその投稿をシェアすることが挙げられます。投稿のURLをFacebookにシェアすれば、投稿のページから情報が読み取られて、Facebookのタイムラインに表示されます。ただ、その際に「OGP」を設定しておかないと、意図しない情報が読み取られて、サムネイルが正しくなくなったりすることがあります。

　OGPは「Open Graph Protocol」の略で、SNS系サービスに読み取って欲しい情報を記述する際の決まりのことを指します。HTMLのヘッダー部分に、metaタグを入れて、投稿のタイトル等の情報を記述します。

　FacebookはOGPから情報を読み取って、タイムラインに表示します。OGPを適切に設定しておくことで、タイムラインに表示される情報をコントロールすることができます。

Facebookの開発者登録とアプリケーション登録

　OGPを動作させるためには、Facebookで「開発者登録」と「アプリケーション登録」を行う必要があります。OGPを設置すること自体よりも、これらの登録作業の方が手順が長く、複雑です。また、Facebookは仕様が変わることが多く、登録の手順が変更されることもそこそこあります。最新の登録手順は、「Facebook 開発者登録」や「Facebook アプリケーション登録」でネットを検索して調べてみてください。

Open Graph ProプラグインでOGPを設置

　OGP用のmetaタグを設置するには、WordPressのテンプレートタグを組み合わせる方法もあります。ただ、プラグインを使う方が簡単です。OGPを設置するプラグインは多数ありますが、その中で「Open Graph Pro」というプラグインがよく使われています。

プラグインをインストールした後、「設定」→「Open Graph Pro」メニューを選ぶと、OGPの設定のページが開きます。最低限、「Facebook」の部分の「Admin User(s)」と「Application ID」の設定が必要です。これらには、それぞれ自分のFacebookでのIDと、アプリケーションIDを設定します（図11.13）。なお、自分のFacebookのIDを調べるには、Find your Facebook ID（http://findmyfbid.com/）というサイトを使うと簡単です。

図11.13 Open Graph Proプラグインの設定

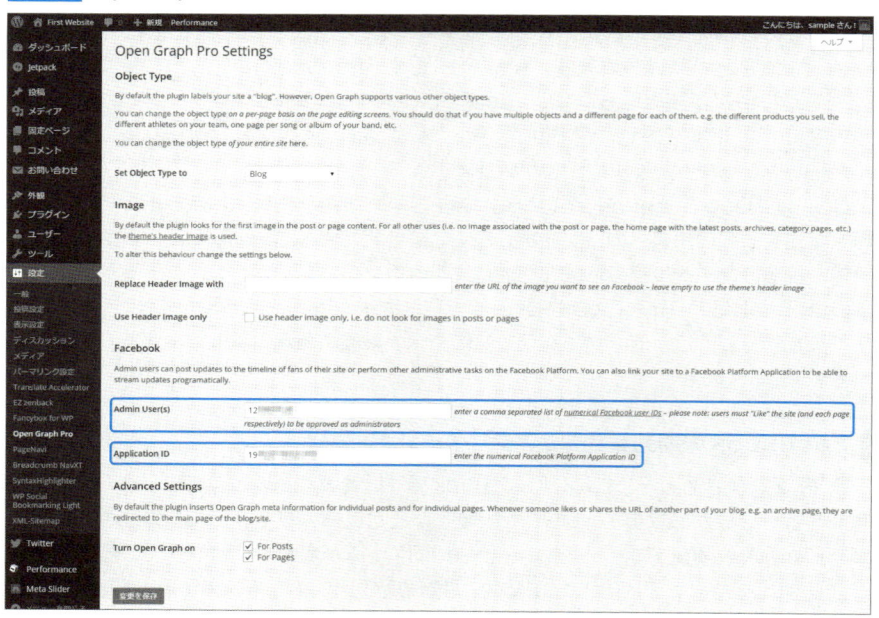

PROGRAMMER'S RECIPE

第 12 章

フックを活用したい

WordPressをカスタマイズする上で、「フック」（Hook）が関係する場面は多いです。第12章では、フックの意味やフックを使ったカスタマイズを取り上げます。

192 フックについて知りたい

| フック | WordPressコア | | WP 4.4 | PHP 7 |

| 関連 | 193 アクションフックについて知りたい P.361 |
| | 194 フィルターフックについて知りたい P.363 |

| 利用例 | WordPressコアを変更せずに独自の機能を実現する |

フック＝WordPressコアの処理を部分的に変更する仕組み

　WordPressでは、PHPの関数を組み合わせて様々な処理を実行します。ただ、WordPressのコアの処理を一部置き換えたり、何か処理を追加したりしたい場面もあります。

　このような時に、コアのコードを書き換えている方がいるかもしれません。しかし、コアを書き換えてしまうと、WordPressがバージョンアップするたびに書き換え直すことが必要になってしまいます。したがって、コアの書き換えはお勧めできません。

　このような時に使うのが、「フック」（Hook）という仕組みです。フックを使うと、WordPressのコアの処理の一部を置き換えたり、追加したりすることができます。

　WordPressのコアでは、様々な処理の節目に、フックが用意されていることが多いです。フックに対して独自のプログラム（関数）を登録しておくことで、フックのタイミングで、WordPressからその関数が呼び出されます。その関数の中で、WordPressが行った処理を一部変更したり、元々なかった処理を追加したりすることができます（図12.1）。

図12.1 フックの動作

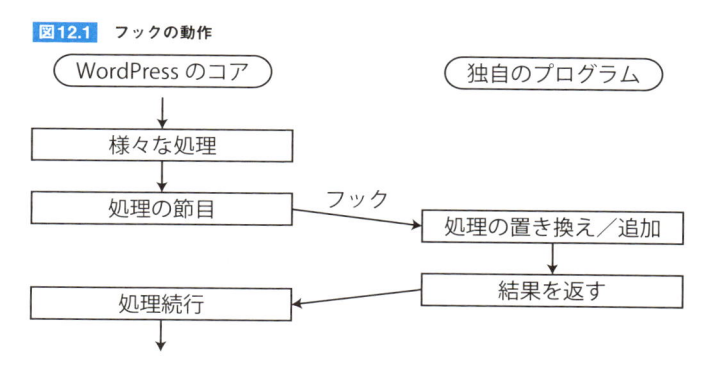

```
WordPressのコア              独自のプログラム
    ↓
様々な処理
    ↓
処理の節目    ──フック──→   処理の置き換え／追加
    ↓                            ↓
処理続行    ←────────         結果を返す
    ↓
```

193 アクションフックについて知りたい

アクションフック		WP 4.4	PHP 7
関数	add_action		
関連	194 フィルターフックについて知りたい P.363		
利用例	「投稿を保存する」というアクションの後に処理を行う		

アクションフックの概要

WordPressのフックは、大きく分けて2種類あります。その1つが「アクションフック」（Action hook）です。

アクションフックは、WordPressの処理の節目で、独自の関数を実行できるようにする仕組みです。例えば、「投稿を保存した直後に何か処理をしたい」という場合、「save_post」というアクションフックに関数を登録します。

アクションフックに関数を登録する

アクションフックに対して独自の処理を登録するには、「add_action」という関数を実行します。add_action関数は、functions.phpテンプレートの中で実行することが多いです。

add_action関数は以下のように書きます。各パラメータの内容は、**表12.1**の通りです。

```
add_action(フック名, コールバック, 優先度, パラメータ数)
```

表12.1 add_action関数のパラメータ

パラメータ	内容
フック名	登録したいフックの名前
コールバック	フックのタイミングで実行する関数の名前。 クラスの中でメソッドをコールバックにする場合は、「array(&$this, 'メソッド名')」を渡す。 PHP 5.3以降では、無名関数を使うことも可能
優先度	同じフックに複数の関数が登録されている場合の、実行の優先順位。 小さな数値を指定するほど早く実行される
パラメータ数	フックの関数に渡されるパラメータの数。 なお、フックの種類によって、パラメータの数は異なる

主なアクションフック

WordPressのコアには多数のアクションフックが用意されています。アクションフックの例として、表12.2のようなものがあります。

表12.2 アクションフックの例

フック名	実行されるタイミング
init	WordPressのコアの読み込みが終わり、HTTPのヘッダーを出力する前
after_setup_theme	テーマの準備ができた
widgets_init	サイドバー登録の準備ができた
pre_get_posts	クエリを実行する前
switch_theme	他のテーマに変更された
after_switch_theme	他のテーマから変更された
save_post	投稿を保存した
post_updated	投稿が更新された
transition_post_status	投稿のステータスが変化した
before_delete_post	投稿を削除する前
delete_post	投稿を削除した
trash_post	投稿をゴミ箱に移動する前
trashed_post	投稿をゴミ箱に移動した
edit_terms	カテゴリー等の分類を保存する前
edited_terms	カテゴリー等の分類を保存した
admin_init	管理画面の準備ができた
load-XXX	管理画面のXXX.phpが読み込まれた
loop_start	WordPressループが始まる前
loop_end	WordPressループが終わった後
wp_head	テンプレート内でwp_head関数が実行された
wp_footer	テンプレート内でwp_footer関数が実行された
wp_enqueue_script	テンプレートにJavaScriptを挿入する前
wp_enqueue_style	テンプレートにスタイルシートを挿入する前

194 フィルターフックについて知りたい

フィルターフック		WP 4.4	PHP 7
関数	add_filter		

関連	193 アクションフックについて知りたい　P.361
利用例	WordPressが出力する内容に対して処理を行う

フィルターフックの概要

　WordPressのもう1つのフックとして、「フィルターフック」（Filter hook）があります。フィルターフックは、出力する内容を部分的に置換する際に使います。
　主に、テンプレートタグの出力を置換するのに使います。例えば、「投稿の文中に含まれる全角英数字を半角に置換したい」といった時には、「the_content」というフィルターフックを使って置換処理を追加することができます。

フィルターフックに関数を登録する

　フィルターフックに関数を登録するには、「add_filter」という関数を実行します。add_filter関数は、add_action関数（レシピ193 参照）と同様に、functions.phpテンプレートの中で実行することが多いです。
　なお、add_filter関数のパラメータの内容は、add_action関数と同じですので、そちらを参照してください（レシピ193）。

主なフィルターフック

　WordPressのコアの多くの関数に、フィルターフックが用意されています（表12.3）。特に、テンプレート内で使う関数では、出力をカスタマイズするために、フィルターフックを使う場面が多いです。

表12.3 フィルターフックの例

フック名	実行されるタイミング
the_title	投稿のタイトルを出力する前
the_content	投稿の本文を出力する前
the_excerpt	投稿の抜粋を出力する前
the_category	カテゴリー名を出力する前
body_class	body要素のクラスを出力する前
post_class	個々の投稿を囲む要素につけるクラスを出力する前
single_post_title	投稿のタイトルを出力する前
wp_list_categories	wp_list_categories関数の結果を出力する前
wp_dropdown_cats	wp_dropdown_categories関数の結果を出力する前
wp_list_pages	wp_list_pages関数の結果を出力する前
comment_text	コメントの本文を出力する前
comments_number	コメント数を出力する前
single_cat_title	カテゴリーアーカイブページのタイトルを出力する前
the_tags	the_tags関数で投稿のタグを出力する前
single_tag_title	タグアーカイブページのタイトルを出力する前
the_date	the_date関数の結果を出力する前
the_time	the_time関数の結果を出力する前
the_author	投稿者を出力する前

195 タイトルに含まれる全角英数字を半角に変換したい（フィルターフックの例）

| フィルターフック | the_title | | WP 4.4 | PHP 7 |

| 関数 | add_filter |

| 関　連 | 194　フィルターフックについて知りたい　P.363 |
| 利用例 | タイトルに含まれる全角英数字を半角に変換して表示 |

the_titleフィルターフックを使う

レシピ194 で紹介したように、フィルターフックは多数あります。その1つの例として、投稿のタイトルに含まれる全角英数字を半角に変換することを取り上げます。

投稿のタイトルを出力する処理はあちこちにありますが、そのいくつかでは「the_title」というフィルターフックを呼び出すようになっています。そこで、the_titleフィルターフックに関数を登録して、その中で全角英数字を半角に置換すれば良いです。

the_titleフィルターフックでは、関数のパラメータとして、投稿のタイトルとIDが渡されます。ここからタイトルを受け取って、その中の全角英数字を半角に変換し、結果を戻り値として返すようにします。

the_titleフィルターフックの事例

実際にこのようなフィルターフックを登録するには、functions.phpテンプレートにリスト12.1のような部分を追加します。「the_title_cb」という関数を用意し、パラメータで渡されたタイトル（$title）を、PHPのmb_convert_kana関数で変換して戻り値として返します。そして、add_filter関数を使って、このthe_title_cb関数を「the_title」フィルターフックに登録します。

なお、このフィルターフックの優先度は、一般的な優先度である10にしています（add_filter関数の3つ目のパラメータ）。また、the_titleフィルターフックの関数には、前述したようにパラメータが2つ渡されるので、add_filter関数の4つ目のパラメータに「2」を指定しています。

リスト12.1　タイトルに含まれる全角英数字を半角に置換するフィルターフック

```
function the_title_cb($title, $id) {
   return mb_convert_kana($title, 'rn');
}
add_filter('the_title', 'the_title_cb', 10, 2);
```

196 投稿を更新した回数を保存する（アクションフックの例）

アクションフック	save_post		WP 4.4	PHP 7

関数	add_action

関連	193 アクションフックについて知りたい　P.361

利用例	投稿を更新した回数を保存する

save_postアクションフックの概要

　WordPressのコアの処理を部分的に置き換えたり、処理を追加したい時には、アクションフックを使います。アクションフックは多数存在しますが、その1つの例として、投稿が保存された時に、追加で処理することを取り上げます。

　投稿が保存された後には、いくつかのアクションフックが実行されます。その1つとして、「save_post」というアクションフックがあります。save_postアクションフックでは、表12.4の3つのパラメータが渡されます。これらの値を利用してこのアクションフックのタイミングで処理を行えば、標準の保存の動作に加えて、独自のデータを保存したり、他のサービスと連携したりすることができます。

表12.4 save_postアクションフックに渡されるパラメータ

パラメータ	内容
1つ目	投稿のID
2つ目	投稿のオブジェクト
3つ目	投稿の新規作成ならfalse、更新ならtrue

投稿を更新した回数を保存する

　簡単な例として、投稿を更新するたびに、その回数を保存するような仕組みを考えてみます。これは、以下のようにすれば実現することができます。

❶投稿のメタデータ用のテーブルに、「_save_count」という名前のデータを保存する

❷save_postアクションフックのタイミングで、「_save_count」の値を1増やして保存しなおす

実際にこのような処理を作ると、**リスト12.2**のようになります。リストの内容は以下の通りです。

❶2行目

「_save_count」メタデータの値を読み込み、変数$countに代入します。

❷3〜5行目

データベースにまだメタデータが保存されていなかった場合は、変数$countの初期値を0にします。

❸6行目

変数$countを1増やした値を、「_save_count」のメタデータに保存します。

❹8行目

save_postアクションフックに、1〜6行目の関数を登録します。save_postアクションフックではパラメータが3つ渡されるので、add_action関数の4番目のパラメータに3を渡します。

リスト12.2 パスワード保護されている投稿での情報の表示／非表示の判断

```php
function save_post_cb($post_id, $post, $update) {
  $count = get_post_meta($post_id, '_save_count', true);
  if ($count == '') {
    $count = 0;
  }
  update_post_meta($post_id, '_save_count', $count + 1, $count);
}
add_action('save_post', 'save_post_cb', 10, 3);
```

この部分をfunctions.phpテンプレートに入れれば、投稿を更新するたびに、「_save_count」メタデータの値が1ずつ増えます。また、この処理をプラグイン化すれば、テーマに関係なくこの処理を使うことができます。

197 テンプレートにスタイルシートを組み込みたい

| テンプレート | スタイルシート | | WP 4.4 | PHP 7 |

関数 wp_enqueue_style、get_stylesheet_directory_uri

関連 193 アクションフックについて知りたい　P.361
198 テンプレートにJavaScriptを組み込みたい　P.370

利用例 スタイルシートをテンプレートに安全に適用させる

wp_enqueue_style関数の概要

サイト内の各ページを出力する際に、スタイルシートで見た目を決めます。スタイルシートはファイルにして、HTMLのヘッダー部分（head要素）にlink要素で組み込むことが一般的です。

スタイルシートを組み込むために、テンプレート（特にheader.php）にlink要素を直接書くこともできます。ただ、プラグインによって、スタイルシートが自動的に組み込まれることもあります。そのため、テンプレートにlink要素を直接書くと、場合によってはプラグインでも同じスタイルシートが組み込まれ、複数回組み込んでしまうことも起こり得ます。また、スタイルシート間に依存関係がある場合、読み込む順序が正しくならないことも起こり得ます。

そこで、スタイルシートを組み込みたい場合は、テンプレートにlink要素を直接に書かずに、「wp_enqueue_style」という関数を使います。この関数は、スタイルシートをメモリ上で整理して、重複しないように、かつ依存関係も考慮しつつ、組み込む働きをします。

wp_enqueue_style関数には、表12.5の5つのパラメータを指定します。2つ目のパラメータでスタイルシートのアドレスを指定しますが、テーマに含めたスタイルシートを使う場合は、アドレスを直接書かずにget_stylesheet_directory_uri関数を使うようにします。

また、wp_enqueue_style関数は、「wp_enqueue_scripts」というアクションフックのタイミングで実行します。

表12.5 wp_enqueue_style関数のパラメータ

パラメータ	内容
1つ目	スタイルシートを表す識別子
2つ目	組み込むスタイルシートのアドレス
3つ目	依存するスタイルシートの識別子からなる配列
4つ目	スタイルシートのバージョン番号
5つ目	メディアタイプ

事例

例えば、以下のような状況だとします。

❶ jQuery UI 1.11のスタイルシートと、それに依存する自作のスタイルシートを組み込む

❷ jQuery UI 1.11のスタイルシートは、CDNから読み込む（アドレスはhttps://code.jquery.com/ui/1.11.4/jquery-ui.min.js）。

❸ 自作のスタイルシートは、テーマのディレクトリの中の「mystyle.css」ファイルから読み込む

❹ jQuery UIの識別子を「jquery_ui」にし、自作スタイルシートの識別子を「mystyle」にする

❺ wp_enqueue_style関数を「enqueue_style_cb」という関数で実行する

この場合、テーマのfunctions.phpテンプレートにリスト12.3のように書きます。2行目でjQuery UIを読み込み、3行目でmystyle.cssを読み込んでいます。また、mystyle.cssはjQuery UIに依存するので、wp_enqueue_style関数の3つ目のパラメータに、jQuery UIの識別子（jquery_ui）を渡しています。

リスト12.3 wp_enqueue_style関数の利用例

```
function enqueue_style_cb() {
  wp_enqueue_style('jquery_ui', 'https://code.jquery.com/ui/1.11.4/↵
jquery-ui.min.js');
  wp_enqueue_style('mystyle', get_stylesheet_directory_uri() . '/mystyle.↵
css', array('jquery_ui'));
}
add_action('wp_enqueue_scripts', 'enqueue_style_cb');
```

198 テンプレートにJavaScriptを組み込みたい

JavaScript		WP 4.4	PHP 7

関数	wp_enqueue_script

関連	193 アクションフックについて知りたい P.361 197 テンプレートにスタイルシートを組み込みたい P.368

利用例	JavaScriptのコードをテンプレートに安全に適用させる

wp_enqueue_script関数で組み込む

サイトの各ページにJavaScriptを組み込むことも多いです。通常であれば、HTMLにscriptタグを入れて、JavaScriptのファイルを読み込みます。ただ、プラグインによってJavaScriptが自動的に組み込まれることがありますので、テンプレートにscriptタグを直接に書くと、同じJavaScriptを複数回読み込んでしまったり、読み込みの順序が正しくなくなったりすることが起こり得ます。

そこで、JavaScriptを組み込みたい場合は、テンプレートに直接script要素を書くのではなく、「wp_enqueue_script」という関数で組み込むようにします。スタイルシートの組み込みにはwp_eneueue_style関数を使いましたが（レシピ197参照）、それと同様に、JavaScriptを整理して正しく組み込むことができます。

wp_enqueue_script関数には、パラメータが5つあります（表12.6）。ただし、jQueryなどのメジャーなJavaScriptを組み込みたい場合は、WordPressであらかじめ識別子が用意されていますので、それを使います（表12.7）。また、JavaScriptのアドレスは指定しません。

また、この関数は「wp_enqueue_scripts」というアクションフックのタイミングで実行します。

表12.6 wp_enqueue_script関数のパラメータ

パラメータ	内容
1つ目	JavaScriptを表す識別子
2つ目	組み込むJavaScriptのアドレス
3つ目	依存するJavaScriptの識別子からなる配列
4つ目	JavaScriptのバージョン番号
5つ目	JavaScriptをHTMLの最後に組み込みたい場合はtrueを指定

表12.7 主なJavaScriptの識別子

識別子	組み込むJavaScript
jquery	jQuery
jquery-ui-core	jQuery UI Core
jquery-ui-widget	jQuery UI Widget
jquery-ui-tabs	jQuery UI Tabs
jquery-effects-core	jQuery UI Effects
underscore	Underscore.js
backbone	Backbone.js

※詳細なリストは以下のページを参照
https://codex.wordpress.org/Function_Reference/wp_enqueue_script

事例

例えば、以下のようにJavaScriptを読み込みたいとします。

❶ jQueryを読み込む

❷ jQueryに依存する自作のJavaScriptを読み込む

❸ ❷のJavaScriptは、テーマのディレクトリにある「myscript.js」ファイル

❹ wp_enqueue_script関数は、「enqueue_script_cb」という関数から呼び出す

この場合、テーマのfunctions.phpテンプレートにリスト12.4を入れます。2行目でjQueryを組み込み、3行目で自作のmyscript.jsを組み込みます。また、5行目のadd_action関数で、これらの処理をwp_enqueue_scriptsアクションフックの際に実行するようにしています。

リスト12.4 jQueryと自作のJavaScriptを組み込む

```
function enqueue_script_cb() {
  wp_enqueue_script('jquery');
  wp_enqueue_script('myscript', get_stylesheet_directory_uri() .
'/myscript.js', array('jquery'));
}
add_action('wp_enqueue_scripts', 'enqueue_script_cb');
```

199 メインクエリを書き換えたい

| メインクエリ | pre_get_postsアクションフック | WP 4.4　PHP 7 |

関数　is_main_queryメソッド

関　　連　193　アクションフックについて知りたい　P.361

利 用 例　メインページから特定のカテゴリーの投稿を除外する

pre_get_postsアクションフックの概要

サイトの個々のページに出力する内容は、メインクエリで決まります。例えば、月別のアーカイブページでは、メインクエリによって、個々の月の投稿が読み込まれます。

ただ、場合によって、メインクエリを一部書き換えたいこともあります。例えば、サイトのメインページには最近の投稿一覧を出力することが多いですが、その際に特定のカテゴリーの投稿を除外したい、といったことが考えられます。

クエリが実行される前に、「pre_get_posts」というアクションフックが実行されます。このタイミングで、クエリの一部を書き換えることで、ページに出力する投稿を変えることができます。

pre_get_postsアクションフックの処理の組み方

pre_get_postsアクションフックで呼び出される関数には、パラメータとしてWP_Queryオブジェクトが渡されます。このオブジェクトの「set」というメソッドを以下のように実行すると、WP_Queryオブジェクトを作成する際に渡した連想配列の中の、指定したキーの値を置き換えることができます。

```
$オブジェクト->set(キー, 値)
```

また、メインクエリかどうかを判断するには、オブジェクトの「is_main_query」というメソッドを使います。メインクエリの実行中であれば、このメソッドの戻り値はtrueになります。is_main_queryメソッドと、ページの種類を判断する関数（第08章を参照）を組み合わせて、特定のページの時だけメインクエリを書き換えることができます。

ただし、ページの種類を判断する関数の中で、pre_get_postsアクションフックの

タイミングでは正しく動作しないものもあります（例：is_front_page関数）。

メインページから特定のカテゴリーの投稿を除外する

　pre_get_postsアクションフックの例として、最初に例にあげた「メインページから特定のカテゴリーの投稿を除外する」ということを取り上げてみます。

　IDが1番のカテゴリーを除外するものとし、またフックの際に実行する関数に「pre_get_posts_cb」という名前を付けるとすると、テーマのfunctions.phpテンプレートにリスト12.5を追加します。

　まず、2行目のif文で、メインページの表示中であり（is_home関数）、かつメインクエリの実行中である（is_main_queryメソッド）ことを判断します。

　両方の条件を満たしていれば、3行目のsetメソッドで、WP_Queryのパラメータの連想配列に「category__not_in」の要素を追加し、値として1を指定します。これによって、IDが1番のカテゴリーを除外することができます。

　そして、6行目のadd_action関数で、これらの処理をする関数（pre_get_posts_cb）を、pre_get_postsアクションフックの際に実行するようにします。

リスト12.5 メインページからIDが1番のカテゴリーの投稿を除外する

```
function pre_get_posts_cb($query) {
  if (is_home() && $query->is_main_query()) {
    $query->set('category__not_in', 1);
  }
}
add_action('pre_get_posts', 'pre_get_posts_cb');
```

200 フックを解除したい

フック		WP 4.4　PHP 7

関数	remove_action、remove_filter

関連	193　アクションフックについて知りたい　P.361 194　フィルターフックについて知りたい　P.363

利用例	出力時に行う自動整形処理をキャンセルする

remove_action／remove_filter関数で解除

　登録済みのフックを解除したいという場面もあります。このような時には、「remove_action」（アクションフック用）または「remove_filter」（フィルターフック用）の各関数を使います。

　パラメータとして、フックの名前と、解除したい関数の名前を指定します。関数がオブジェクトのメソッドである場合は、「array(オブジェクト, 'メソッド名')」を渡して解除します。

　自分で登録した関数だけでなく、WordPressのコアが登録した関数も解除することができます。例えば、the_contentフィルターフックには、「wpautop」という自動整形用の関数が登録されています。したがって、the_content関数を実行する直前でremove_filter関数を実行して、wpautopフィルターを削除すれば、自動整形をしないようにすることができます（**リスト12.6**）。

リスト12.6　the_content関数の実行前にwpautop関数のフィルターフックを解除する

```
remove_filter('the_content', 'wpautop');
the_content(…);
```

　また、remove_action／remove_filter関数でフックを解除した後、add_action／add_filter関数で同じフックを登録しなおすこともできます。この仕組みを利用して、一時的にフックを解除し、すぐに元に戻すようなこともできます。

201 自作のテーマやプラグインにフックを組み込みたい

| フック | | WP 4.4　PHP 7 |

関数　do_action、apply_filters

関連	193　アクションフックについて知りたい　P.361
	194　フィルターフックについて知りたい　P.363

| 利用例 | 自作のテーマに独自のフィルターフックを組み込む |

do_action／apply_filters関数を使う

　自作のテーマやプラグインを配布する場合、カスタマイズ性を高めるために、処理の節目にフックを入れておくと良いです。例えば、WordPress標準のTwentyFifteenテーマは、テーマ独自のフックをいくつか実装しています。

　アクションフックを組み込むには、「do_action」という関数を使います。パラメータとして、フックの名前と、フックの関数に渡す値を指定します。フックの関数に複数の値を渡したい場合は、それらを引数に並べます。

　また、フィルターフックを組み込むには、「apply_filters」という関数を使います。パラメータの指定方法は、do_action関数と同じです。

　例えば、自作のテーマに「my_theme_title」という名前のフィルターフックを組み込みたいとします。また、このフィルターフックでは、パラメータとして変数$titleと$lenの値を渡すようにしたいとします。また、フィルターされた値を出力したいとします。

　この場合、テーマ内でフィルターフックを実行したい位置に、以下のようなコードを入れます。

```
<?php echo apply_filters('my_theme_title', $title, $len); ?>
```

MEMO

PROGRAMMER'S RECIPE

第 **13** 章

プラグインでWordPressを強化したい

WordPressの最大の特徴は、豊富なプラグインで様々に機能を拡張できることです。第13章では、多くのプラグインの中から、定番的に使われているものを取り上げて紹介します。

202 パンくずリストを出力したい

パンくずリスト	Breadcrumb NavXTプラグイン		WP 4.4	PHP 7
関　連	―
利用例	サイトのトップから現在のページまでの経路を自動で表示する

Breadcrumb NavXTプラグインの概要

　サイト内の各ページの先頭付近に、サイトのトップページからそのページまでの経路（パンくずリスト）を出力することは、多くのサイトで行われています。
　WordPressの関数を使って自力でパンくずリストを出力することもできますが、けっこう複雑な処理になります。このため、パンくずリストを出力するプラグインが多数公開されています。
　中でもよく使われているプラグインとして、「Breadcrumb NavXT」があります。各種のページにパンくずナビを出力することができ、また出力方法を細かく設定することができます。

プラグインの日本語化

　Breadcrumb NavXTプラグインは、標準ではメッセージ等が英語で出力されます。日本語化するには、以下のアドレスから「Breadcrumb NavXT 日本語カタログ」というファイルをダウンロードし、それをWordPressにインストールします。

http://dogwood.skr.jp/tmp/plugins/breadcrumb-navxt-ja.zip

　Zipファイルを解凍すると、「breadcrumb-navxt-ja.mo」と「breadcrumb-navxt-ja.po」の2つのファイルができます。これらのファイルを、WordPressのインストール先の「wp-content」→「plugins」→「breadcrumb-navxt」→「languages」のディレクトリにアップロードします。

Breadcrumb NavXTプラグインの設定

　プラグインをインストールしたら、WordPressの「設定」→「Breadcrumb NavXT」メニューを選び、設定のページを開きます。

初めてこのページを開く際には、「あなたの設定はもうサポートされていません。」というメッセージが表示されます。「すぐに移行する」のリンクをクリックすると、設定のページが開きます。

このページで、各ページのパンくずリストのマークアップ方法を設定して、設定を保存します（図13.1）。

図13.1 パンくずリストの設定

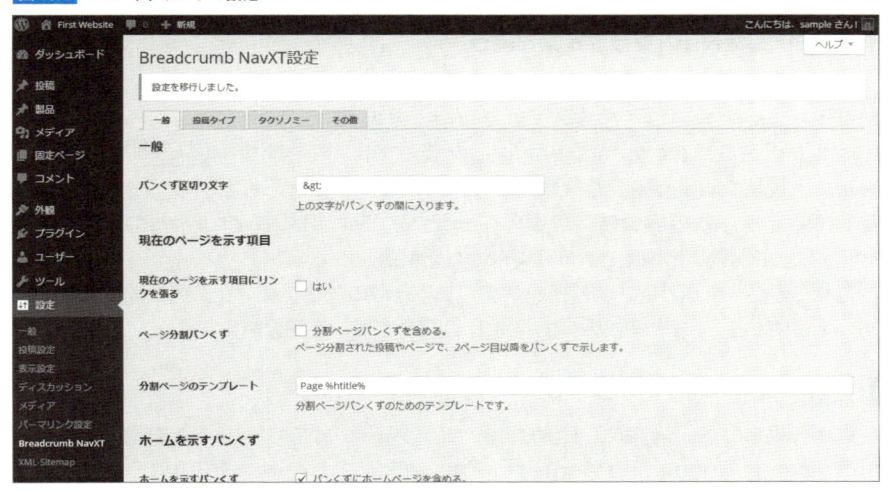

テンプレートの書き換え

次に、テンプレートの中で、パンくずリストを出力したい位置に、リスト13.1を入れます。

一般に、パンくずリストは各ページの先頭に出力します。ページの先頭部分はheader.phpテンプレートで出力することが多いので、header.phpテンプレートの中で、bodyタグの直後のあたりにリスト13.1を入れると良いでしょう。

リスト13.1 パンくずリストを出力するためにテンプレートに追加する内容

```
<div class="breadcrumbs" xmlns:v="http://rdf.data-vocabulary.org/#">
  <?php if (function_exists('bcn_display')) { bcn_display(); } ?>
</div>
```

203 ページ送りを使いやすくしたい

| WP-PageNaviプラグイン | | WP 4.4 | PHP 7 |

| 関連 | 052 複数ページに分割された投稿で各ページへのリンクを出力したい　P.096 |
| | 054 投稿一覧系ページで各ページへのリンクを出力したい　P.100 |

| 利用例 | 前後のページへのリンクをカスタマイズして、CSSを適用する |

WP-PageNaviプラグインを使う

　投稿一覧系のページでは、投稿を10件ずつなどに区切って出力できます。そして、前後のページへのリンクは、WordPress標準のnext_posts_link／previous_posts_link関数やthe_posts_pagination関数で出力できます（レシピ053 を参照）。

　また、投稿や固定ページを複数の部分に分割して、それぞれを別のページにすることもできます。この場合は、前後のページへのリンクは、WordPress標準のwp_link_pages関数で出力できます（レシピ052 を参照）。

　これらのページ送りを、より使いやすくするためのプラグインが多数公開されています。その中から、「WP-PageNavi」というプラグインを紹介します。

投稿一覧系ページのテンプレートの書き換え

　投稿一覧系のページでWP-PageNaviプラグインのページ送り機能を使うには、各テンプレート（index.phpやcategory.phpなど）で、ページ送りの部分を書き換えます。

　テンプレートの中で、next_posts_link／previous_posts_link関数を使っているところを探し、その部分を以下に置き換えます。

```
<?php wp_pagenavi(); ?>
```

投稿／固定ページのテンプレートの書き換え

投稿や固定ページで、WP-PageNaviプラグインでのページ送り機能を使うには、single.phpやpage.phpなどのテンプレートで、ページ送りの部分を書き換えます。

テンプレートの中で、wp_link_pages関数を使っているところを探し、その部分を以下に置き換えます。

```
<?php wp_pagenavi(array('type' => 'multipart')); ?>
```

出力方法のカスタマイズ

WP-PageNaviプラグインでは、WordPressの管理画面で出力方法をカスタマイズすることができます。「設定」→「PageNavi」メニューを選ぶと、設定のページが開きます（図13.2）。

図13.2 WP-PageNaviプラグインの設定

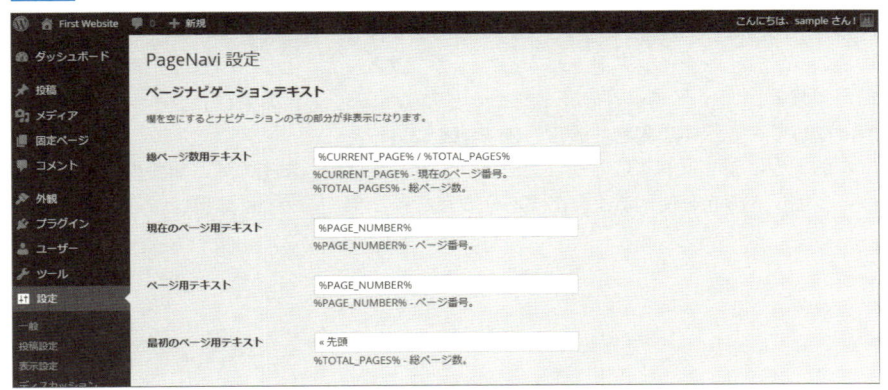

CSSのカスタマイズ

CSSをカスタマイズして、デザインを調節することもできます。WordPressのインストール先→「wp-content」→「plugins」→「wp-pagenavi」ディレクトリにある「pagenavi-css.css」ファイルを、お使いのテーマのディレクトリにコピーして、そのファイルをカスタマイズします。

204 サブナビゲーションを出力したい

サブナビゲーション	All in One Sub Navi Widgetプラグイン		WP 4.4	PHP 7
関　連	125	サイドバーでウィジェットを使えるようにしたい　P.233		
利 用 例	サブナビゲーションをウィジェットとして出力して管理画面で管理する			

All in One Sub Navi Widgetプラグインが便利

　各ページのサイドバーを使って、サブナビゲーションを出力することは多いです。例えば、固定ページであれば、そのページの下の階層にある固定ページのリストを出力することが多いです。

　このようなサブナビゲーションを出力するプラグインとして、「All in One Sub Navi Widget」があります。プライムストラテジー株式会社に所属する大曲氏が作ったプラグインです。

　WordPressの管理画面で「プラグイン」→「新規追加」を選び、「All in One Sub Navi」で検索してインストールすることができます。

　このプラグインをインストールすると、「サブナビ」というウィジェットを使えるようになります。サイドバー等のウィジェットのエリアに「サブナビ」ウィジェットをドラッグして、表示する内容を設定します（図13.3）。

　なお、ウィジェットとしてサブナビゲーションを追加しますので、対象のテーマではウィジェット機能を使えるようにする必要があります（レシピ125 参照）。

13-1 プラグイン

図13.3 「サブナビ」ウィジェットの設定

サブナビゲーション ｜ All in One Sub Navi Widgetプラグイン

383

205 投稿／固定ページ内の画像をクリックした時にポップアップ表示したい

Fancybox for WordPressプラグイン		WP 4.4　PHP 7
関　連	077　アイキャッチ画像を使いたい　P.146 082　投稿／固定ページにギャラリーを入れたい　P.155	
利用例	ページ全体を暗くして画像だけをポップアップして目立たせる	

Lightbox系のプラグインを利用

　Webページ上の画像をクリックした時に、ページ全体が暗くなって、画像だけがポップアップ表示するようになっていることがあります。この表示は、「Lightbox」や「Fancybox」などのJavaScriptで行われています。

　このような表示を手軽に行うことができるプラグインは、多数開発されています。WordPressのプラグインの新規追加のページで、「Lightbox」や「Fancybox」をキーワードにして検索すると、多数のプラグインがヒットします。

　例えば、「Fancybox for WordPress」というプラグインは、インストールするだけで簡単に使うことができます（図13.4）。また、設定のページで、画像がポップアップする際の速さなど、細かな動作の設定を行うこともできます（図13.5）。

図13.4　Fancybox for WordPressでの画像の表示

13-1 プラグイン

図13.5 Fancybox for WordPressの設定

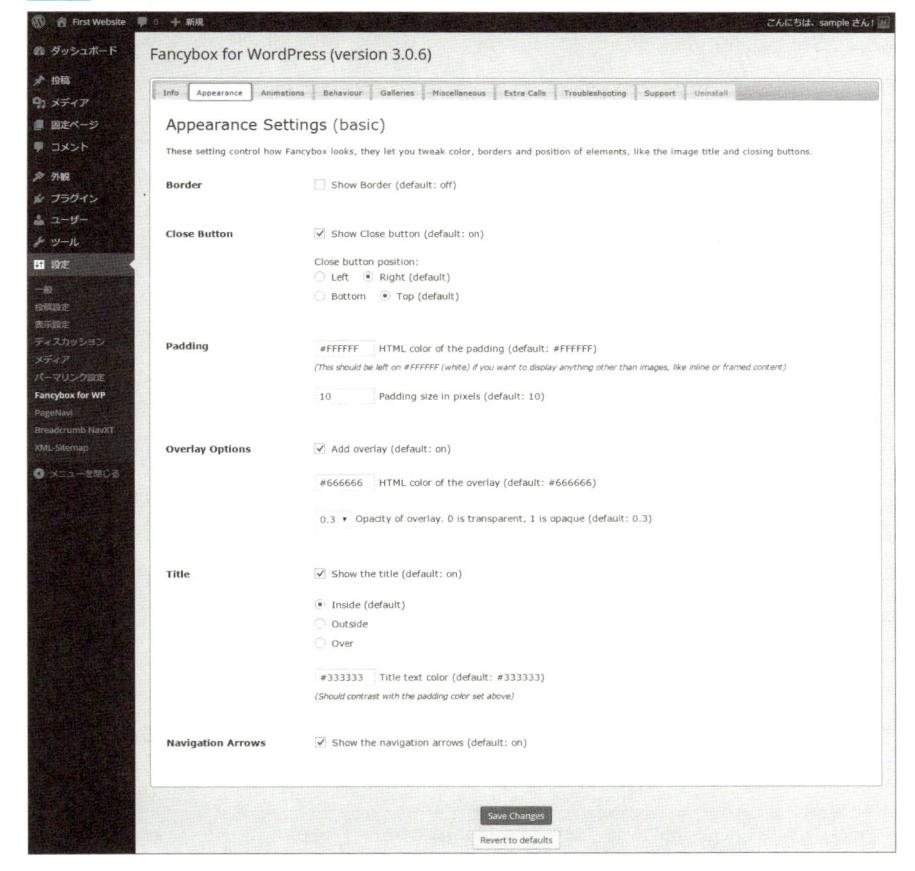

Fancybox for WordPressプラグイン

206 投稿／固定ページにGoogleマップを入れたい

Googleマップ	Simple Mapプラグイン	WP 4.4　PHP 7
関　連	—	
利用例	簡単にGoogleマップを表示し、表示を様々にカスタマイズする	

多数のプラグインが存在

　会社案内等のページを作成する際に、Googleマップの地図を入れたい場面が多いです。Googleマップ自体の埋め込みコードの機能を使うこともできますが、プラグインを使うとWordPressの投稿／固定ページ編集のページで操作しやすくなるので、より便利です。

　Googleマップを表示するプラグインは多数ありますが、日本人が開発しているプラグインとして、「Simple Map」というプラグインがあります。投稿／固定ページに以下のようなショートコードを入れると、それが地図に置き換わります。

　また、レスポンシブWebデザインにも対応していて、ブラウザの幅が狭い場合は地図が静的（Google Staticマップ）になります。

```
[map addr="住所"]
```

　位置は緯度／経度で指定することもできます。また、ショートコード内のテキストで情報ウィンドウに表示する文字列を指定することもできます。例えば、以下のコードを投稿／固定ページに入れると、マーカーをクリックした時の表示は図13.6のようになります。

```
[map lat="35.6585805" lng="139.7432389"]東京タワー[/map]
```

図13.6 東京タワーの地図を表示する例

表示のカスタマイズ

Simple Mapプラグインでは、ショートコードに**表13.1**のパラメータを指定して、地図の表示をカスタマイズすることができます。

表13.1 mapショートコードのパラメータ

パラメータ名	内容
width	幅（pxや％の単位を付けて指定）
height	高さ（pxや％の単位を付けて指定）
zoom	ズームレベル
breakpoint	Google Staticマップで表示するかどうかのブレークポイントの幅（単位はピクセル、上限は640）

例えば、以下のようにすると、東京タワー付近の地図を、幅600ピクセル、高さ400ピクセル、ズームレベル12、ブレークポイント400ピクセルで表示することができます。

```
[map lat="35.6585805" lng="139.7432389" width="600px" height="400px" zoom=
"12" breakpoint="400"]東京タワー [/map]
```

207 ビジュアルエディタをもっと使いやすくしたい

ビジュアルエディタ	TinyMCE Advancedプラグイン		WP 4.4	PHP 7
関　連	—
利用例	ビジュアルエディタを強化して表組などを行う

TinyMCE Advancedプラグインがおすすめ

　WordPressでは投稿／固定ページを「ビジュアルエディタ」で入力することができます。太字／斜体など、ワープロソフトと同じような感覚で、基本的な装飾を行うことができます。

　ただ、表を入力する機能がないなど、機能が十分とは言えない面もあります。この点を強化するプラグインとして、「TinyMCE Advanced」が定番です。このプラグインをインストールすると、表組や顔文字を入れる機能が追加され、ビジュアルエディタがより使いやすくなります（図13.7）。

　また、設定のページでツールバーをカスタマイズすることもでき、さらに機能を増やすこともできます（図13.8）。

　ビジュアルエディタで投稿や固定ページを作ることが多い方は、TinyMCE Advancedプラグインを入れておく方が便利だと思われます。

13-1　プラグイン

図13.7　TinyMCE Advancedを入れた状態のビジュアルエディタ

図13.8　ツールバーの機能をカスタマイズすることもできる

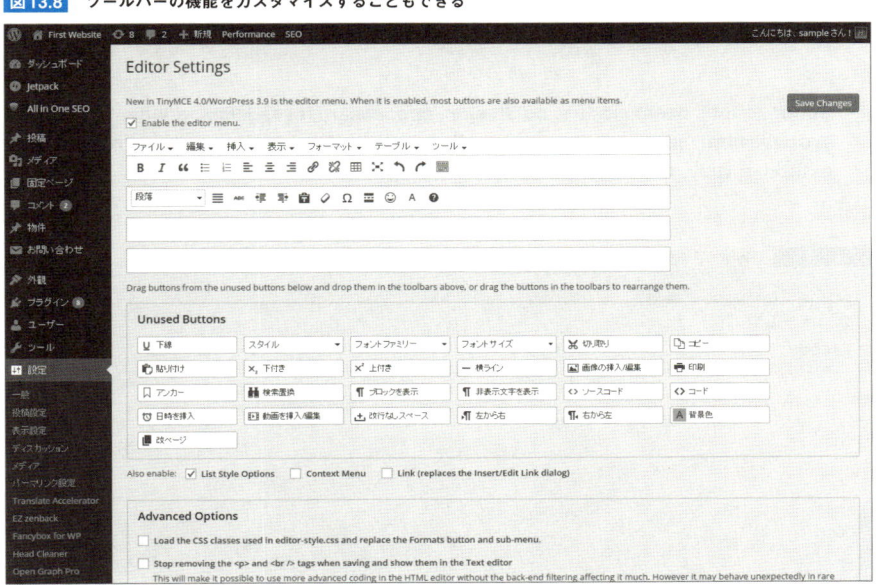

ビジュアルエディタ｜TinyMCE Advancedプラグイン

389

208 投稿にソースコードを掲載したい

コード	SyntaxHighlighter Evolvedプラグイン	WP 4.4	PHP 7
関　連	—		
利 用 例	言語を指定するだけでコードを見やすく表示する		

SyntaxHighlighter Evolvedプラグインを使う

　プログラムやWeb製作関係などの情報サイトを作る場合、投稿中にソースコードを掲載することが多くなります。

　一般のウェブページであれば、「SyntaxHighlighter」というJavaScriptのライブラリを使って、ソースコードを見やすく整形して表示することができます。このSyntaxHighlighterをWordPressで使いやすくするプラグインとして、「Syntax Highlighter Evolved」があります。

　SyntaxHighlighter Evolvedプラグインをインストールし、投稿内に**リスト13.2**のショートコードを入れると、SyntaxHighlighterが適用されます。「言語」のところには、以下の中からプログラム言語の名前を指定します。

> actionscript3, bash, clojure, coldfusion, cpp, csharp, css, delphi, erlang, fsharp, diff, groovy, html, javascript, java, javafx, matlab, objc, perl, php, text, powershell, python, r, ruby, scala, sql, vb, xml

リスト13.2 SyntaxHighlighterのショートコード

```
[code language="言語"]
プログラム等のソースコード
[/code]
```

209 ページにスライダー（カルーセル）を表示したい

| スライダー | カルーセル | Meta Sliderプラグイン | WP 4.4 | PHP 7 |

| 関　連 | 082 投稿／固定ページにギャラリーを入れたい P.155 |
| 利用例 | いくつかの画像を一定時間表示させるスライダーを簡単に作成する |

スライダーのプラグインも多数存在

　サイトのトップページ等で、いくつかの画像を一定時間ごとに自動スライドして切り替えながら表示しているところをよく見かけます。このような仕組みを、スライダー（Slider）やカルーセル（Carousel）と呼びます。
　WordPressには、スライダー（カルーセル）を行うプラグインも多数あります。プラグインの新規インストールの画面で、「Slider」や「Carousel」をキーワードにして検索すると、プラグインがヒットします。

Meta Sliderプラグインでスライダーを表示

　比較的簡単にスライダーを作ることができるプラグインとして、「Meta Slider」を紹介します。

Meta Sliderプラグインのインストール

　プラグインの新規追加のページで、「Meta Slider」をキーワードにすれば検索できます。一般のプラグインと同様の手順で、インストールして有効化します。

スライダーの新規作成

　プラグインをインストールしたら、WordPressの管理画面で「Meta Slider」のメニューをクリックします。初めてスライダーを作る際には、画面左上の方の「最初のスライドショーを作成」ところにある「＋」のアイコンをクリックします。
　すると、新規スライダーのタブが追加されます。複数のスライダーを作ることができますが、それぞれを区別できるように、スライダーの名前を付けておくようにします。「新規スライダー」の文字をクリックすれば編集できます。

画像の追加

「スライドを追加」のボタンをクリックすると、メディアライブラリが開きます。スライダーで使いたい画像を選びます（またはアップロードします）。

スライダーの設定

画像を選び終わると、各画像のキャプションと、画像をクリックした時のリンク先を入力する状態になります。また、右サイドバーで、スライダーのサイズや効果を指定します。「高度な設定」の部分で、細かな動作を設定することもできます（図13.9）。

「保存してプレビュー」のボタンをクリックすると、スライダーの動作をプレビューすることができます。

図13.9 スライダーの設定

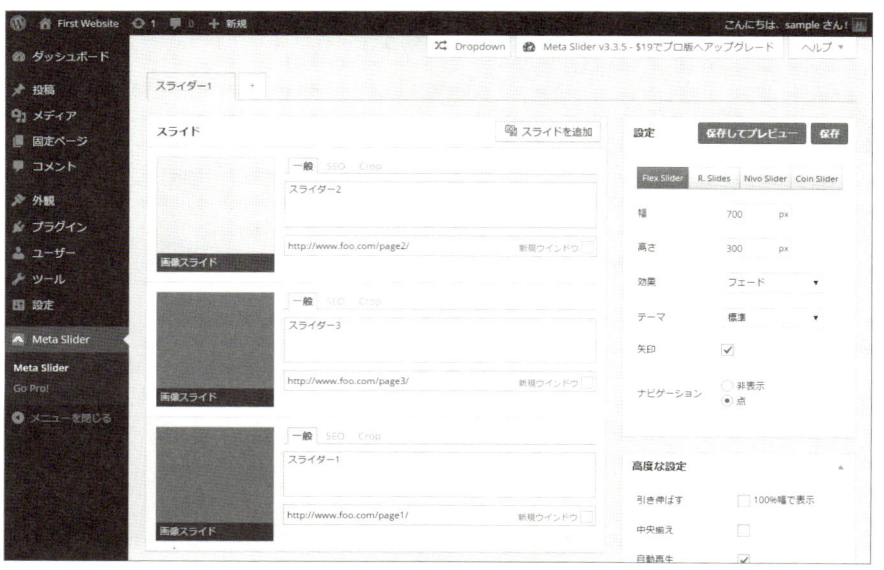

コードの組み込み

　スライダーを作成したら、そのスライダーを表示するためのコードを組み込みます。

　投稿／固定ページにスライダーを表示したい場合は、以下のようなショートコードを投稿（固定ページ）に貼り付けます。実際のコードの例は、スライダーの設定画面の右サイドバーに表示されます。

```
[metaslider id=スライダーのID]
```

　また、テンプレートにスライダーを組み込みたい場合は、そのテンプレートに以下のコードを組み込みます。この例もスライダーの設定画面の右サイドバーに表示されます。

```
<?php echo do_shortcode("[metaslider id=スライダーのID]"); ?>
```

MEMO

210 問い合わせフォームを作りたい

問い合わせフォーム	Contact Form 7プラグイン	WP 4.4 PHP 7
関　連	—	
利 用 例	様々なタイプの問い合わせフォームを管理画面で作成する	

Contact Form 7プラグインが定番

　サイトに問い合わせフォームを付けることは、ごく一般的です。これも多くのプラグインがありますが、「Contact Form 7」というプラグインが圧倒的によく使われています。作者は日本人の三好隆之氏で、公式サイトももちろん日本語です（http://contactform7.com/ja/）。

　WordPressのプラグインの新規インストールのページで、「Contact Form 7」をキーワードにして検索して、インストールすることができます。

基本的なフォームを設置する

　Contact Form 7プラグインをインストールした時点で、基本的な問い合わせフォームが1つ作成されます。それを固定ページに設置すれば、すぐに使えます。

　WordPressの管理画面で「お問い合わせ」→「コンタクトフォーム」を選ぶと、「コンタクトフォーム1」というフォームがあります。このフォームの編集ページを開くと、問い合わせフォームを表示するためのショートコードが表示されます（図13.10）。そのコードをコピーし、固定ページに貼り付けて公開します。

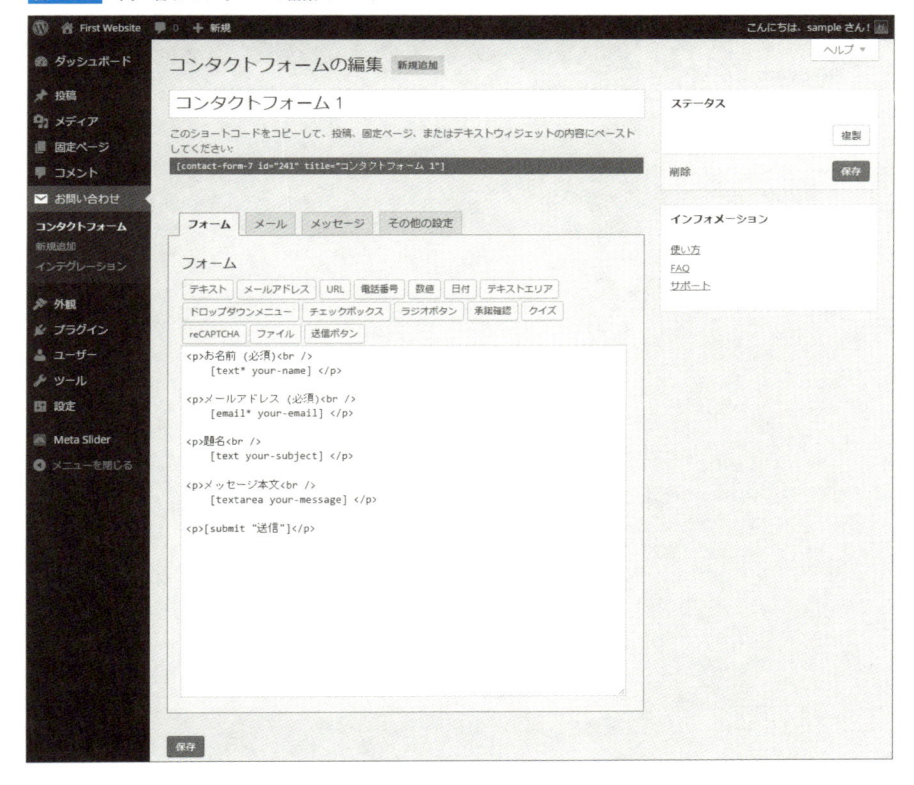

図13.10 問い合わせフォームの編集のページ

図13.11 問い合わせフォームの例

様々なカスタマイズが可能

　Contact Form 7プラグインでは、図13.11のような基本的な問い合わせフォームだけでなく、チェックボックス／ラジオボタン／ドロップダウン／ファイルアップロード等を組み合わせた複雑なフォームを作ることもできます。

　また、フォームから送信されるメールの文章や、送信元に自動返信するメールの文章も、柔軟にカスタマイズすることができます。

　詳しくは、公式サイトにあるContact Form 7の使い方のページを参照してください。

211 各ページのhead要素を最適化したい

| ヘッダー | head要素 | | WP 4.4 | PHP 7 |

| 関連 | 212 SEO対策を行いたい P.399 |
| 利用例 | ヘッダーをプラグインで最適化しパフォーマンスを向上する |

Head Cleanerプラグインで最適化

　ページの読み込みを速くする上で重要なポイントの1つとして、HTMLのヘッダー部分（head要素）を最適化して、JavaScriptやスタイルシートの読み込みをできるだけ速くすることが挙げられます。

　WordPressでは、テーマやプラグインによって、head要素にJavaScriptやスタイルシートが動的に追加されますので、それらを手作業で最適化するのは困難です。しかし、「Head Cleaner」というプラグインを導入することで、最適化を自動的に行うことができます。

　Head Clenaerプラグインを使うと、以下のようなことを自動化することができます。

❶ JavaScriptやスタイルシートの結合
❷ JavaScriptやスタイルシートのMinify
❸ jQuery等をGoogle Ajax Librariesから読み込み
❹ JavaScriptをフッターに移動

Head Cleanerプラグインの設定

　Head Cleanerプラグインをインストールした後、「設定」→「Head Cleaner」メニューを選ぶと、設定のページが開きます。多くの設定項目がありますので、1つずつ動作を確認しつつ、設定していくことをお勧めします。

　基本的には「CSSとJavaScriptを、サーバ上にキャッシュする」のチェックをオンにし、JavaScript／スタイルシートの結合や最小化を行うチェックもオンにするようにします。

図13.12 Head Cleaner プラグインの設定

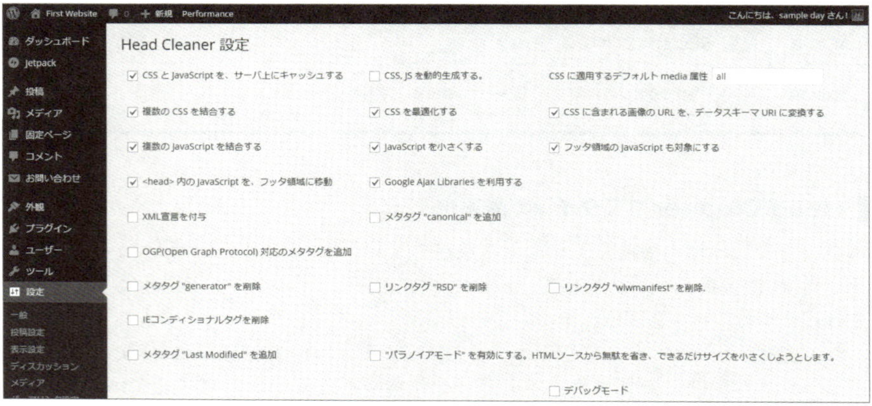

MEMO

212 SEO対策を行いたい

13-1 プラグイン

| SEO | All In One SEO Packプラグイン | WP 4.4 | PHP 7 |

| 関　連 | 211　各ページのhead要素を最適化したい　P.397 |
| 利用例 | 検索エンジンのヒット率をアップする |

▌定番のAll In One SEO Packプラグイン

　サイトへの訪問者を増やすために、検索エンジン（Search Engine）に正しく検索してもらえるようにすることは重要です。そのための対策のことを、一般に「SEO」（Search Engine Optimization、検索エンジン最適化）と呼びます。

　SEO対策として行うことはいろいろありますが、WordPressでは各種のSEO対策を行うプラグインもいろいろあります。中でも、「All In One SEO Pack」というプラグインが定番と言えます。

　非常に多くの設定項目がありますので、いくつか設定しておいた方が良い項目を取り上げます（図13.13）。

Canonical URLs

　WordPressでは、同じページに異なるアドレスでアクセスできる場合があります。そこで、このチェックをオンにして、個々のページの正規のアドレス（Canonical URL）を出力するようにします。

Title Settings

　各ページのタイトル（title要素）の出力方法を細かく設定できます。「タイトルを置き換える」を「利用」に設定し、各ページのタイトルを適切に出力するように設定します。

Noindex Settings

　他のページと内容が重複するようなページ（カテゴリーアーカイブや月別アーカイブなど）は、「質が低いコンテンツ」と判断されることがあるため、検索エンジンにインデックスされないようにしておく方が良い場合があります。そこで、「Noindex Settings」の部分で、インデックスされないようにするページ（アーカイブページなど）を設定します。

図13.13 All In One SEO Pack プラグインの設定

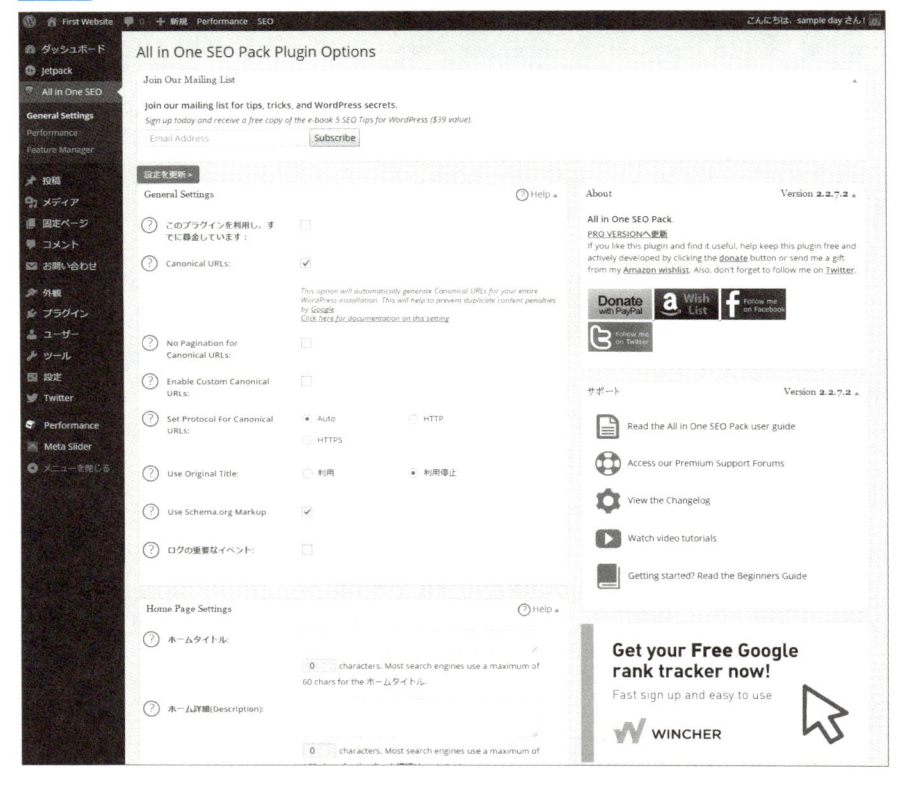

213 Googleアナリティクスと連携したい

| アクセス解析ツール | Google Analytics Dashboard for WPプラグイン | WP 4.4 | PHP 7 |

| 関　連 | 185　Googleサイトマップを出力したい　P.342 |
| 利用例 | WordPress上でGoogleアナリティクスを確認する |

Google Analytics Dashboard for WPプラグインが便利

　アクセス解析ツールとして、Googleアナリティクスを使っている方も多いと思います。アクセス解析の情報はGoogleアナリティクスのサイトで見ることができますが、WordPress上で見ることができればより便利です。

　このような用途に適したプラグインとして、「Google Analytics Dashboard for WP」というプラグインがあります。WordPressのダッシュボード上でアクセス解析の情報を見られるほか、トラッキングコードを挿入する機能もあります。

プラグインの設定

　プラグインをインストールした後、「アナリティクス」→「一般設定」メニューのページで「プラグインを認可」ボタンをクリックして、WordPressとGoogle Analyticsを接続します（図13.14）。接続の際に「Access Code」という文字列が表示されますので、それをプラグインに設定します。

　これで、WordPressのダッシュボード上で、Googleアナリティクスの様々な情報を見られるようになります（図13.15）。

図13.14　WordPressとGoogleアナリティクスを接続する

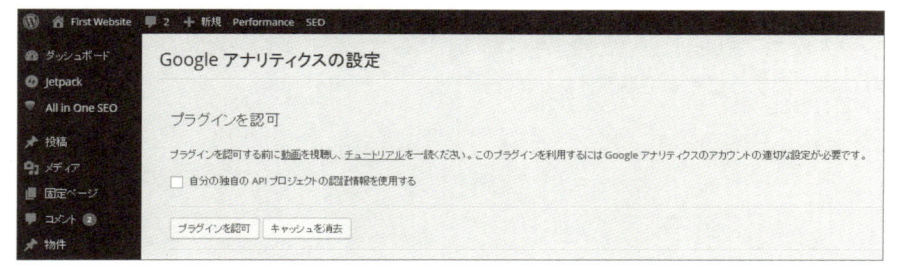

図13.15　ダッシュボードでGoogleアナリティクスの情報を見ることができる

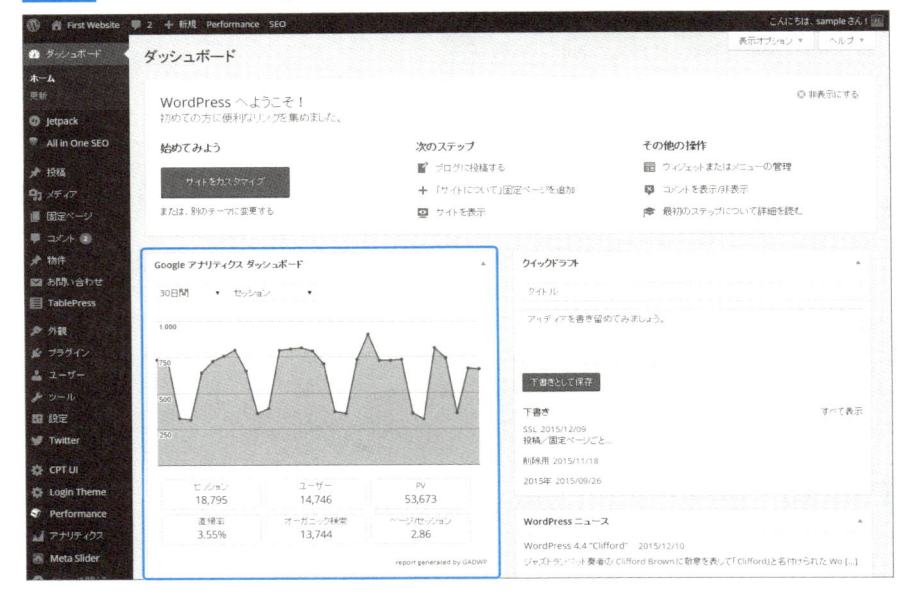

トラッキングコードの挿入

サイトの各ページにトラッキングコードを入れたい場合は、「アナリティクス」→「トラッキングコード」メニューを選び、「トラッキング設定」の欄で「有効」を選びます（図13.16）。

なお、トラッキングコードを手動でテンプレートに入れている場合や、他のプラグインで入れている場合は、この設定を「無効」にして、トラッキングコードを二重に入れないようにすることもできます。

13-1 プラグイン

図13.16 トラッキングコードの挿入も可能

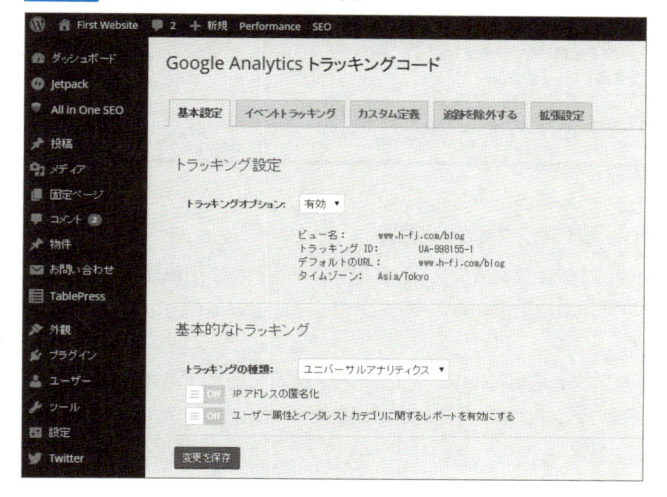

MEMO

214 カスタム投稿タイプ／カスタム分類を管理画面で追加／編集したい

| カスタム投稿タイプ | カスタム分類 | Custom Post Type UIプラグイン | WP 4.4 | PHP 7 |

| 関連 | 149 カスタム投稿タイプを登録したい P.274
156 カスタム分類を登録したい P.289 |

| 利用例 | 管理画面上でカスタム投稿タイプやカスタム分類を追加する |

Custom Post Type UIプラグインが定番

　カスタム投稿タイプやカスタム分類を使いたい場合、テーマのfunctions.phpにコードを書く方法があります（第09章参照）。ただ、コードを書くのは分かりにくいというデメリットもあります。

　そこで、管理画面上でカスタム投稿タイプやカスタム分類を追加できるようにするプラグインもあります。それらの中では、「Custom Post Type UI」というプラグインが定番です。

カスタム投稿タイプの追加／編集

　カスタム投稿タイプを追加するには、「CPT UI」→「Add/Edit Post Types」メニューを選び、カスタム投稿タイプの名前や、各種のラベルなどを入力します（図13.17）。

　また、保存済みのカスタム投稿タイプの設定を編集する場合、「CPT UI」→「Add/Edit Post Types」を選んで、「Edit Post Type」タブで編集できます。

カスタム分類の追加／編集

　カスタム分類を追加するには、「CPT UI」→「Add/Edit Taxonomies」メニューを選びます。そして、カスタム投稿タイプの追加と同様の手順で、カスタム分類の名前や、各部のラベルを設定します。そして、「利用する投稿タイプ」の箇所で、そのカスタム分類を利用できるようにするカスタム投稿タイプを選びます（図13.18）。

　また、既存のカスタム分類の設定を編集する場合、「CPT UI」→「Add/Edit Taxonomies」メニューのページを選び、「Edit Taxonomies」のタブで編集します。

13-1 プラグイン

図13.17 カスタム投稿タイプの追加

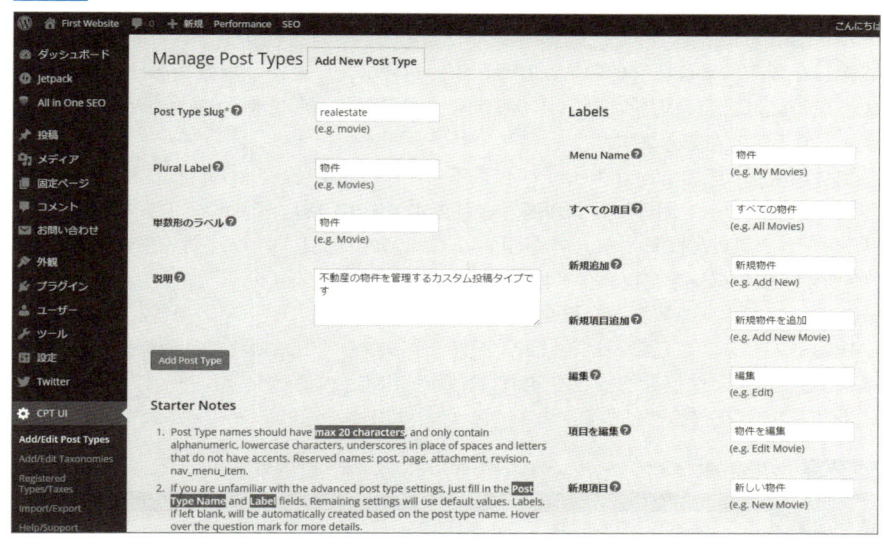

図13.18 カスタム分類の追加

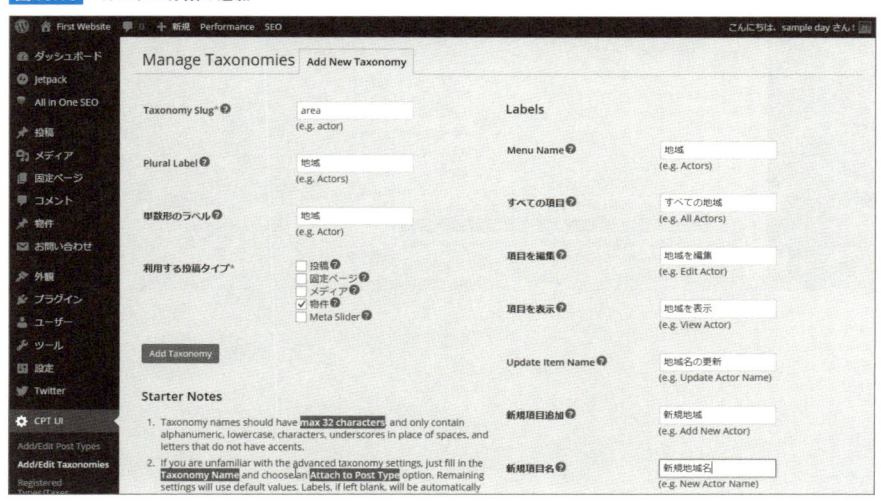

カスタム投稿タイプ ― カスタム分類 ― Custom Post Type UIプラグイン

405

設定のインポート／エクスポート

　Custom Post Type UIプラグインを使ってカスタム投稿タイプ／カスタム分類を設定した後で、それらを他のWordPressでも使いたいという場合もあります。このような時には、元のWordPressで設定をエクスポートし、他のWordPressにインポートすることができます。

　エクスポート元のWordPressで「CPT UI」→「Import/Export」のメニューを選ぶと、エクスポート用のコードが表示されます（**図13.19**）。そのコードをコピーして、インポート先のWordPressの同じ画面で「Import Post Types」等の欄に貼り付け、「Import」のボタンをクリックすれば、インポートができます。

　また、追加したカスタム投稿タイプ／カスタム分類を、テーマの機能として使いたい場合もあります。この時は、「CPT UI」→「Import/Export」のメニューを選び、「Get Code」のタブをクリックすれば、functions.phpテンプレートに入れられるPHPのコードを得ることもできます。

図13.19　カスタム投稿タイプ／カスタム分類のインポート／エクスポートも可能

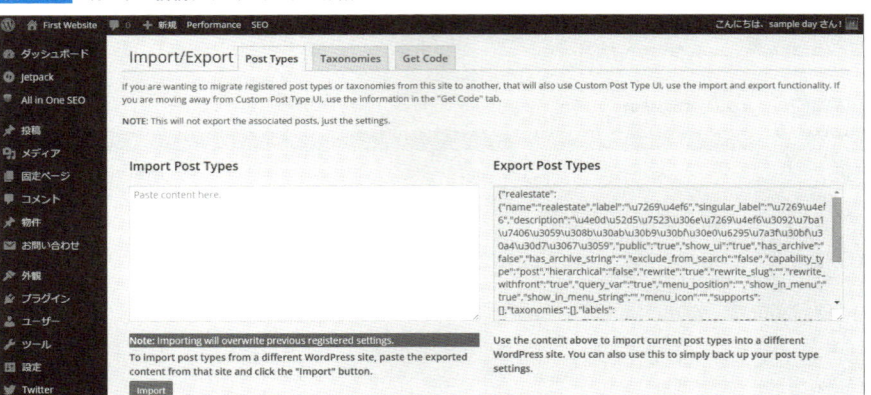

215 カスタム投稿タイプのアーカイブを出力したい

| カスタム投稿タイプ | Custom Post Type Permalinksプラグイン | WP 4.4 | PHP 7 |

| 関　連 | 153　カスタム投稿タイプのアーカイブページにリンクしたい　P.284 |
| 利用例 | カスタム投稿タイプの日付別アーカイブを簡単に作成する |

Custom Post Type Permalinksプラグインの概要

　WordPressの標準機能では、カスタム投稿タイプを月別等にアーカイブすることは可能です。ただ、そのページのアドレスは「http://サイトのアドレス/年/月/?post_type=カスタム投稿タイプ名」のような形になり、アドレスに「?」を含む形になります。

　また、一般の投稿であれば、wp_get_archives関数（レシピ119 参照）で、月別アーカイブのリストを出力することができます。しかし、カスタム投稿タイプの月別アーカイブのリストを出力することは、標準機能だけではできません。

　これらの問題を解決するプラグインとして、「Custom Post Type Permalinks」というプラグインがあります。上記の他に、以下の機能もあります。

- カスタム分類のパーマリンクを「/投稿タイプ/カスタム分類名/ターム名」に変更
- カスタム分類の日付別アーカイブの出力

プラグインの設定

　Custom Post Type Permalinksプラグインをインストールしたら、「設定」→「パーマリンク設定」メニューを選びます。すると、「カスタム投稿タイプのパーマリンクの設定」という部分が追加されますので、それぞれのカスタム投稿タイプのパーマリンク構造を設定します（図13.20）。

図13.20　カスタム投稿タイプのパーマリンクの設定

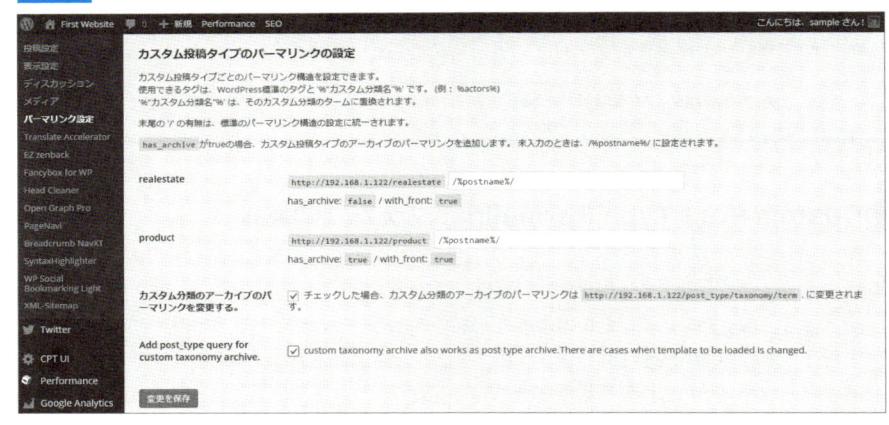

カスタム投稿タイプのアーカイブリストの出力

　Custom Post Type Permalinksプラグインをインストールすると、カスタム投稿タイプのアーカイブリストを出力することができるようになります。

　wp_get_archives関数（ レシピ118 参照）のパラメータの連想配列に、キーが「post_type」の要素を追加して、カスタム投稿タイプの名前を指定します。

　例えば、「product」というカスタム投稿タイプを追加している場合に、その月別アーカイブリストを出力するには、以下のようなコードをテンプレートに入れます。

```
<?php wp_get_archives(array('post_type' => 'product', 'type' => 'monthly')); ?>
```

216 カスタムフィールド等も検索の対象にしたい

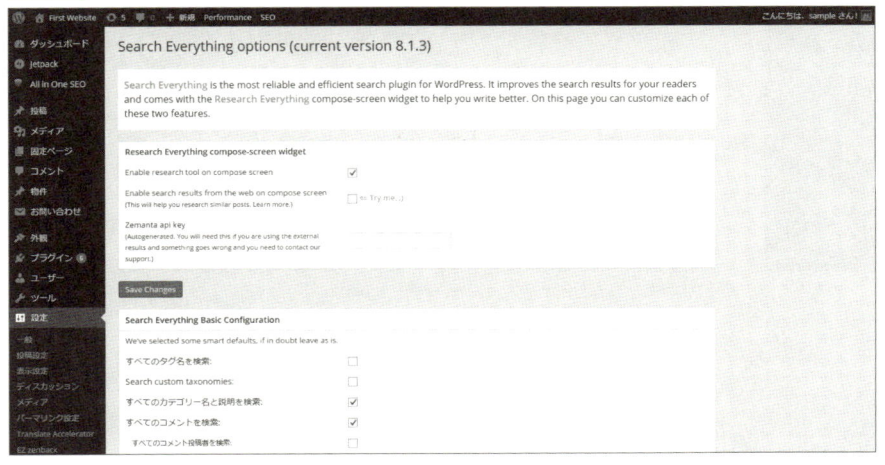

| Search Everythingプラグイン | WP Custom Fields Searchプラグイン | WP 4.4 | PHP 7 |

関　連	ー
利用例	Wordpressの検索対象を広げたり、独自の検索フォームを作る

Search Everythingプラグインで検索範囲を広げる

　WordPressのサイトには検索フォームを付けることができます（レシピ117 を参照）。ただ、ブログとしての基本的な検索だけで、投稿のタイトルと本文だけが検索対象になります。カテゴリー、タグ、カスタムフィールド等は、検索の対象になっていません。

　これらも検索対象にしたい場合、「Search Everything」というプラグインを使うと簡単です。プラグインをインストールした後、「設定」→「Search Everything」メニューを選んで、検索対象に追加する項目を指定します。また、特定のカテゴリーの投稿や、特定のIDの投稿を、検索から除外することもできます。

　なお、公開サイトの検索フォームだけでなく、管理画面の投稿一覧ページ右上の検索窓も、Search Everythingプラグインの対象になります。

図13.21 Search Everythingプラグインの設定

絞り込み検索を行えるWP Custom Fields Searchプラグイン

通常の検索フォームだと、キーワードを入力して、それに合う投稿を検索することしかできません。しかし、複数の条件を組み合わせた複雑な検索フォームを作りたい場合もあります。このような時には、「WP Custom Fields Search」というプラグインを使う方法があります。

投稿自体のフィールド／カテゴリー／タグ／カスタムフィールドの条件を組み合わせて、検索フォームを作ることができます（図13.22）。また、検索フォームはウィジェットとしてサイドバーに入れたり、テンプレートに組み込んだりすることができます。

図13.22 WP Custom Fields Searchプラグインの設定（ウィジェットの場合）

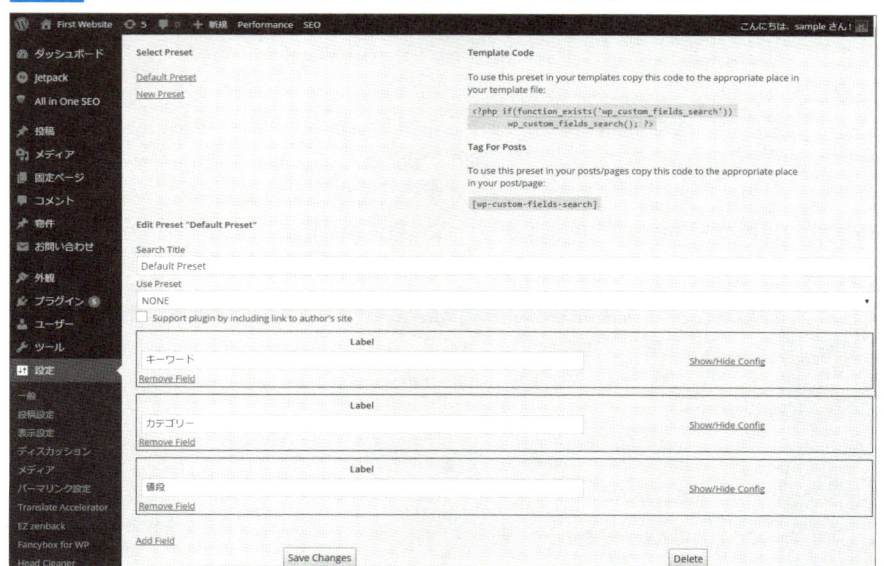

217 プラグインの作り方を知りたい

プラグイン			WP 4.4　PHP 7
関　連	015	functions.phpについて知りたい	P.032
	193	アクションフックについて知りたい	P.361
	194	フィルターフックについて知りたい	P.363
利用例	よく使う処理をプラグインで汎用化する		

汎用的な処理をプラグイン化しておくと便利

　WordPressでサイトを製作する際に、多数のサイトで同じような処理を使うこともあります。そのような処理を、各サイト（のテーマ）のfunctions.phpテンプレートに入れることも考えられますが、あまり効率が良くありません。また、functions.phpはテーマに結びついていますので、テーマを変えるたびにコピーの作業が必要になってしまいます。

　このような時には、処理（関数）をプラグイン化しておくことで、複数のサイトで使いまわしやすくなります。各サイトのWordPressにプラグインをインストールすれば、テーマにかかわらず、プラグイン内の関数を使うことができます。

基本的なファイルの配置

　プラグインは、WordPressのインストール先→「wp-content」→「plugins」ディレクトリに配置します。このディレクトリの中に、プラグインごとのディレクトリを作り、その中にプラグインのPHPのファイルを入れます。

　PHPのファイル名の付け方には、特に決まりはありません。プラグインの名前からファイル名を付けることが一般的です。ただし、既存のプラグインとファイル名が重複しないように注意します（ファイル名が同じプラグインを複数インストールすることはできません）。

　また、PHPファイルの先頭に、プラグインの情報等を、リスト13.3のようなコメントで入れることが必要です。WordPressの管理画面の「プラグイン」→「インストール済みプラグイン」のメニューには、このコメントの情報が表示されます。

リスト13.3 PHPファイルの先頭に入れるコメント

```
/*
Plugin Name: プラグイン名
Plugin URI: プラグインのページのアドレス
Description: プラグインの概要
Version: バージョン番号
Author: 作者名
Author URI: プラグイン作者のページのアドレス
License: ライセンス名
*/
```

複数のPHPファイルに処理を分けて書くこともできます。この場合、メインとなる1つのPHPファイルにだけリスト13.3のコメントを入れます。

プラグインのPHPの書き方

プラグインのPHPの書き方は、functions.phpテンプレートの場合とほぼ同じです。PHPの関数や、WordPressのコアの関数を組み合わせて、関数を定義できます。プラグインで定義した関数は、テンプレートから呼び出して使うことができます。

また、フック（第12章を参照）を使って、WordPressのコアの処理を一部置き換えるようなこともできます。

ただし、関数名の付け方には注意する必要があります。WordPressのコアの関数や、他のプラグインの関数と名前がバッティングすると、正しく動作しなくなります。関数名の前に、他に誰も使わなそうな接頭語を付けるなどして、バッティングを避けるようにします。また、可能な限りPHPをオブジェクト指向で書いて、素の関数をなるべく使わないようにする方法も考えられます。

プラグイン開発に関する情報源

本格的にプラグインを開発するなら、WordPressのコアの関数やAPIについて、深い知識が必要になります。手始めにWordPressのCodexの以下のページを読み、そこから各種の情報源に当たっていくと良いでしょう。

https://wpdocs.osdn.jp/%E3%83%97%E3%83%A9%E3%82%B0%E3%82%A4%E3%83%83%B3%E3%81%AE%E4%BD%9C%E6%88%90

PROGRAMMER'S RECIPE

第 14 章

システム周りの設定等を行いたい

WordPressのシステム全般について、設定や高速化を行いたい場面もあります。第14章では、それらについて取り上げて解説します。

218 マルチサイト機能について知りたい

| WordPress MU Domain Mapping | サブディレクトリ | サブドメイン | WP 4.4 | PHP 7 |

| 関連 | 219 サブディレクトリ型のマルチサイト機能を使えるようにしたい　P.416
220 サブドメイン型のマルチサイト機能を使えるようにしたい　P.419
222 任意のドメイン名でマルチサイト機能を使いたい　P.422 |

| 利用例 | 1つのWordPressで複数のサイトを管理する |

マルチサイト機能の概要

かつてのWordPressでは、複数のサイトを管理しようとすると、サイトごとにWordPressをインストールする必要があって不便でした。

そこで、WordPress 3.0以降では、「マルチサイト」という機能を使えるようになりました。マルチサイト機能は、1つのWordPressで、複数のサイトを管理することができる機能です。

サイトのアドレスの形式

マルチサイト機能では、各サイトのアドレスの形式として、「サブディレクトリ型」と「サブドメイン型」のどちらかから選ぶことができます。また、プラグインをインストールすることで、各サイトの別々のドメインにすることもできます。

サブディレクトリ型

サブディレクトリ型では、個々のサイトのアドレスは、あるドメインのサブディレクトリの形になります。

例えば、「www.foo.com」というドメインでマルチサイト型の運用をする場合、各サイトのアドレスは、「http://www.foo.com/ディレクトリ1/」「http://www.foo.com/ディレクトリ2/」…のような形になります。

サブドメイン型

一方のサブドメイン型では、個々のサイトのアドレスは、あるドメインのサブドメインになります。

例えば、「foo.com」というドメインでマルチサイト型の運用をする場合、各サイトのアドレスは、「http://サブドメイン1.foo.com/」「http://サブドメイン2.foo.com/」…のような形になります。

別々のドメイン

「WordPress MU Domain Mapping」というプラグインをインストールすると、各サイトを全く別々のドメイン名で運用することもできます（レシピ222 参照）。

注意事項

マルチサイト機能を使う場合、WordPressはサイトのルートディレクトリにインストールする必要があります。

MEMO

219 サブディレクトリ型のマルチサイト機能を使えるようにしたい

| wp-config.php | .htaccess | | WP 4.4 | PHP 7 |

| 関連 | 220 サブドメイン型のマルチサイト機能を使えるようにしたい P.419 |
| | 222 任意のドメイン名でマルチサイト機能を使いたい P.422 |

| 利用例 | サブディレクトリ型のマルチサイトを運用する |

設定前の注意事項

サブディレクトリ型のマルチサイトを使いたい場合、設定対象のWordPressを1か月以上運用していないことが必要です。運用から時間が経っている場合、サブドメイン型しか選択できなくなります。

サブディレクトリ型のマルチサイト機能を使うつもりであれば、WordPressをインストールした直後の時点で、設定の作業を行うようにします。

マルチサイト機能をオンにする

マルチサイト機能を使うためには、順を追って設定していきます。
まず、マルチサイト機能をオンにします。以下の順に作業します。

❶ WordPressのインストール先ディレクトリにある「wp-config.php」ファイルを、FTPでいったんダウンロードする

❷ wpconfig.phpファイルの中で、「編集が必要なのはここまでです」というコメントの行を探し、その行の直前に以下の行を入れる

```
define('WP_ALLOW_MULTISITE', true);
```

❸ wp-config.phpファイルを保存し、元の場所にアップロードしなおす

ネットワークの設置

次に、WordPressにログインして「ネットワークの設置」という作業を行います。手順は以下の通りです（図14.1）。

❶ WordPressの「ツール」→「ネットワークの設置」のメニューを選ぶ
❷ プラグインを停止するようにメッセージが出たら、それに従う

❸「WordPress サイトのネットワークの作成」のページが開く

❹「ネットワーク内のサイトのアドレス」の箇所で、「サブディレクトリ」をオンする

❺「ネットワークの詳細」の「ネットワークのタイトル」の箇所に、タイトルを決めて入力する

❻「インストール」ボタンをクリックする

図14.1 ネットワークの設置

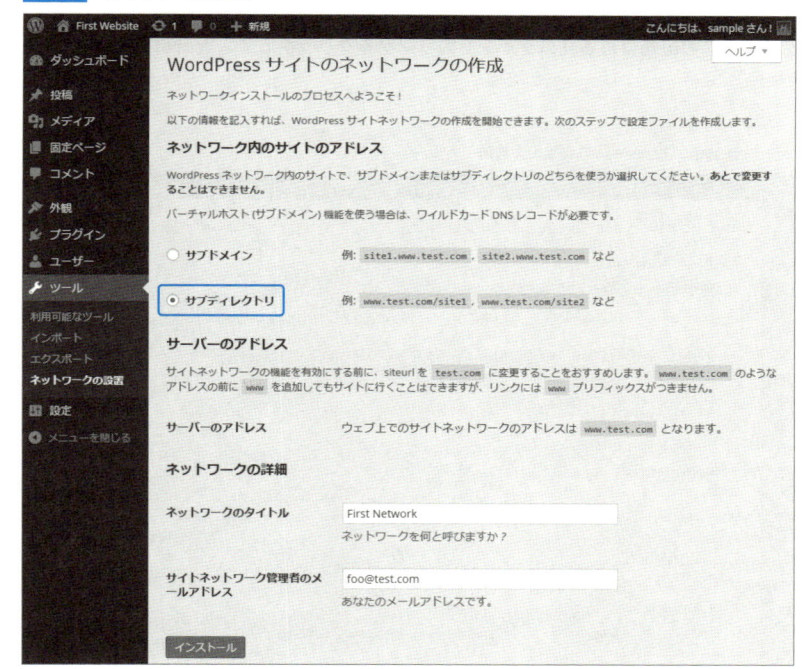

wp-config.php／.htaccessファイルの書き換え

ネットワークの設置が終わると、次にwp-config.phpと.htaccessの2つのファイルを書き換えるように、指示のページが開きます（図14.2）。その指示に従って、ファイルを書き換えます。手順は以下の通りです。

❶ WordPressのインストール先ディレクトリから、wp-config.phpファイルをダウンロードする
❷ wp-config.phpファイルの中で、「編集が必要なのはここまでです」のコメントの行を探し、その行の直前に、指示されたコードを貼り付けて保存する
❸ サイトのトップページに対応するディレクトリから、.htaccessファイルをダウンロードする
❹ .htaccessファイルの「# BEGIN WordPress」と「# END WordPress」の間の行を、指示されたコードに置き換える
❺ 図14.2のページの最後にある「ログイン」のリンクをクリックして、WordPressにログインしなおす

図14.2 wp-config.php／.htaccessの書き換え方法

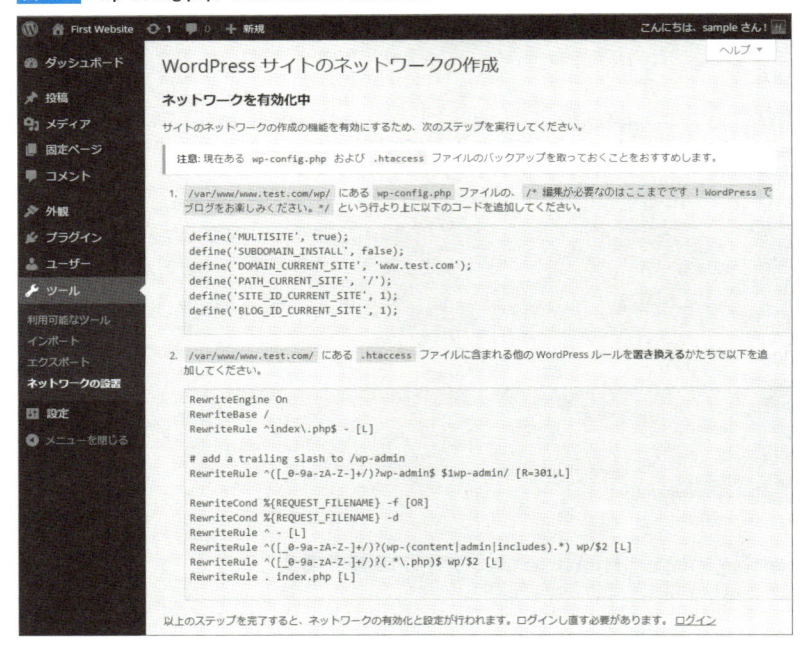

220 サブドメイン型のマルチサイト機能を使えるようにしたい

wp-config.php | DNS | ワイルドカード WP 4.4 PHP 7

関連	219 サブディレクトリ型のマルチサイト機能を使えるようにしたい P.416
	222 任意のドメイン名でマルチサイト機能を使いたい P.422

利用例	サブドメイン型のマルチサイトを運用する

事前の準備

　サブドメイン型のマルチサイト機能を使う場合、まずDNSにワイルドカードエントリを設定して、任意のサブドメインでサイトにアクセスできるようにしておきます。この手順は、お使いのドメイン業者によって異なりますので、ドメイン業者のヘルプやマニュアルをご参照ください。

　また、Webサーバーの設定も行って、ワイルドカードに対応するようにしておく必要があります。ただし、レンタルサーバーの場合では設定を自分で行うことはできませんので、そのような設定になっているかどうかをレンタルサーバー業者のヘルプ等で確認します。

マルチサイト機能をオンにする

　事前の準備を行ったら、マルチサイト機能をオンにします。その手順はサブディレクトリ型の場合と同じです（レシピ219参照）。ただし、ネットワークの設置の際に、「ネットワーク内のサイトのアドレス」の箇所で、「サブドメイン」をオンにします（図14.3）。

図14.3 「ネットワーク内のサイトのアドレス」の箇所で「サブドメイン」をオンにする

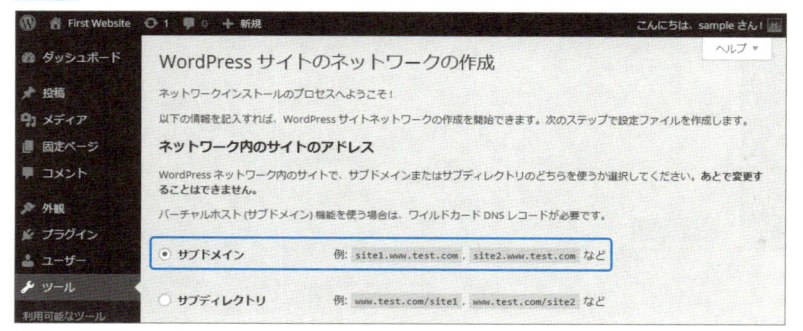

221 サイトを追加したい

ダッシュボード		WP 4.4　PHP 7
関　連	218　マルチサイト機能について知りたい　P.414	
利用例	サイトを新規追加する	

マルチサイト用のダッシュボードに移動

マルチサイト機能をオンにすると、WordPressの管理画面の左上に「参加サイト」というリンクが追加されます。そこから「サイトネットワーク管理者」→「ダッシュボード」のメニューを選ぶと、マルチサイト用のダッシュボードに移動します。

サイトを追加する

マルチサイト用ダッシュボードの「現在の状況」の部分で、「新規サイトを作成」のリンクをクリックすると、サイト追加のページに移動します。また、「サイト」→「新規追加」メニューでも、同じページに移動します。

この画面で、サイトのアドレス／サイトのタイトル／管理者メールアドレスを入力して、「サイトを追加」のボタンをクリックすると、サイトが新規作成されます（図14.4）。

図14.4　サイトの追加

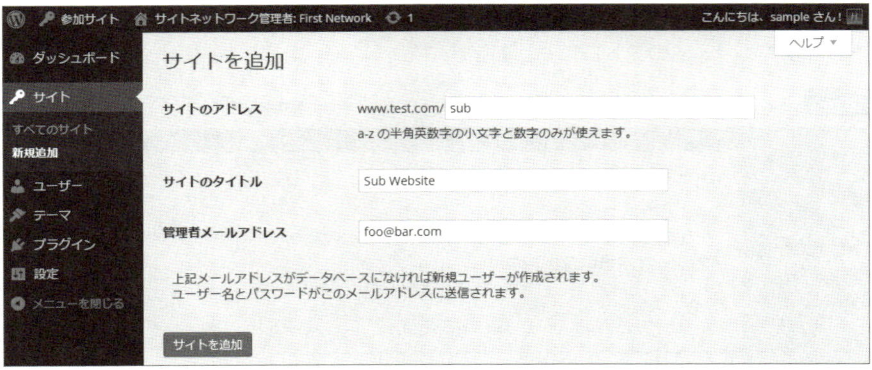

プラグインの利用

マルチサイト機能をオンにした場合、プラグインはマルチサイト全体で共有する形になります。プラグインをインストールする場合は、マルチサイト用ダッシュボードの「プラグイン」→「新規追加」メニューからインストールします。

なお、プラグインの有効化／無効化は、それぞれのサイトで個別に行うことができます。

テーマの利用

マルチサイトではテーマも共有する形になります。そのため、複数のサイトで同じテーマを使う場合、テーマを直接にカスタマイズすると、そのテーマを使っているすべてのサイトに影響します。

ベースは同じテーマであっても、サイトごとにカスタマイズ方法を別にしたい場合は、それぞれのサイト用に子テーマを作って、そちらをカスタマイズするようにします（レシピ016 参照）。

MEMO

222 任意のドメイン名でマルチサイト機能を使いたい

| wp-config.php | WordPress MU Domain Mappingプラグイン | WP 4.4 | PHP 7 |

関連	219 サブディレクトリ型のマルチサイト機能を使えるようにしたい　P.416
	220 サブドメイン型のマルチサイト機能を使えるようにしたい　P.419

| 利用例 | 任意のドメイン名でマルチサイトを運用する |

事前の作業

「WordPress MU Domain Mapping」というプラグインを使うと、それぞれのサイトのドメインを任意のものにすることができます。例えば、1つ目のサイトを「http://www.foo.com/」にし、2つ目のサイトを「http://www.bar.com/」にするようなことができます。

このプラグインは、サブドメイン型のマルチサイト機能を元に、任意のドメインを、サブドメイン型で設定したサブドメインにマッピングする形で動作します。

例えば、「sub1.sample.com」と「sub2.sample.com」のようなサブドメインで動作するようにしておき、「sub1.sample.com」を「www.foo.com」にマッピングし、また「sub2.sample.com」を「www.bar.com」にマッピングする、というような仕組みを取ります。

そこで、事前の作業として、プラグインをインストールする前に、あらかじめサブドメイン型のマルチサイトが動作するように設定しておきます（レシピ220 参照）。また、DNSやWebサーバーの設定も行って、使いたいドメインでアクセスした時に、マルチサイト化したWordPressにアクセスするようにしておきます。

WordPress MU Domain Mappingプラグインのインストール

サブドメイン型のマルチサイトが動作するようになったら、WordPress MU Domain Mappingプラグインをインストールします。

マルチサイトのダッシュボード（レシピ221 参照）で「プラグイン」→「新規追加」メニューを選び、WordPress MU Domain Mappingを検索してインストールし、有効化します。

ファイルのコピーと書き換え

　プラグインをインストールしたら、WordPressのインストール先→「wp-content」→「plugins」→「wordpress-mu-domain-mapping」ディレクトリにある「sunrise.php」というファイルを、「wp-content」ディレクトリにコピーします。
　そして、WordPressのインストール先にある「wp-config.php」ファイルで、「編集が必要なのはここまでです」のコメントの直前に、以下の行を追加します。

```
define('SUNRISE', 'on');
```

データベースの作成

　次に、マルチサイトのダッシュボードで、「設定」→「Domain Mapping」メニューを選びます。これで、このプラグインで使うデータベースが作成されます。

マッピング元のサイトのIDを調べる

　次に、マッピング元になる各サブドメインのサイトで、それぞれのIDを調べます。手順は以下の通りです。

❶マルチサイトのダッシュボードで、「サイト」→「すべてのサイト」メニューを選び、サイトの一覧を開く

❷URLの列で各サイトをクリックして、そのサイトを編集する状態にする

❸Webブラウザのアドレスバーで、アドレスの最後にある「…?id=○」の部分の「○」の数値がサイトのIDである

サブドメインをドメインにマッピングする

　最後に、個々のサブドメインを、ドメインにマッピングします。
　マルチサイトのダッシュボードで「設定」→「Domains」メニューを選び、マッピングのページを開きます。「New Domain」の部分で、「Site ID」に先ほど調べたサイトのIDを入力し、「Domain」の欄に割り当てたいドメイン名を入力します。
　例えば、IDが2番のサイトを「www.sample.com」のドメインに割り当てたい場合、「Site ID」に「2」を入力し、「Domain」の欄に「www.sample.com」と入力します（図14.5）。

図14.5 ドメインのマッピング

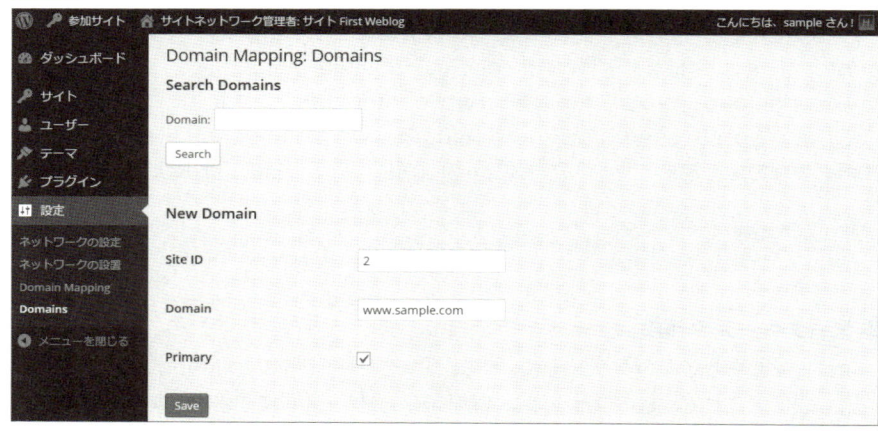

MEMO

223 複数サイトの最新投稿一覧を出力したい（サイトごとに出力をまとめる）

| wp_get_sites | foreach文 | | WP 4.4 | PHP 7 |

関数 switch_to_blog、restore_current_blog

関　連	224 複数サイトの最新投稿一覧を出力したい（複数サイトの情報を混在出力） P.427
利用例	各サイトの最新の投稿を出力する

サイトを切り替えながら順に処理する

　マルチサイト機能を使う際に、各サイトから情報を集めて出力したい場面もあります。例えば、「各サイトの新着投稿を5件ずつ出力したい」というような場面です。

　このような時は、サイトを順に切り替えながら、それぞれのサイト情報を出力するという流れになります。

wp_get_sites関数でサイトのリストを得る

　まず、「wp_get_sites」という関数で、サイトのリストを得ます。関数の戻り値は、各サイトを表す配列になります。また、配列の各要素は連想配列になっていて、表14.1のような要素があります。

表14.1 各サイトを表す連想配列の内容（主な要素）

キー	内容
blog_id	サイトのID
domain	ドメイン
path	パス
registered	登録した日時
last_updated	最終更新日時

switch_to_blog／restore_current_blog関数でサイトを切り替える

　処理対象のサイトを切り替えるには、「switch_to_blog」という関数を使います。パラメータとして、切り替え先のサイトのIDを指定します。

　また、切り替え後の処理が終わったら、「restore_current_blog」という関数を実行して、元のサイトを処理する状態に戻します。

　なお、サイトを次々と切り替えて処理する場合でも、各サイトでの処理が終わったら、restore_current_blog関数でいったん元のサイトに戻すことが必要です。

各サイトの最新の投稿を5件ずつ出力する

実際の例として、マルチサイトの各サイトから、最新の投稿を5件ずつ出力するプログラムを組むと、リスト14.1のようになります。

2行目のwp_get_sites関数で、サイトを配列変数$sitesに読み込みます。3行目のforeach文で、配列からサイトを1つずつ取り出しながら繰り返します。そして、4行目のswitch_to_blog関数で、そのサイトに切り替えます。

6～19行目は、サイトの名前と、そのサイトの最新投稿5件を出力する処理です。そして、投稿を出力し終わったら、20行目のrestore_current_blog関数で元のブログに戻します。

リスト14.1 各サイトの最新の投稿を5件ずつ出力する例

```php
<?php
$sites = wp_get_sites();
foreach ($sites as $site) :
    switch_to_blog($site['blog_id']);
?>
<h2><a href="<?php echo esc_url(home_url('/')); ?>"><?php bloginfo('name'); ?></a></h2>
<?php
    $s_query = new WP_Query(array(
        'posts_per_page' => 5
    ));
    if ($s_query->have_posts()) :
?>
<ul>
    <?php while ($s_query->have_posts()) : $s_query->the_post(); ?>
        <li><a href="<?php the_permalink(); ?>"><?php the_title(); ?></a></li>
    <?php endwhile; ?>
</ul>
<?php
    endif;
    restore_current_blog();
endforeach;
?>
```

224 複数サイトの最新投稿一覧を出力したい（複数サイトの情報を混在出力）

get_results		WP 4.4	PHP 7
関連	223 複数サイトの最新投稿一覧を出力したい（サイトごとに出力をまとめる） P.425
利用例	各サイトの最新の投稿をまとめて出力する

WordPressのコアには機能がない

マルチサイト機能を使う際に、個々のサイトを順に処理して情報を得ることは、WordPressの標準の機能でできます（レシピ223参照）。一方、複数サイトから横断的に混在して情報を読み込む機能は、WordPressのコアにはありません。

WordPressのマルチサイト機能では、サイトごとにテーブルのセットが作られる仕組みであり、単純なSQLでは、複数のサイトを混在してデータを得ることはできません。そのため、コアには機能がないものと思われます。

UNIONとビューでテーブルをまとめる

複数のテーブルを混在してデータを読み込みたい場合、SQLの「UNION」という構文を使えば、一応は可能です。ただ、SQL文を実行するたびにUNIONを書くのは面倒です。

そこで、「UNIONで結合した仮想的なテーブル」を作っておきます。これはSQLの「ビュー」という仕組みで行うことができます。

例えば、マルチサイト機能で3つのサイトを管理しているとします。そして、各サイトのIDが、それぞれ1／2／3になっているとします。この場合、phpMyAdmin等を使ってリスト14.2のようなSQLを実行して、投稿のテーブルをまとめるビューを作っておきます。こうすると、「wp_allposts」という仮想的なテーブルを通して、すべてのサイトを混在した投稿を読み込むことができます。

作成したビューには、元となるwp_postsテーブルと同じ列があります。それに加えて、各サイトのIDを表す「post_blog_id」という列もできます。

同様の手順で、テーブルの種類ごと（wp_commentsやwp_termsなど）に、各サイトをまとめるビューを作ります。

リスト14.2 各サイト投稿をまとめるビューを作成

```sql
CREATE VIEW wp_allposts
AS
SELECT *, 1 as post_blog_id FROM wp_posts
UNION
SELECT *, 2 as post_blog_id FROM wp_2_posts
UNION
SELECT *, 3 as post_blog_id FROM wp_3_posts
```

SQLを直接に実行してデータを読み込む

ビューを作ったら、wpdbオブジェクトのget_resultsメソッド（レシピ179参照）を使って、複数のサイトを混在したデータを読み込むことができます。

例えば、上の例のように、wp_allpostsというビューを作ってあるとします。この場合、テンプレートにリスト14.3のコードを入れると、複数サイトを混在して最新の投稿を10件読み込み、そのリストを出力することができます。

リスト14.3 サイトを混在して最新の投稿10件のリスト出力する

```php
<ul>
<?php
global $wpdb, $post;
$sql = <<<HERE
SELECT * FROM {$wpdb->prefix}allposts
WHERE post_type = 'post'
AND post_status = 'publish'
ORDER BY post_date DESC
LIMIT 10
HERE;
$allposts = $wpdb->get_results($sql);
foreach ($allposts as $post) {
  setup_postdata($post);
  switch_to_blog($post->post_blog_id);
?>
  <li>
    <a href="<?php the_permalink(); ?>"><?php the_title(); ?>
    (<a href="<?php echo home_url(); ?>"><?php bloginfo('name'); ?></a>)
  </li>
<?php
  restore_current_blog();
}
?>
</ul>
```

14-1　マルチサイト機能

リストの内容は以下の通りです。

❶ 4〜10行目

最新の投稿を10件読み込むためのSQL文を、変数$sqlに代入します。なお、5行目の「{$wpdb->prefix}」は、テーブル名の接頭語（デフォルトでは「wp_」）を表します。

❷ 11行目

wpdbオブジェクトのget_resultsメソッドを実行して、条件に合う投稿を読み込みます。

❸ 12行目

読み込んだ投稿を1つずつ順に取り出し、繰り返します。

❹ 13行目

setup_postdata関数を実行して、テンプレートタグを使える状態にします。

❺ 14行目

switch_to_blog関数（レシピ223参照）を使って、処理対象のサイト（ブログ）を切り替えます。

❻ 16〜19行目

投稿のタイトル等の情報を出力します。

❼ 21行目

restore_current_blog関数（レシピ223参照）を使って、元のサイト（ブログ）を処理する状態に戻します。

225 ページやデータベースをキャッシュして高速化したい

| キャッシュ | メモリ | W3 Total Cacheプラグイン | WP 4.4 | PHP 7 |

| 関連 | 226 翻訳ファイルをキャッシュして高速化したい P.433 |
| 利用例 | キャッシュを使い、サーバーへの負荷を下げる |

キャッシュの基本

WordPressは、ページにアクセスがあるたびに、動的にページを生成します。そのため、静的なHTMLのページと比べると、表示に時間がかかり、またサーバーに負荷がかかります。アクセスが多いサイトになると、負荷が過大になってページの表示が非常に遅くなってしまうこともあります。また、下手をするとサーバーがダウンすることもあり得ます。

そこで、動作が重いサイトでは、「キャッシュ」（Cache）という仕組みを使って、ページの表示を速くし、負荷を下げます。WordPressの場合、主に以下のようなキャッシュの手法を組み合わせます。

データベースキャッシュ

ページを生成する際にデータベースへのアクセスが発生しますが、これは重い処理になります。そこで、データベースから読み込んだデータをメモリに記憶しておき、同じデータに再度アクセスがあった時には、データベースではなくメモリからデータを得るようにして、高速化することができます。この仕組みをデータベースキャッシュと呼びます。

オブジェクトキャッシュ

データベースから読み込んだデータは、WordPressのコアの中で「オブジェクト」というものに変換されます。このオブジェクトをキャッシュすることでも、高速化することができます。この仕組みを「オブジェクトキャッシュ」と呼びます。

ページキャッシュ

生成されたページ（のHTML）をキャッシュして、同じページにアクセスがあった時には、キャッシュからHTMLを得るようにする方法もあります。これを「ページキャッシュ」と呼びます。

ブラウザキャッシュ

　ブラウザにページをキャッシュさせたり、圧縮して転送したりして、サーバーへのアクセスを減らして高速化／低負荷化する方法もあります。これを「ブラウザキャッシュ」と呼びます。

多機能なW3 Total Cacheプラグイン

　キャッシュを行うプラグインも多数存在します。その中で「W3 Total Cache」は定番の1つです。このプラグイン1つで、前述の4つのキャッシュをすべて行うことができます。

　プラグインをインストールした後、「Performance」→「General Settings」メニューで各種のキャッシュの基本的な設定を行うことができます（図14.6）。

　また、「Performance」メニューの各サブメニューで、個々のキャッシュについて細かな設定を行うこともできます。例えば、「Page Cache」のメニューを選ぶと、キャッシュする対象のページなどを設定することができます（図14.7）。

図14.6 キャッシュの基本的な設定

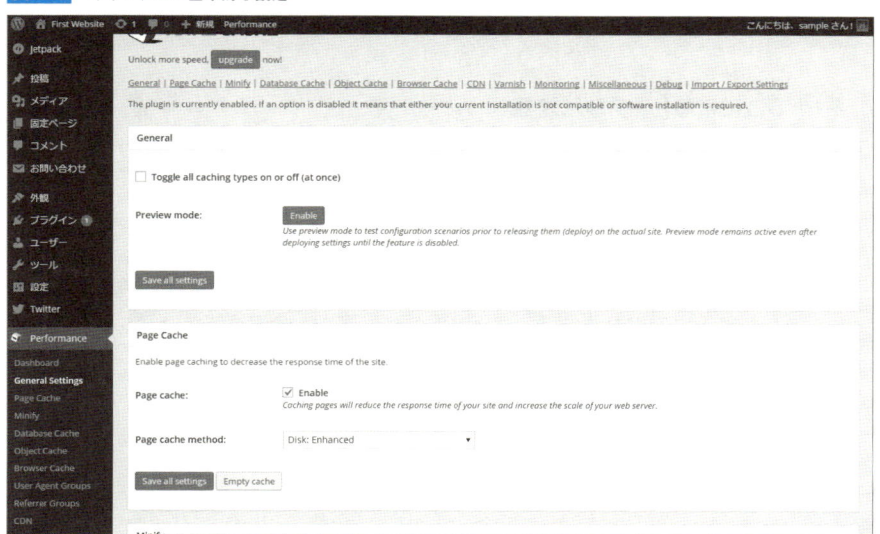

図14.7 ページキャッシュの設定

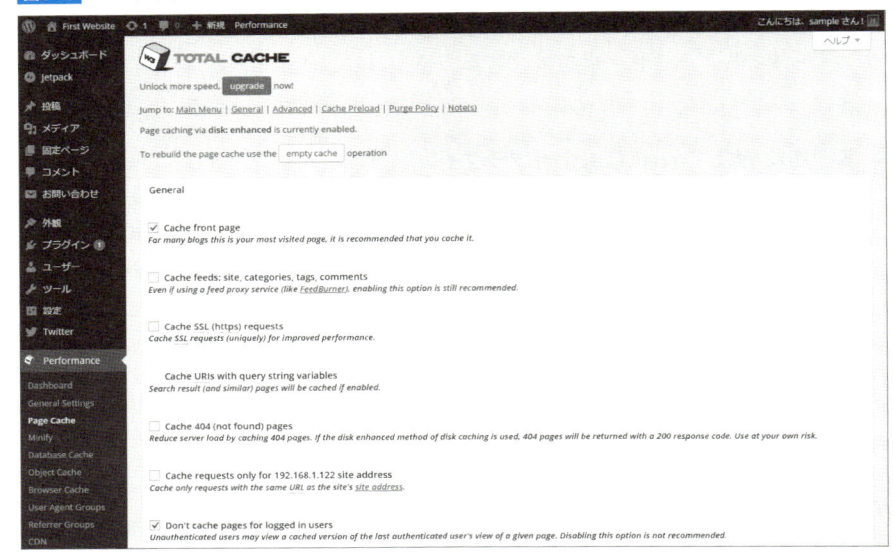

キャッシュによるトラブルに注意

　キャッシュは高速化や低負荷化に貢献しますが、一方で「更新したはずのページが更新されない」などのトラブルの元にもなりやすいです。仕組みをよく理解した上で、少しずつキャッシュの設定し、ページが正しく表示されることを確認しながら進めていくことをお勧めします。

　なお、本書執筆時点のバージョンでは、PHP7で動作させる場合、プラグインのコードを一部修正する必要があります。以下のページをご参照ください。

https://206rc.net/item/17226

226 翻訳ファイルをキャッシュして高速化したい

キャッシュ | 翻訳　　　　　　　　　　　　　　　　　　　　　WP 4.4　PHP 7

関　連	225　ページやデータベースをキャッシュして高速化したい　P.430
利用例	翻訳ファイルの読み込み時間を短縮する

翻訳ファイルのキャッシュについて

　WordPressは各国語に対応していて、英語以外の言語で使う場合は、英語をその言語に翻訳して出力するようになっています。ただ、翻訳のファイルを読み込むのに時間がかかるという問題があります。

　そこで、翻訳ファイルをキャッシュして、読み込みの時間を短縮するという高速化手法があります。

001 Prime Strategy Translate Acceleratorプラグインで高速化

　翻訳ファイルをキャッシュするプラグインもいくつかありますが、日本で開発されている「001 Prime Strategy Translate Accelerator」というプラグインがお勧めです。プラグイン新規追加のページで、「001 Prime Strategy Translate Accelerator」をキーワードに検索すればインストールすることができます。

　インストールした後に、「設定」→「Translate Accelerator」メニューを選んで設定ページを開き、「キャッシュを有効にする」のチェックをオンにします（図14.8）。

　また、このチェックをオフにした後、「サイトに表示される翻訳された文章」「ログイン/サインアップ画面の翻訳」「管理画面の翻訳」の各設定を「翻訳を停止」にすると、各場面での翻訳用のファイルを読み込まないようにすることができます。ただし、停止した場面では表示が英語になりますので、注意が必要です。

図14.8 001 Prime Strategy Translate Acceleratorプラグインの設定

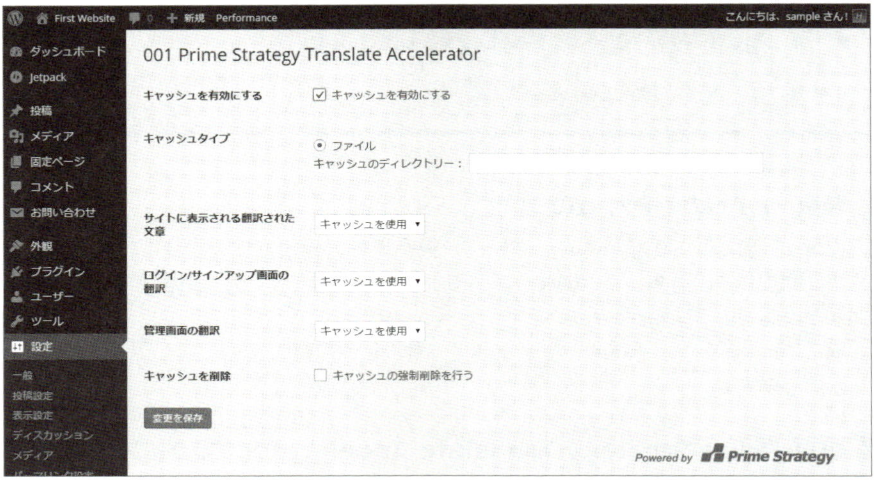

MEMO

227 ログインページを カスタマイズしたい

| Login Themeプラグイン | ログインページ | | WP 4.4 | PHP 7 |

| 関　連 | — |
| 利用例 | ログインページをカスタマイズする |

Login Themeプラグインでカスタマイズ

　WordPressでサイトを構築してクライアントに納品する際に、ログインページのロゴをそのクライアントの企業のロゴに変えるなどして、カスタマイズしたい場合があります。ログインページをカスタマイズするプラグインもいろいろあり、ロゴや背景画像などを変えることができます。

　ここでは、「Login Theme」というプラグインを紹介します。Login Themeプラグインでは、ログイン画面のロゴ／背景色／背景画像などを変更することができます（図14.9）。プラグインをインストールした後、管理画面のメニューで「Login Theme」を選ぶと、設定を行うページが開きます（図14.10）。

図14.9 カスタマイズしたログインページ

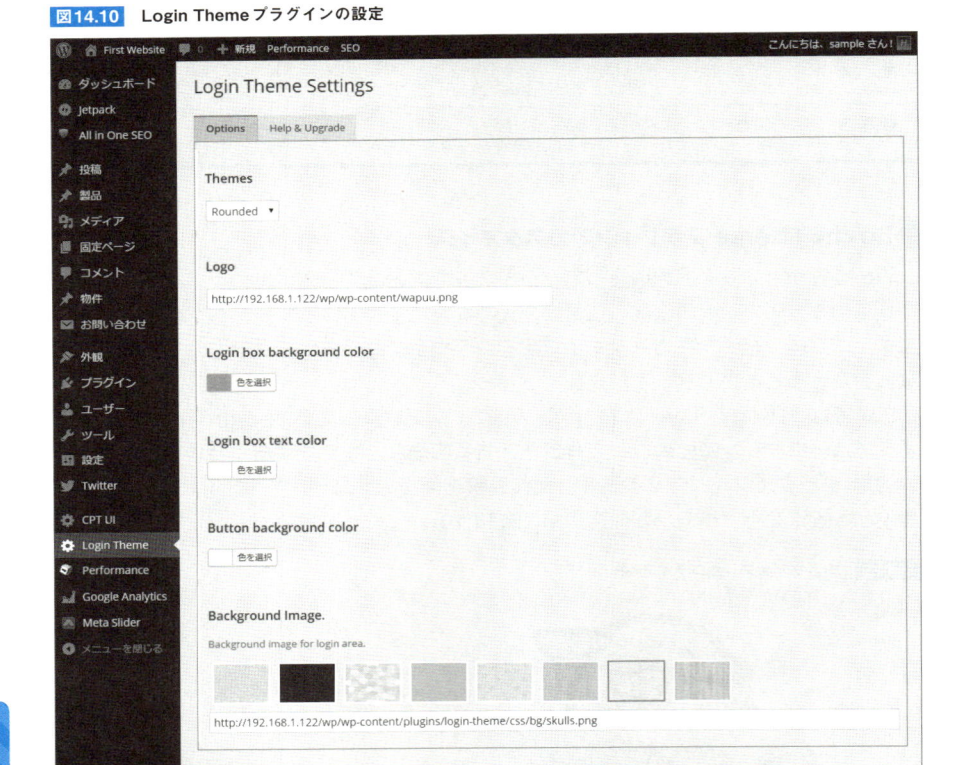

図14.10 Login Themeプラグインの設定

228 WordPressのセキュリティを高めたい

SiteGuard WP Pluginプラグイン | セキュリティ対策　　WP 4.4　PHP 7

関　連	229　メディアのアップロード先を変えたい　P.439
利用例	プラグインでセキュリティ対策をする

SiteGuard WP Pluginプラグインでセキュリティ対策を行う

　WordPressは世界中で使われているだけに、クラッカーの攻撃対象になりやすいです。実際、WordPress（特にプラグインの脆弱性）が攻撃されて、サイトが改ざんされるといったトラブルも時々起こっています。

　セキュリティ対策として、WordPress本体やプラグインを最新版に保つことはもちろんですが、それ以外にも行っておきたい対策がいくつかあります。セキュリティ対策を行うプラグインもいろいろありますが、その1つとして日本で開発されている「SiteGuard WP Plugin」を紹介します。以下のような機能があります。

❶管理画面へのアクセス制限

❷ログインページのアドレスを変更

❸ログインページでの画像認証

❹ログインページへの連続アクセスがあった場合のロック

❺ログインがあったことをメールで通知

❻etc.

インストールと初期設定

　SiteGuard WP Pluginは、ログインページへの攻撃を防ぐために、ログインページのアドレスを変更します。プラグインをインストールした時点で、ログインページのアドレスが変更されたというメッセージが表示されますので、新しいログインページのアドレスをブックマークしておきます。

　その後、管理画面左サイドバーの「SiteGuard」をクリックして、各項目の設定を行います（図14.11）。

図14.11 SiteGuard WP Pluginプラグインの設定

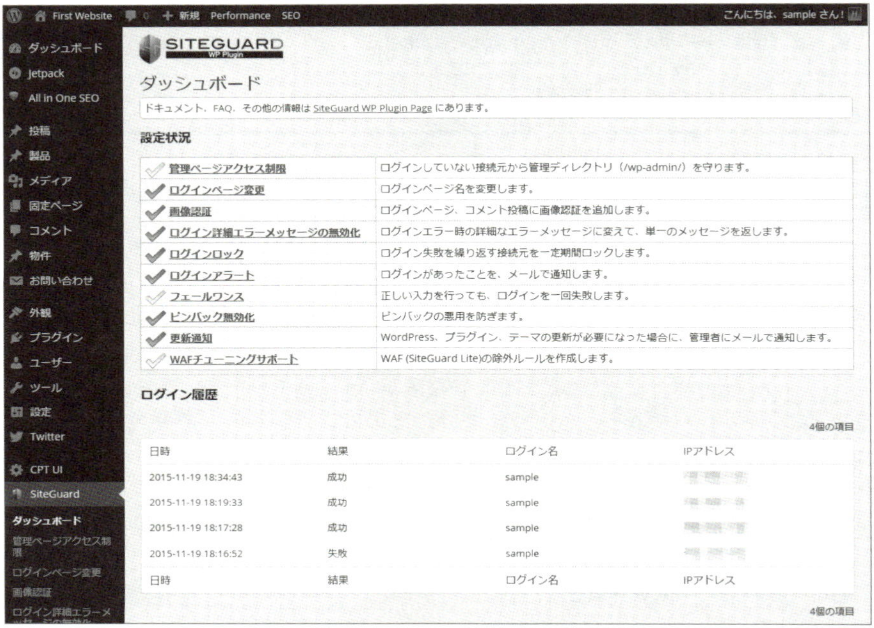

14-4 セキュリティ

229 メディアのアップロード先を変えたい

| アップロード | セキュリティ対策 | | WP 4.4 | PHP 7 |

| 関　連 | 228 WordPressのセキュリティを高めたい　P.437 |
| 利用例 | メディアのアップロード先ディレクトリを変更する |

アップロード先を変える理由

　WordPressにはメディアのアップロード機能があります。アップロードしたメディアは、WordPressのインストール先の「wp-content」→「uploads」ディレクトリに保存されます。

　ただ、この設定のままだと、ページのソースコードからWordPressのインストール先ディレクトリが分かるので、「このサイトはWordPressを使っている」ということを簡単に判断できてしまいます。となると、クラッカーの攻撃対象にされやすくなるというリスクがあります。

　そこで、セキュリティ面を考慮するなら、メディアのアップロード先ディレクトリを変えて、WordPressを使っていることが分かりにくくすることをお勧めします。

options.phpにアクセスして変更

　アップロード先ディレクトリを変えるには、以下の手順を取ります。

❶http://WordPressのインストール先/wp-admin/options.phpにアクセスする

❷「すべての設定」のページが開く

❸「upload_path」の欄に、アップロード先にしたいディレクトリのサーバー上でのパスを入力する

❹「upload_url_path」の欄に、❸に対応するアドレスを入力する

❺ページ末尾の「変更を保存」ボタンをクリックする

　例えば、サーバー上でのアップロード先ディレクトリのパスを、「/var/www/html/images」にしたいとします。また、このディレクトリに対応するアドレスが、「http://www.foo.com/images」だとします。

　この場合、「upload_path」に「/var/www/html/images」と入力し、「upload_

url_pathに「http://www.foo.com/images」と入力します（図14.12）。

図14.12　「upload_path」と「upload_url_path」を設定

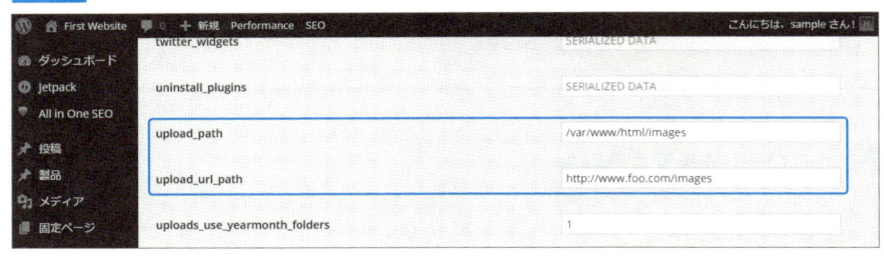

既存のメディアのファイルを移動

　upload_pathとupload_url_pathを設定しただけだと、既存のアップロード済みメディアのファイルは、元々のディレクトリに残ったままです（「wp-content」→「uploads」ディレクトリ）。これらのファイルを、upload_pathで指定したディレクトリに移動します。

230 テーマの品質や安全性をチェックしたい

| テーマ | セキュリティ対策 | Theme Checkプラグイン | WP 4.4 | PHP 7 |

| 関連 | 231　WordPressの安全性をチェックしたい　P.444 |
| 利用例 | 安全なテーマを検索してインストールする |

テーマは公式ディレクトリからインストールする

　WordPressには無数のテーマがありますが、中には悪意のあるコードが埋め込まれているものもあったりします。また、悪意はなくとも、WordPressの機能を正しくサポートしていないなど、品質的に問題があるテーマもあります。

　このようなテーマをインストールしてしまうことを避けるために、テーマは公式ディレクトリからインストールするべきです。WordPressの管理画面で「外観」→「テーマ」メニューを選び、「新規追加」ボタンをクリックすれば、公式ディレクトリにあるテーマを検索してインストールすることができます。

Theme Checkプラグインでテーマの品質をチェック

　テーマがWordPressの仕様に準拠しているかどうかをチェックするプラグインとして、「Theme Check」があります。

　このプラグインをインストールした後、「外観」→「Theme Check」メニューを選び、チェックしたいテーマを選ぶと、チェック結果が表示されます。不足している機能があったり、推奨機能がなかったりすると、それらが一覧で表示されます（**図14.13**）。

　インストールしたテーマをチェックするのに使うだけでなく、自分で作ったテーマの品質を確認する際にも便利です。

図14.13 Theme Checkプラグインのチェック結果の例

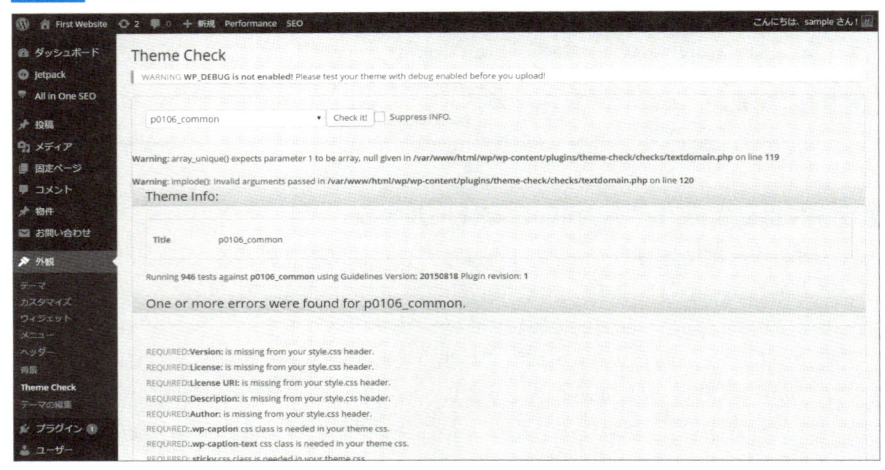

Theme Authenticity Checkerプラグインで安全性をチェック

　簡易的ではありますが、テーマの安全性をチェックするプラグインとして、「Theme Authenticity Checker」（略称「TAC」）があります。

　このプラグインをインストールした後、「外観」→「TAC」メニューを選ぶと、インストール済みのすべてのテーマの安全性をチェックして、その結果を表示します（図14.14）。

　ただし、あくまでも簡易なチェックであり、このプラグインだけでは悪意あるテーマを完全に防ぐことはできません。また、本書執筆時点で、最終更新から2年経過しており、最新の状況には対応できていません。

14-4 セキュリティ

図14.14 Theme Authenticity Checkerのチェック結果の例

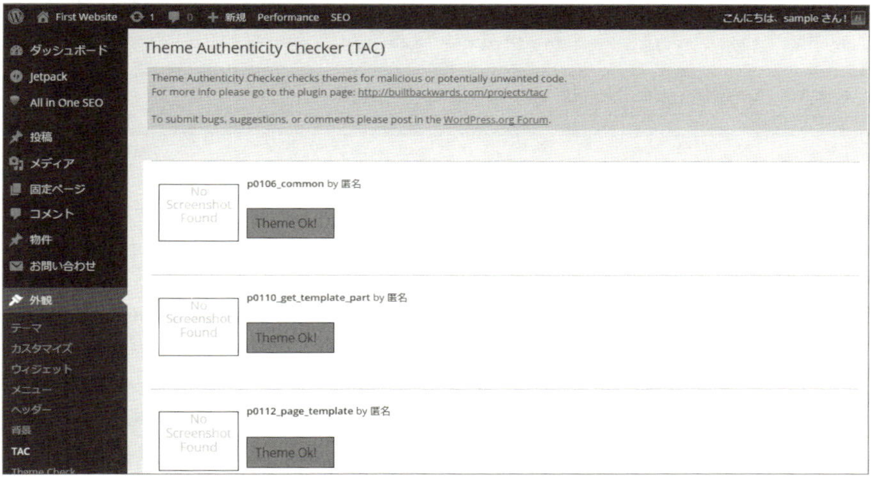

MEMO

231 WordPressの安全性をチェックしたい

| WPScan | セキュリティ対策 | コマンド | Ruby | WP 4.4   PHP 7

関　連	230　テーマの品質や安全性をチェックしたい　P.441
利用例	ツールを使いセキュリティ上重要なチェックを行う

WPScanツールで各種のチェックを行う

　WordPressは世界中で幅広く使われているために、攻撃の対象にされることも多いです。「単純なパスワードを設定していた」「プラグインにセキュリティホールがあった」といった原因で、サイトが改ざんされたりする事例もよくあります。

　そこで、サイトの安全性を定期的にチェックして、外部からの攻撃で突破されることがないようにする必要があります。そのようなチェックを総合的に行うツールとして、「WPScan」があります。

　WPScanを使うと、ブルートフォースアタックを行ったり、脆弱性があるプラグインやテーマを調べたりなど、セキュリティ上重要なチェックを行うことができます。

インストール手順

　WPScanはプラグインではなく、Ruby言語で書かれたコマンドラインツールです。そのため、インストールが難しいですが、チャレンジするべきだと言えます。

　なるべく簡単にインストールするには、以下の手順を取ります。

Ubuntuをインストールする

　WPScanを比較的インストールしやすい環境として、Linuxのディストリビューションの1つである「Ubuntu」があります。Ubuntuは有力なディストリビューションの1つであり、解説書等も多く出回っていますので、それらを参考にしてインストールします。

　また、インストールするためのマシンがない方は、Virtual Boxなどの仮想環境を使って、WindowsやOS Xの上でUbuntuをインストールする方法があります。

コマンドラインでインストール

　Ubuntuをインストールしたら、ターミナルを起動して、コマンドを使ってインストールします。本書執筆時点のUbuntu（15.10）であれば、リスト14.4のコマンドで

インストールすることができます。

リスト14.4 WPScanをインストールするコマンド

```
sudo apt-get install libcurl4-openssl-dev libxml2 libxml2-dev libxslt1-dev 
ruby-dev build-essential libgmp-dev zlib1g-dev
git clone https://github.com/wpscanteam/wpscan.git
cd wpscan
sudo gem install bundler && bundle install --without test
```

チェックを行う

WPScanでチェックを行うには、WPScanのインストール先ディレクトリをカレントにした状態で、以下のようなコマンドを入力します。オプションには表14.2のようなものがあります。複数のオプションを指定する場合は、スペースで区切ってそれらを並べます。

```
ruby wpscan.rb -u サイトのアドレス(http://は除く) オプション
```

表14.2 WPScanコマンドのオプション（主なもの）

オプション	内容
-e u	ログインユーザー名をリストアップする
-e p	インストールされているプラグインをリストアップする
-e ap	インストールされているプラグインをバージョン名も含めてリストアップする
-e vp	インストールされているプラグインの中で脆弱性があるものをリストアップする
-e t	インストールされているテーマをリストアップする
-e vt	インストールされているテーマの中で脆弱性があるものをリストアップする
-w ファイル名	指定したファイルにあるパスワードでブルートフォースアタックを行ってログインを試みる
--update	データベースをアップデートする

例えば、サイトのアドレスが「http://www.foo.com/wordpress」である時に、脆弱性があるテーマとプラグインをチェックするには、以下のようなコマンドを入力します。

```
ruby wpscan.rb -u www.foo.com/wordpress -e vp -e vt
```

232 メンテナンス中の表示を出したい

| Maintenance Modeプラグイン | メンテナンス中 | | WP 4.4 | PHP 7 |

| 関　連 | — |
| 利用例 | 一時的に「メンテナンス中」の表示をする |

Maintenance Modeプラグインを使うと簡単

　サイトをリニューアルする時など、一時的に「メンテナンス中」の表示を出したいこともあります。そのような時には、「Maintenance Mode」というプラグインを使うと便利です。

　このプラグインを使うと、一般の訪問者向けには「メンテナンス中」の表示を出しつつ（図14.15）、管理者は通常通りにWordPressを操作することができます。メンテナンス中ページの内容は、プラグインの設定でカスタマイズすることができます（図14.16）。

　無償版の他に、有償のPro版もあります。Pro版ではメンテナンス終了までの残り時間をカウントダウン表示することができます。

図14.15 メンテナンス中の表示の例

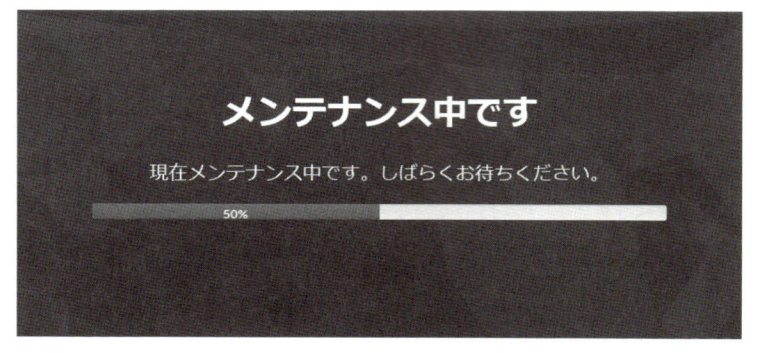

図14.16 Maintenance Modeプラグインの設定

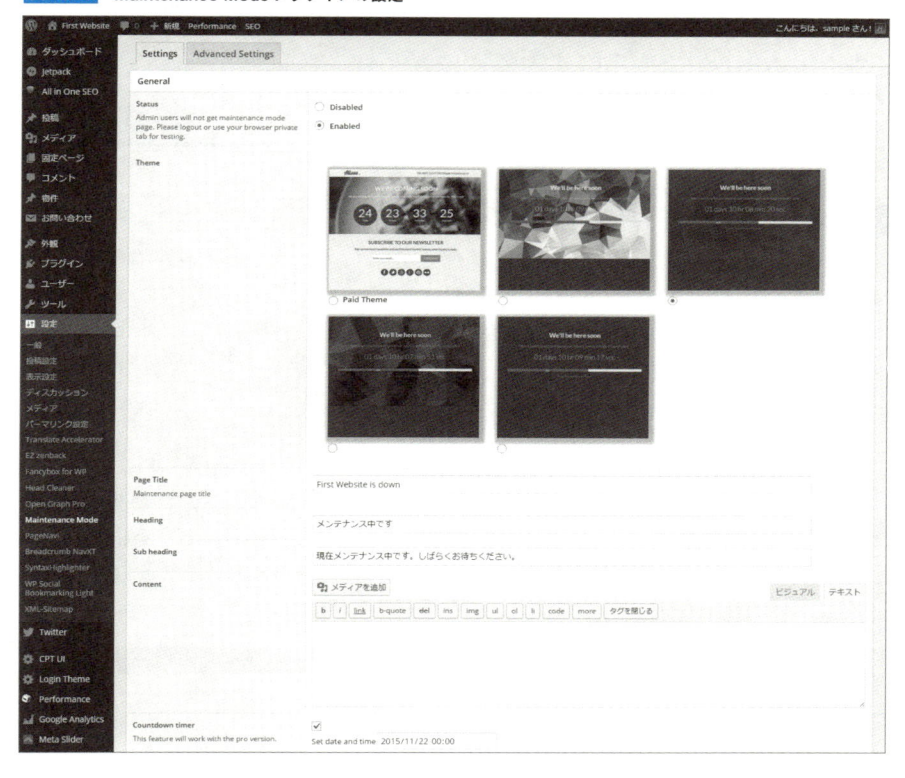

14-4 セキュリティ

Maintenance Mode プラグイン ── メンテナンス中

447

233 WordPressをHTTPS化したい

| WordPress HTTPS | SSL | | WP 4.4 | PHP 7 |

| 関　連 | 228　WordPressのセキュリティを高めたい　P.437 |
| 利用例 | WordPressをHTTPSで動作させる |

WordPress HTTPSプラグインを使う

　このところ、サイトをHTTPS化して通信を安全にしようという流れが強まっています。そのため、WordPressをHTTPSで動作させたいという方も増えています。

　WordPressをHTTPSで動作させるには、まずサーバー側でHTTPS化の設定を行います。この手順は、お使いのサーバーによって異なりますので、サーバーのマニュアル等をご参照ください。

　次に、「WordPress HTTPS」というプラグインをインストールします。その後、管理画面の「HTTPS」のメニューで、HTTPSにするための設定を行います。

　「SSL Host」の欄で、SSL化する際のホスト名を入力します。また、管理画面に接続する際に、SSLでないアドレスで接続しても、SSLにリダイレクトするようにしたい場合は、「Force SSL Administration」のチェックをオンにします（図14.17）。

図14.17　WordPress HTTPSプラグインの設定

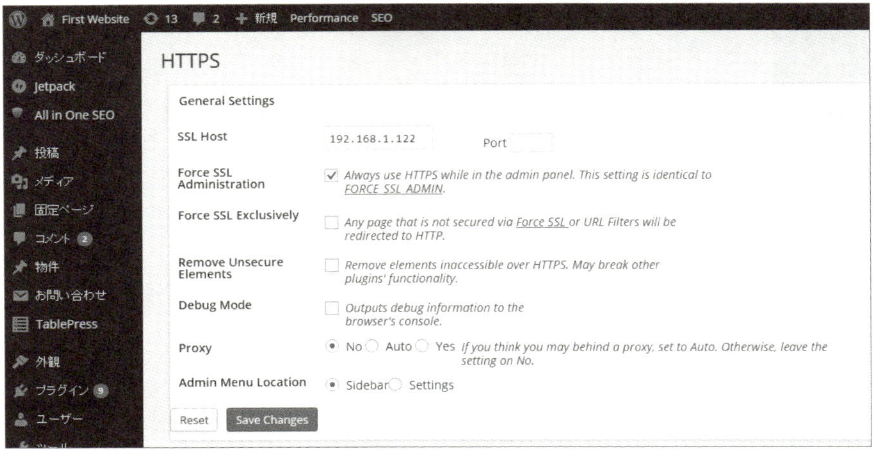

投稿／固定ページごとにHTTPSにするかどうかを設定する

WordPress HTTPSプラグインでは、投稿／固定ページごとにHTTPSにするかどうかを個別に設定することもできます。

対象の投稿／固定ページの編集ページで、「HTTPS」の表示オプションを表示するようにし、「Secure Post」のチェックをオンにします。すると、そのページにアクセスする際に、SSLではないアドレスで接続しても、SSLありのアドレスにリダイレクトされるようになります。

図14.18 投稿／固定ページごとにHTTPSにするかどうかを設定する（右上の部分）

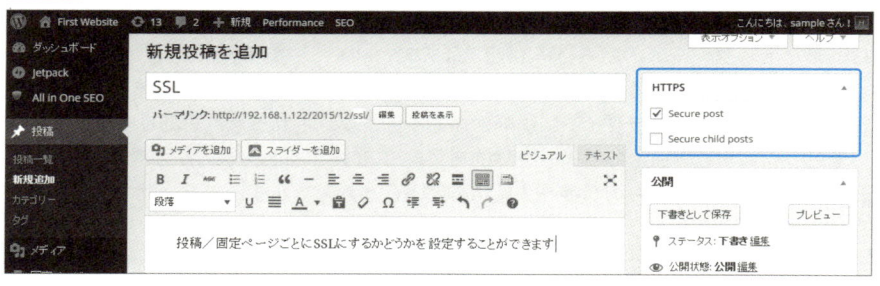

234 WordPressのサイトを静的HTML化したい

| StaticPress | JavaScript | | WP 4.4 | PHP 7 |

| 関連 | 225 ページやデータベースをキャッシュして高速化したい P.430 |
| 利用例 | WordPressのサイトを静的化する |

静的HTML化する意味

　WordPressは、サイトの各ページにアクセスがあった時点でページを生成する仕組みを取っています（動的生成）。ただ、動的生成ではアクセスのたびにPHPが動作し、またデータベースの読み込みが起こるので、ページ生成にそれなりの時間がかかります。アクセスが多いサイトになると、サーバーの負荷も高くなります。さらに、WordPress本体やプラグインに脆弱性があると、攻撃される恐れもあります。

　そこで、WordPressのサイトを静的HTMLに変換するという方法が考えられます。静的化すれば、サーバーの負荷を大幅に抑えることができます。また、セキュリティを高めることにもつながります。

　ただし、ページにアクセスがあるたびに、サーバー（WordPress）側で動的に出力を変えているような場合には、そのような部分をJavaScriptに置き換えるなどして、WordPressがなくても動作する形に変える必要があります。この点はよく考慮する必要があります。

StaticPressで静的化

　WordPressのサイトを静的化するプラグインとして、「StaticPress」というものがあります。日本のWordPress界で有名な（株）デジタルキューブが開発しています。

　StaticPressプラグインをインストールした後、「StaticPress」→「StaticPress設定」メニューを選んで、サイトのアドレスと、静的化したページの出力先ディレクトリを設定します（図14.19）。

　その後、「StaticPress」→「StaticPress」メニューを選び、「再構築」ボタンをクリックすると、サイトの静的化が始まります。静的化は、サイト内の各ページを順にクロールして行っていきますので、すべてのページの静的化が終わるまでには、ページ数に比例して時間がかかります。

図4.19 StaticPressの設定

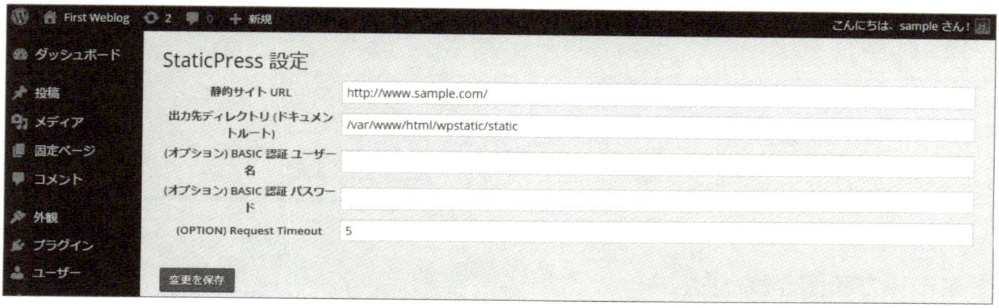

MEMO

235 WordPressを デバッグモードにしたい

| wp-config.php | デバッグモード | エラーメッセージ | WP 4.4 | PHP 7 |

| 関数 | ini_set |

| 関連 | — |

| 利用例 | エラーがあった時にエラーメッセージを表示する |

エラーで画面が真っ白に…

PHPでは、プログラムの実行時にエラーがあった時には、エラーメッセージを表示することができます。ただ、セキュリティ面を考慮して、エラーがあった場合には何も表示しないように設定することもできます。

そのため、サーバーの設定によっては、テンプレートの書き換えを間違えた時や、プラグインがバッティングした時などに、ページにアクセスしても何も表示されなくなることがあります。

デバッグモードに設定してエラーメッセージを表示する

ページに何も表示されなくなると慌ててしまいがちですが、そのような時には落ち着いて「デバッグモード」に設定します。デバッグモードにすると、ページにアクセスした時にPHPのエラーメッセージが表示され、エラーの箇所を見つけやすくなります。

デバッグモードに設定するには、WordPressのインストール先にある「wp-config.php」ファイルを書き換えます。このファイルを自分のパソコンにダウンロードしてテキストエディタで開くと、その最後の方に以下の行があります。

```
define('WP_DEBUG', false);
```

この行を以下のように書き換えて、元のディレクトリにアップロードしなおすと、デバッグモードが有効になります。

```
define('WP_DEBUG', true);
```

デバッグモードにしてエラーメッセージを確認し、問題を解決することができたら、wp-config.phpの記述を元に戻して、デバッグモードではない状態に戻します。

なお、デバッグモードを有効にすると、エラーメッセージだけでなく、警告メッセージも表示されるようになります。非推奨になった関数をテーマ内で使ったりしていると、警告メッセージが表示されますので、その場合はその部分を修正するようにします。

エラーをログファイルに保存する

　エラーメッセージを画面に保存せずに、ログファイルに記録することもできます。この場合、前述の手順でwp-config.phpのデバッグモードを有効にした上で、そのdefine文の後にリスト14.5を追加します。

　定数WP_DEBUG_LOGをtrueにすると（2行目）、エラーメッセージをログファイルに記録するようになります。ログファイルは、WordPressのインストール先の「wp-content」ディレクトリに「debug.log」という名前で保存されます。

　また、定数WP_DEBUG_DISPLAYをfalseにし（3行目）、PHPのini_set関数で「display_errors」の設定を0にすることで、エラーメッセージを画面に表示しないようになります。

リスト14.5　エラーメッセージをログファイルに保存するためにwp-config.phpに追加する行

```
if (WP_DEBUG) {
  define('WP_DEBUG_LOG', true);
  define('WP_DEBUG_DISPLAY', false);
  @ini_set('display_errors',0);
}
```

236 WordPressをコマンドで操作したい

| wp-cli | コマンド | | WP 4.4 | PHP 7 |

関　連	—
利用例	WordPressをコマンドで操作する

wp-cliで各種の操作が可能

　WordPressは管理画面で操作するのが基本ですが、コマンドで操作したい場合もあります。例えば、サイト構築を始める際に毎回一定の操作を行うのであれば、その操作手順をコマンドで記述しておけば、コマンド一発でそれらの操作を済ませることができます。また、ChefやAnsibleなどのサーバー環境構築ツールと組み合わせれば、サーバーの構築からWordPressの初期設定までの作業を全自動化することもできます。

　このようなニーズに対応して、「wp-cli」というツールが公開されています。wp-cliを使うと、WordPressの様々な操作を、コマンドで行うことができます。

wp-cliのインストール

　wp-cliをインストールするには、ターミナルでリスト14.6のようにコマンドを入力します。「インストール先」には、ご自分の環境での、コマンドのファイルがあるディレクトリを指定します（/usr/local/binなど）。

リスト14.6 wp-cliをインストールするコマンド

```
curl -O https://raw.githubusercontent.com/wp-cli/builds/gh-pages/phar/
wp-cli.phar
chmod +x wp-cli.phar
sudo mv wp-cli.phar インストール先/wp
```

wpコマンドで各種の操作を実行

wp-cliでWordPressを操作するには、WordPressのインストール先ディレクトリをカレントディレクトリにした後で、「wp コマンド パラメータ」のような形で入力します。

コマンドは多数用意されています。主なコマンドとして、**表14.3**のようなものがあります。なお、「wp」とだけ入力するとコマンドの一覧が表示されます。また、「wp コマンド --help」と入力すれば、そのコマンドのヘルプが表示されます。

表14.3 wp-cliの主なコマンド

コマンド	操作
wp post list	投稿等の一覧の出力
wp post get (投稿のID)	指定したIDの投稿等の情報を出力
wp post edit (投稿のID)	指定したIDの投稿等の本文を編集
wp post create	投稿の作成
wp term list (分類名)	ターム(カテゴリー等)の一覧の出力
wp term get (分類名) (タームのID)	指定したIDのタームの情報を出力
wp term create	タームの作成
wp term delete (分類名) (タームのID)	タームの削除
wp theme list	テーマ一覧の出力
wp theme activate (テーマ名)	テーマの有効化
wp theme install (ファイル名／URLなど)	テーマのインストール
wp media import (ファイル名)	メディアの作成
wp plugin list	プラグイン一覧の出力
wp plugin install (ファイル名／URLなど)	プラグインのインストール
wp plugin activate (プラグイン名)	プラグインの有効化
wp plugin deactivate (プラグイン名)	プラグインの無効化
wp option list	設定一覧の出力
wp option get (設定名)	設定値の出力
wp option update (設定名) (値)	設定値の変更

MEMO

PROGRAMMER'S RECIPE

第 15 章

各種の機能を使いたい

本書の最後として、第15章では、ここまでの章に分類されないような各種の機能を使う方法を紹介します。

237 文字列をエスケープしたい

| JavaScript | エスケープ | セキュリティ | WP 4.4 | PHP 7 |

関数　esc_html

| 関連 | 238 文字列を属性用にエスケープしたい　P.459
 239 URLの文字列をエスケープしたい　P.460
 240 文字列をJavaScript用にエスケープしたい　P.461
 241 文字列をtextarea用にエスケープしたい　P.462
 242 HTMLをフィルタしたい　P.463 |

| 利用例 | セキュリティの問題が発生する文字列をエスケープして出力する |

esc_html関数でエスケープする

　入力された文字をそのまま出力すると、セキュリティの問題が発生することがあります。例えば、コメントの文中にJavaScriptのコードを入力された場合、そのコメントをそのまま出力すると、JavaScriptが実行されて、クロスサイトスクリプティングが起こることがあります。

　このように、そのまま出力するとセキュリティの問題が発生する文字列は、エスケープして出力する必要があります。そのようなことを行う関数として、「esc_html」があります。パラメータとして文字列を渡すと、「<」「>」「&」等を、それぞれ「<」「>」「&」等にエスケープして返します。

　例えば、変数$textに入っている文字列をエスケープして出力する場合、以下のように書きます。

```
echo esc_html($text);
```

15-1 エスケープ

238 文字列を属性用にエスケープしたい

| HTML | エスケープ | セキュリティ | WP 4.4 | PHP 7 |

関数 esc_attr

| 関連 | 237 文字列をエスケープしたい　P.458
239 URLの文字列をエスケープしたい　P.460
240 文字列をJavaScript用にエスケープしたい　P.461
241 文字列をtextarea用にエスケープしたい　P.462
242 HTMLをフィルタしたい　P.463 |

| 利用例 | HTMLの要素の属性を正しく閉じて出力する |

esc_attr関数でエスケープする

　HTMLの要素の属性に、PHPのコードで文字列を出力する場面もあります。この場合、文字列に「"」や「'」が含まれていると、そのまま出力すると属性が正しく閉じられなくなり、ページの表示が崩れるなどの問題が起こります。

　このような場合は、「esc_attr」という関数を使って、属性用に文字列をエスケープして出力します。パラメータとして文字列を渡すと、エスケープされた文字列が戻り値として返されます。

　例えば、変数$titleにある文字列を、a要素のtitle属性に出力したいとします。この場合、以下のようにesc_attr関数でエスケープして出力します。

```
<a href="…" title="<?php echo esc_attr($title); ?>">・・・</a>
```

239 URLの文字列をエスケープしたい

| URL | エスケープ | セキュリティ | WP 4.4 | PHP 7 |

関数　esc_url

関連	237　文字列をエスケープしたい　P.458
	238　文字列を属性用にエスケープしたい　P.459
	240　文字列をJavaScript用にエスケープしたい　P.461
	241　文字列をtextarea用にエスケープしたい　P.462
	242　HTMLをフィルタしたい　P.463

| 利用例 | 入力されたURLの文字列をエスケープして出力する |

esc_url関数でエスケープする

　URLを表す文字列を出力する際に、そのまま出力すると問題が発生することがあります。例えば、コメントにURLとして入力された文字列が、URLではなく「javascript:…」のような値になっていると、そのJavaScriptが実行されてセキュリティ上の問題が起こることがあります。

　このような場合は、「esc_url」という関数を使って、URLの文字列をエスケープして出力します。パラメータとして文字列を渡すと、エスケープされた文字列が戻り値として返されます。

　例えば、変数$urlにある文字列を、a要素のhref属性に出力したいとします。この場合、以下のようにesc_url関数でエスケープして出力します。

```
<a href="<?php echo esc_url($url); ?>">・・・</a>
```

240 文字列をJavaScript用にエスケープしたい

| PHP | JavaScript | エスケープ | セキュリティ | WP 4.4 | PHP 7 |

関数 esc_js

関連
- 237 文字列をエスケープしたい　P.458
- 238 文字列を属性用にエスケープしたい　P.459
- 239 URLの文字列をエスケープしたい　P.460
- 241 文字列をtextarea用にエスケープしたい　P.462
- 242 HTMLをフィルタしたい　P.463

利用例　PHPでJavaScriptをエスケープして出力する

esc_js関数でエスケープする

　PHPのコードで、JavaScriptを動的に生成したい場面もあります。この場合、JavaScriptとして正しく動作するように、文字列を正しくエスケープする必要があります。例えば、文字列中に含まれる改行は、「￥n」に変換する必要があります。

　このようなことを行う関数として、「esc_js」があります。パラメータとして文字列を渡すと、JavaScript用にエスケープして、戻り値として返します。

　例えば、PHPでJavaScriptを出力し、PHPの変数$textの値を、JavaScriptの変数textに代入したいとします。この場合、esc_js関数を使って以下のように書きます。

```
text = '<?php echo esc_js($text); ?>';
```

241 文字列をtextarea用にエスケープしたい

`textarea` | `エスケープ` | `セキュリティ` WP 4.4 PHP 7

関数	esc_textarea

関連	237 文字列をエスケープしたい　P.458 238 文字列を属性用にエスケープしたい　P.459 239 URLの文字列をエスケープしたい　P.460 240 文字列をJavaScript用にエスケープしたい　P.461 242 HTMLをフィルタしたい　P.463
利用例	データをエスケープしてtextareaタグの中にデータを出力する

esc_textarea関数を使う

　WordPressで管理しているデータを、HTMLのtextareaタグの中に出力して、ページ上で編集できるようにしたい場合もあります。この場合、データをそのままの形でtextareaタグ内に出力すると、正しくない動作になることがあります。

　textareaタグの中にデータを出力する場合は、「esc_textarea」という関数を使って、データをエスケープしてから出力するようにします。戻り値がエスケープ後の文字列になります。

　例えば、変数$textに入っている文字列をtextareaタグの中に出力したい場合だと、以下のようにします。

```
<textarea><?php echo esc_textarea($text); ?></textarea>
```

242 HTMLをフィルタしたい

| HTML | エスケープ | セキュリティ | WP 4.4 | PHP 7 |

関数 wp_kses

関連
- 237 文字列をエスケープしたい P.458
- 238 文字列を属性用にエスケープしたい P.459
- 239 URLの文字列をエスケープしたい P.460
- 240 文字列をJavaScript用にエスケープしたい P.461
- 241 文字列をtextarea用にエスケープしたい P.462

利用例 HTMLの文字列の中から特定のタグや属性を消去する

wp_kses関数で各種のフィルタを行える

　状況によって、出力するHTMLから一部のタグやその属性を除去したいことがあります。例えば、「セキュリティ上の理由で、データに含まれるJavaScriptを削除したい」といったことが考えられます。

　HTMLの文字列の中から、許可したタグや属性だけを残して、それ以外のものをすべて除去するには、「wp_kses」という関数を使います。パラメータとして、表15.1の3つを渡します。

表15.1 wp_kses関数のパラメータ

パラメータ	内容
1つ目	フィルタする対象の文字列
2つ目	許可するタグと属性
3つ目	許可するプロトコル

　タグのリストは、連想配列の形で渡します。キーをHTMLの要素名にし、値に属性のリストを渡します。また、属性のリストも連想配列の形で表し、キーを属性名、値に空の配列を渡します。

　プロトコルを指定すると、アドレス（aタグのhref属性やimgタグのsrc属性など）の中で、指定したプロトコルのアドレスはそのまま残し、それ以外のプロトコルのアドレスはプロトコル部分のみ削除されます。

　例えば、許可するプロトコルとしてhttpだけを指定したとします。この場合、フィルタ対象の文字列に「https://www.foo.com/」のようなアドレスがあった場合、「https:」の部分が削除されて、「www.foo.com/」に変換されます。

一部のタグ／属性のみを許可する例

以下のような事例を考えてみます。

❶変数$htmlに入っている文字列をフィルタして出力する

❷a／p／brのタグだけを残し、それ以外のタグはすべて削除する

❸aタグではhref属性とtarget属性だけを許可する

❹p／brタグでは属性を許可しない

❺aタグのリンク先のアドレスでは、プロトコルとしてhttpだけを許可する

この場合、リスト15.1のようなコードを実行します。1〜8行目で、許可するタグと属性を配列変数$allowed_htmlに代入しています。また、9行目でhttpプロトコルだけを許可するように、配列変数$allowed_protocolsを設定しています。

リスト15.1 一部のタグ／属性のみを許可する例

```
$allowed_html = array(
  'a' => array(
    'href' => array(),
    'target' => array()
  ),
  'p' => array(),
  'br' => array()
);
$allowed_protocols = array('http');
echo wp_kses($html, $allowed_html, $allowed_protocols);
```

243 各投稿の短縮URLを使いたい

アドレス	短縮URL		WP 4.4	PHP 7

関数	wp_get_shortlink、the_permalink

関連	047　個々の投稿にリンクしたい　P.089

利用例	短縮したアドレスを出力する

wp_get_shortlink関数を使う

　個々の投稿ページのアドレスを出力するには、通常はthe_permalink関数を使います（レシピ047参照）。この関数は、WordPressのパーマリンク設定に沿ったアドレスを出力します。

　ただ、場合によっては非常に長いアドレスになる場合もあります。他の人にアドレスを教える時などに、都合が良くないこともあります。このような時には、「wp_get_shortlink」という関数を使って、短縮URLを得ることもできます。

　パラメータとして投稿のIDを渡します。すると、「http://サイトのアドレス/?p=投稿のID」のようなアドレスが返されます。アドレスは直接には出力しないので、出力する場合は、echo文と組み合わせます。

　例えば、短縮URLを使ってIDが1番の投稿にリンクする場合は、テンプレートに以下のように書きます。

```
<a href="<?php echo wp_get_shortlink(1); ?>">リンク対象の文字列</a>
```

244 HTTPで他のサーバーと通信したい（GET）

| HTTP API | GETメソッド | | WP 4.4 | PHP 7 |

関数	wp_remote_get
関連	245 HTTPで他のサーバーと通信したい（POST） P.468
利用例	外部WebサービスAPIを使い情報を出力する

wp_remote_get関数で通信

　各種のWebサービスと連携したサイトを作りたい場合、WordPressから外部Webサービスのサーバーにアクセスすることが必要になります。このような場合には、WordPressの「HTTP API」に含まれる関数を使います。

　外部のWebサーバーにアクセスする際には、GETメソッドかPOSTメソッドを使うことが多いです。GETメソッドでアクセスする場合は、「wp_remote_get」という関数を使います。

　1つ目のパラメータに、アクセスするアドレスを指定します。また、アクセスの際にオプションを指定したい場合は、2つ目のパラメータに表15.2のキーを持つ連想配列を指定します。また、戻り値は、表15.3の要素を持つ連想配列になります。

表15.2 wp_remote_get関数の2つ目のパラメータに渡す連想配列の内容（主なもの）

キー	内容
timeout	タイムアウトまでの秒数
blocking	trueを指定すると結果が返ってくるまで待つ falseを指定すると結果を待たずに次の処理に進む
headers	HTTPヘッダーを表す連想配列 各要素をヘッダー名と値のペアにする
cookies	クッキーを表す連想配列 各要素をクッキー名と値のペアにする

表15.3 wp_remote_get関数の戻り値の連想配列の内容

キー	内容
body	レスポンスボディ
response	ステータスコードと文字列が含まれる連想配列
headers	HTTPヘッダーを表す連想配列
cookies	クッキーを表す連想配列

wp_remote_get関数を使った例

　wp_remote_get関数を使った簡単な例として、Yahoo！ショッピングの商品検索APIを取り上げます。

　商品検索APIでは、以下のようなアドレスにアクセスすると、見つかった商品の情報がJSON文字列で返されます。そこで、wp_remote_get関数でこのアドレスにアクセスし、結果のJSON文字列をデコードして、そこから商品の情報を出力します。

```
http://shopping.yahooapis.jp/ShoppingWebService/V1/json/itemSearch?appid=
アプリケーションID&query=キーワード
```

　見つかった商品の名前を10件リストアップする場合だと、**リスト15.2**のようなコードになります。3行目の「アプリケーションID」の部分は、ご自分のYahoo!デベロッパーネットワークでのアプリケーションIDに置き換えます。

リスト15.2 Yahoo!ショッピングで「WordPress」に関する商品を検索する

```
<ul>
<?php
$url = "http://shopping.yahooapis.jp/ShoppingWebService/V1/json/itemSearch?
appid=アプリケーションID&query=WordPress";
$response = wp_remote_get($url);
$objs = json_decode($response['body']);
$items = $objs->ResultSet->{0}->Result;
for ($i = 0; $i < 10; $i++) : $item = $items->{$i};
?>
  <li><?php echo $item->Name; ?></li>
<?php endfor; ?>
</ul>
```

　4行目のwp_remote_get関数でAPIにアクセスし、その結果を変数$responseに得ます。戻り値のレスポンスボディがJSON文字列になっていますので、それをデコードして（5行目）、商品の情報を順に取り出し（6～7行目）、商品名を出力します（9行目）。

245 HTTPで他のサーバーと通信したい（POST）

HTTP API	POSTメソッド		WP 4.4　PHP 7
関数	wp_remote_post		
関連	244 HTTPで他のサーバーと通信したい（GET）		P.466
利用例	他のサーバーと通信して外部APIを使う		

wp_remote_post関数で通信

　HTTPのメソッドとして、GETの他にPOSTを使う機会も多いです。WordPressからPOSTメソッドで他のサーバーと通信するには、「wp_remote_post」という関数を使います。

　パラメータと戻り値の内容は、wp_remote_get関数（レシピ244 参照）と同じです。ただし、パラメータの連想配列に「body」という要素を入れ、サーバーに送信するリクエストボディを指定します。

　リクエストボディとして「名前1＝値1＆名前2＝値2・・・」の形式の文字を送信したい場合、連想配列のbodyの要素には、名前と値のペアからなる連想配列を渡すこともできます。

事例

　wp_remote_post関数を使う例として、Yahoo!デベロッパーネットワークの「ルビ振り」を取り上げます。このAPIでは、漢字の文章を送信すると、単語単位で分割して、その読み仮名を返してくれます。

　リスト15.3が、その実際のコードです。6行目の「アプリケーションID」の箇所は、ご自分のアプリケーションIDに置き換えます。また、8行目の「日本語の文章」のところを、読み仮名を得たい文章に置き換えます。

　3〜11行目で、ルビ振りAPIにPOSTメソッドでアクセスしています。結果はXMLの文字列で返されるので、12行目の文でXMLをパースし、そこから単語の読みとフリガナを取り出して、順に出力します（13〜17行目）。

リスト15.3 wp_remote_post関数の事例（ルビ振りAPIを呼び出す）

```
<ul>
<?php
$url = 'http://jlp.yahooapis.jp/FuriganaService/V1/furigana';
$params = array(
  'httpversion' => '1.1',
  'user-agent' => 'Yahoo AppID: アプリケーションID',
  'body' => array(
  'sentence' => '日本語の文章'
  )
);
$response = wp_remote_post($url, $params);
$xml = new SimpleXMLElement($response['body']);
$words = $xml->Result->WordList->Word;
for ($i = 0; $i < count($words); $i++) : $word = $words[$i];
?>
  <li><?php echo $word->Surface; ?>(<?php echo $word->Furigana; ?>)</li>
<?php endfor; ?>
</ul>
```

MEMO

INDEX

記号

!=	134
$wpdb	332
.htaccess	417
__関数	058
_e関数	057
_n関数	059
_x関数	058
<	134
<!--more-->	083
<!--nextpage-->	096
<=	135
=	134
>	134
>=	135

数値

001 Prime Strategy Translate Acceleratorプラグイン	433
404ページ	012, 268

A

Access Code	401
add_action関数	038, 361
add_editor_style関数	056
add_filter関数	363
add_image_size関数	153
add_post_meta関数	320
add_theme_support関数	038, 048, 053
All In One SEO Packプラグイン	399
All in One Sub Navi Widgetプラグイン	382
Ansible	454
any	137
apply_filters関数	375
audio	159
auto-draft	137

B

BETWEEN	135
BINARY	135
bloginfo関数	066
body_class関数	064, 069

body要素	468
Bredcrumb NavXTプラグイン	378

C

Canonical URLs	399
cat_is_ancestor_of関数	261
category_description関数	064, 175
Chef	454
CMS	064, 114
comment_author_link関数	207
comment_author関数	065, 207
comment_class関数	209
comment_date関数	206
comment_form関数	193
comment_ID	065
comment_text関数	065, 205
comment_time関数	065
comments_number関数	197
comments_open関数	200
comments_template関数	192
Contact Form 7プラグイン	394
current_post	103, 105
current_theme_supports関数	054
Custom Post Type Permalinksプラグイン	407
Custom Post Type UIプラグイン	404

D

DATE	135
DATETIME	135
DECIMAL	135
default-image	038
delete_option関数	325
display_errors	453
DNS	419, 422
do_action関数	375
DOCTYPE宣言	015
draft	137
dynamic_sidebar関数	234, 236

E

esc_attr関数	242, 459
esc_html関数	458

esc_js関数	461
esc_textarea関数	462
esc_url関数	460
EZ Zenbackプラグイン	356
ezSQL	331

F

Facebook	349, 351, 357
ID	358
Fancybox	384
Fancybox for WordPressプラグイン	384
flush_rewrite_rules関数	276
Force SSL Administration	448
format	077
formメソッド	241
functions.php	361, 363
future	137
get_attached_media関数	159
get_avatar関数	210
get_calendar関数	064, 230
get_category_by_slug関数	172
get_category_link関数	176
get_category関数	172, 173, 177, 180
get_comment_author_link関数	207
get_comment_author関数	207
get_comment_count関数	211
get_comment_date関数	206
get_comment_text関数	205
get_comment_type関数	208
get_comments_number関数	197, 199
get_comments関数	201
get_custom_header関数	045
get_day_link関数	090
get_footer関数	019
get_header関数	018, 021
get_month_link関数	090, 284
get_option関数	239, 324
get_permalink関数	089
get_post_custom_keys関数	118
get_post_custom関数	120
get_post_format関数	271
get_post_meta関数	115, 116
get_post_thumbnail_id関数	163
get_post_type関数	287
get_queried_object関数	180
get_query_var関数	257
get_resultsメソッド	333, 428
get_rowメソッド	335
get_search_form関数	214
get_search_link関数	065
get_sidebar関数	020
get_stylesheet_directory_uri関数	071, 368
get_stylesheet_directory関数	072
get_tag_link関数	188
get_tags関数	186
get_tag関数	185
get_template_directory_uri関数	073
get_template_directory関数	074
get_template_part関数	024, 033
get_term_by関数	185
get_term_link関数	299
get_terms関数	304
get_the_category関数	170
get_the_date関数	091
get_the_ID関数	079, 116, 180
get_the_post_thumbnail関数	151
get_the_tags関数	183
get_the_terms関数	297
get_the_time関数	088
get_varメソッド	336
get_year_link関数	090
GETメソッド	466
Google Analytics Dashboad for WPプラグイン	401
Google Staticマップ	386
Google XML Sitemapsプラグイン	342
Google+	349, 351
Googleアナリティクス	401
Googleウェブマスターツール	343
Googleサイトマップ	342
Googleマップ	386
Gravatar	210

H

has_post_thumbnail関数	152
has_tag関数	247, 265
has_term関数	301
have_comments関数	199
have_posts関数	075
Head Cleanerプラグイン	397
header_image関数	045
head要素	397
hide_errorsメソッド	340
home_url関数	065, 067, 282
HTML	463
HTMLヘッダー	397
HTTP API	466
HTTPS	448

I

image	159
image.php	316
image_meta	167
IN	135
in_category関数	247
index.php	003
inherit	137
ini_set関数	453
is_404関数	247, 268
is_author関数	266
is_category関数	247, 259, 260, 263
is_child_theme関数	055
is_date関数	247, 256
is_day関数	256
is_front_page関数	247, 251
is_home関数	247, 248, 252
is_main_queryメソッド	372
is_month関数	256
is_paged関数	270
is_page関数	247, 255
is_search関数	247, 267
is_single関数	247, 253
is_singular関数	286
is_sticky関数	113, 247, 269
is_tag関数	247, 264

is_time関数	256
is_year関数	256

J

JavaScript	018, 370, 461
Jetpackプラグイン	351
JSON	467
json_decode関数	467
Jump Start	351

L

label	275
labels	292
Lightbox	384
LINE	349
link要素	368
Linux	444
load_theme_textdomain関数	062
Login Themeプラグイン	435
LOKE	135
loop.php	024

M

Maintenance Mode	446
mb_convert_kana関数	365
Meta Sliderプラグイン	391
metaタグ	357
mixi	349
MySQL	331

N

next_comments_link関数	198
next_post_link関数	064, 094
next_posts_link関数	098, 380
Noindex Settings	399
NOT EXISTS	135
NOT IN	135
NOT LIKE	135
NOT REGEXP	135
NOTBETWEEN	135
NUMERIC	135

O

OGP	357
Open Graph Pro プラグイン	357
OS X	444

P

paginate_links 関数	100
pending	137
PHP	308, 461
phpMyAdmin	427
Ping-O-Matic	344
PINGOO!	344
post	077
Post Thumbnail	146
post-(ID)	077
post_author	309
post_class	064
post_class 関数	077
post_content	309, 314
post_count	104
post_mime_type	314
post_password_required 関数	272
post_title	309, 314
post_type_exists 関数	288
post_type 要素	408
POST メソッド	468
prepare メソッド	338
previous_comments_link 関数	198
previous_post_link 関数	064, 094
previous_posts_link 関数	098, 380
private	137
public	275
publish	137
REGEXP	135

R

register_default_headers 関数	042
register_nav_menu 関数	048, 053
register_post_type 関数	275, 277, 280
register_sidebars 関数	236
register_sidebar 関数	234, 238
register_taxonomy 関数	290, 292
register_widget 関数	238
remove_action 関数	374
remove_filter 関数	374
restore_current_blog 関数	425, 429
rewind_posts 関数	106, 108
RLIKE	135
Ruby	444

S

screenshot.png	004
Search Console	343
Search Everything プラグイン	409
Secure Post	449
SEO	399
set_post_thumbnail_size 関数	148
setup_postdata 関数	160, 429
show_errors メソッド	340
SIGNED	135
Simple Map プラグイン	386
single.php	007, 355
single-post.php	007
singular.php	007
site_url 関数	065, 068
SiteGuard WP Plugin プラグイン	437
SNS	353
SQL	338
SQL インジェクション	338
SSL	448
StaticPress プラグイン	450
Sticky Posts	112, 269
style.css	013
style 要素	045
sunrise.php	423
switch_to_blog 関数	425, 429
SyntaxHighlighter Evolved プラグイン	390

T

TAC	442
Tag cloud	189
tag_description	064
taxonomy	300
taxonomy.php	312

template	064
template part	023
textareaタグ	462
the_attachment_link関数	165
the_author	065
the_author_link	065
the_author_posts_link関数	086
the_category関数	064, 092, 170
single	092
multiple	092
the_content関数	064, 083
the_contents関数	272
the_date	064
the_excerpt関数	085
the_ID関数	064, 079
the_permalink関数	065, 089
the_post_thumbnail関数	064, 150, 163
the_posts_navigation関数	099
the_posts_pagination関数	102, 380
the_tags関数	064, 093
the_terms関数	296
the_title関数	064, 080
the_title_attribute関数	082
Theme Authenticity Checkerプラグイン	442
Theme Checkプラグイン	441
themes	003
TIME	135
TinyMCE Advancedプラグイン	388
Title Settings	399
trash	137
Twitter	345, 351
Twitter Follow Button	347
Twitter公式プラグイン	345
type-post	077

U

Ubuntu	444
UNION	427
UNSIGNED	135
update_option関数	324
update_post_meta関数	321
updateメソッド	241

upload_path	439
URL	460

V

video	159
Virtual Box	444

W

W3 Total Cacheプラグイン	431
Webサーバー	419, 422
while文	075
Widget	233
Windows	444
WordPress コア	360
WordPress Codex	066
WordPress HTTPSプラグイン	448
WordPress MU Domain Mappingプラグイン	415, 422
Wordpress.com	351
WordPressアドレス	068
WordPressループ	016, 075
WP Custom Fields Searchプラグイン	410
WP Social Bookmarking Lightプラグイン	349
wp_blogsテーブル	330
WP_DEBUG_LOG	453
wp_delete_attachment関数	323
wp_delete_post関数	322
wp_delete_term関数	323
wp_dropdown_categories関数	224
wp_enqueue_script関数	018, 370
wp_enqueue_style関数	018, 368
wp_generate_attachment_metadata関数	315
wp_get_archives関数	064, 216, 248, 285, 407
wp_get_attachment_image_src関数	166
wp_get_attachment_metadata関数	167
wp_get_shortlink関数	465
wp_get_sites関数	425
wp_head関数	018
wp_insert_attachment関数	314
wp_insert_category関数	312
wp_insert_post関数	309, 311
wp_kses関数	463

wp_link_pages 関数	096, 380
wp_list_authors 関数	065, 231
wp_list_categories 関数	220, 300
wp_list_comments 関数	195, 203
wp_list_pages 関数	227
wp_posts テーブル	327
WP_Query	122
WP_Query オブジェクト	372
WP_Query パラメータ	133
author	133
category＿＿and	127
category＿＿in	126
category＿＿not_in	128
category_name	127
date_query	131
ignore_sticky_posts	141
meta_compare	134
meta_key	134
meta_query	136
meta_type	134
meta_value	134
offset	140
order	138
orderby	138
post＿＿in	124
post＿＿not_in	125
post_parent	143
post_parent＿＿in	143
post_parent＿＿not_in	143
post_status	137
post_type	142
posts_per_page	140
tag＿＿and	130
tag＿＿in	129
tag_id	129
tag_slug＿＿in	130
tag_slug＿＿and	130
tax_query	302
wp_remote_get 関数	466
wp_reset_postdata 関数	123
wp_set_object_terms 関数	318
wp_tag_cloud 関数	189
wp_term_relationships テーブル	327
wp_terms_taxonomy テーブル	327
wp_terms テーブル	327
wp_title 関数	052
wp_trash_post 関数	322
wp_update_attachment_metadata 関数	315
wpautop 関数	374
wp-cli	454
wp-config.php	416, 452
wp-content	003
wpdb クラス	331
wp-load.php	308, 312
WP-PageNavi プラグイン	380
WPScan ツール	444

X

XML-Sitemap	343
XML ファイル	342

Y

Yahoo! ショッピング	467
Yahoo! デベロッパーネットワーク	468

Z

Zenback	354

あ

アーカイブ	407
アーカイブページ	280, 299
アーカイブリスト	408
アイキャッチ	146, 163
アクションフック	361, 366
admin_init	056, 362
after_setup_theme	048, 051, 053, 062, 362
after_switch_theme	276, 362
before_delete_post	362
delete_post	362
edit_terms	362
edited_terms	362
init	275, 362
load-	362

475

loop_end ··· 362
loop_start ·· 362
post_updated ·· 362
pre_get_posts ·································· 362, 372
save_post ································· 362, 366
switch_theme ··· 362
tradhed_post ··· 362
transition_post_status ·· 362
trash_post ·· 362
widgets_init ································ 234, 238, 362
wp_enqueue_script ····················· 362, 368
wp_enqueue_style ·· 362
wp_footer ··· 362
wp_head ·· 362
アクセス解析ツール ·· 401
値 ·· 336

い
いいね ·· 349
インストール済みプラグイン ··· 411

う
ウィジェット ·· 233

え
エスケープ ····················· 082, 458, 459, 460, 461, 462
エラーメッセージ ··· 340
エラーログ ··· 453

お
オブジェクトキャッシュ ·· 430
オブジェクト指向 ·· 412
親テーマ ··· 034
親テーマ ··· 074

か
外部Webサービス ·· 466
顔文字 ·· 388
カスタム投稿 削除 ·· 322
カスタム投稿 ··························· 404, 407
カスタム投稿タイプ ·························· 274, 282

カスタムフィールド ··························· 114, 409
カスタムフィールド 追加 ··· 320
カスタムフィールド 更新 ··· 321
カスタム分類 ·································· 289, 312, 404
カスタムヘッダー ··· 039
カスタムメニュー ··· 108
画像 ··· 314, 384, 435
カテゴリー ································ 289, 312, 322, 373
空文字列 ··· 080
カルーセル ·· 391
関数名 ·· 412

き
奇数件目 ··· 105
キャッシュ ································· 430, 433
ギャラリー ·· 155
行 ·· 335
行組 ··· 388

く
偶数件目 ··· 105
クエリ ·· 122
クラッカー ································· 437, 439
クローラー ··· 342
クロスサイトスクリプティング ··· 458

け
言語ファイル ··· 014
検索エンジン ·· 342
検索エンジン ·· 399
検索結果ページ ·· 012
検索フォーム ······················· 214, 410
検索窓 ·· 409

こ
更新Ping ·· 344
更新情報サービス ··· 344
コールバック ··· 361
国際化対応 ·· 057
固定ページ ·· 026
子テーマ ··· 034

コマンド	454
コンタクトフォーム	394
コンテンツ管理システム	064

さ

最新の投稿	282
サイトID	423
サイトの改ざん	437
サイトの追加	420
サイドバー	015
サブクエリ	122
サブディレクトリ型	414, 416
サブドメイン型	414, 419, 422
サブナビゲーション	382
サブループ	122
サムネイル	315
さらに・・・	084

し

シェア	349, 357
自動返信メール	396
条件判断	246
条件分岐タグ	246
ショートコード	157
map	387
metaslider	393
twitter_share	346

す

スタイルシート	368
スライダー	391

せ

脆弱性	437
静的	430, 450
静的HTML	450
セキュリティホール	444
設定	325

そ

ソースコード	390
属性	463
ターム	289, 296

た

タイトル	080, 082
タイトルタグ	052
タグ	289, 312, 463
タグアーカイブページ	264
タグクラウド	189
単語	468
短縮URL	465

ち

チェックボックス	396
地図	386
注目	351

つ

ツイート	345
ツイート 埋め込み	348
ツイートボタン	345
月別アーカイブページ	090

て

ディストリビューション	444
データベース	326, 329, 333, 430
データベースキャッシュ	430
テーブル	326, 337
テーブル名	329
テーマ	421, 441
テーマの情報	013
テキストドメイン	057
デコード	467
デバッグモード	452
デフォルトテーマ	069
テンプレート	002
404.php	005
archive.php	005
author.php	005

category.php	005
comments.php	006, 192
date.php	005, 257
footer.php	006, 019
front-page.php	005
functions.php	032
header.php	006, 017
home.php	005
page.php	005
search.php	005
searchform.php	006
sidebar.php	006, 020
single.php	005
tag.php	005
テンプレート階層	007, 280
投稿のページ	009
固定ページ	009
カテゴリーアーカイブページ	010
日付系アーカイブページ	010
タグアーカイブページ	011
ユーザーアーカイブページ	011
テンプレートタグ	064, 334, 429
bloginfo	064
the_author	086
the_date	087
the_time	088
the_title	162
テンプレートパーツ	023

と

問い合わせフォーム	394
投稿 更新	311
投稿 削除	322
投稿設定	344
投稿の分割	098
投稿の本文	083
投稿フォーマット	050
投稿フォーマット機能	271
動的	430, 450
年などを表す要素	131
ドメイン	014, 414
ドメイン名	422

トラッキングコード	402
ドロップダウン	396

ね

ネットワークの設置	416

は

パーマリンク設定	407
パス	072
パスワード	444
抜粋	085
はてなブックマーク	349
パブリサイズ	352
パンくずリスト	379
ビジュアルエディタ	056, 388

ひ

日付のフォーマット	324
ひな形	002, 064
ビュー	427

ふ

ファイルアップロード	396
フィルターフック	052, 363, 365
body_class	364
comment_text	364
comments_number	364
post_class	364
single_cat_title	364
single_post_title	364
single_tag_title	364
the_author	364
the_category	364
the_content	364, 374
the_date	364
the_excerpt	364
the_tags	364
the_time	364
the_title	364, 365
wp_dropdown_cats	364
wp_list_categories	364

wp_list_pages	364
フォロー	347
負荷	430
フック	360, 412
フック 解除	374
フッター	015
プライムストラテジー	382
ブラウザキャッシュ	431
プラグイン	421
プラグイン化	411
プラグイン情報	411
プリペアドステートメント	338
ブルートフォースアタック	444
ブレースフォルダ	338
ブログのキャッチフレーズ	066
プログラム言語	390
プロトコル	463
フロントページ	011, 250

へ

ページキャッシュ	430
ヘッダー	015
ヘッダー画像	042

ほ

翻訳ファイル	433

ま

マルチサイト	329, 414

め

メインクエリ	122, 372
メインページ	250
メインループ	122
メタデータ	315
メディア	314, 439
メディア 削除	323
メモリ	430
メンテナンス中	446

も

文字列	458, 459

ゆ

優先度	365

ら

ラジオボタン	396

り

リクエストボディ	468
リスト	093
リビジョン	337
リンク	089

る

ルビ振り	468

れ

レスポンシブWebデザイン	386

ろ

ログ	453
ログインページ	435, 437
ログリー	354
ロゴ	435

わ

ワイルドカード	419

PROFILE

藤本 壱（ふじもと はじめ）
1969年兵庫県伊丹市生まれ。神戸大学工学部電子工学科を卒業後、パッケージソフトメーカーの開発職を経て、現在ではパソコンおよびマネー関連のフリーライターとして活動している。現在は群馬県前橋市在住。ブログ「The Blog of H.Fujimoto」(http://www.h-fj.com/blog/) では、Movable Type関連の情報（特に自作プラグイン）を中心に、各種の情報を提供している。

装　　　丁	宮嶋章文	
Ｄ　Ｔ　Ｐ	株式会社シンクス	

WordPress Web開発逆引きレシピ
WordPress 4.x/PHP 7対応

2016年3月15日　初版第1刷発行

著　　　者	藤本 壱（ふじもと はじめ）	
発　行　人	佐々木幹夫	
発　行　所	株式会社翔泳社 (http://www.shoeisha.co.jp)	
印刷・製本	大日本印刷株式会社	

©2016　Hajime Fujimoto

本書は著作権法上の保護を受けています。本書の一部または全部について（ソフトウェアおよびプログラムを含む）、株式会社 翔泳社から文書による許諾を得ずに、いかなる方法においても無断で複写、複製することは禁じられています。
本書へのお問い合わせについては、iiページに記載の内容をお読みください。
落丁・乱丁はお取り替えいたします。03-5362-3705 までご連絡ください。

ISBN978-4-7981-4377-4　　　　　　　　　　Printed in Japan